水木书荟

零基础入门学习 Python

（第2版）微课视频版 ◎ 小甲鱼 著

清华大学出版社
北京

内 容 简 介

本书提倡理解为主，应用为王。因此，只要有可能，小甲鱼（注：作者）都会通过生动的实例来让大家理解概念。

虽然这是一本入门书籍，但本书的"野心"并不止于"初级水平"的教学。本书前半部分首先讲解基础的 Python 3 语法知识，包括列表、元组、字符串、字典以及各种语句；之后循序渐进地介绍一些相对高级的主题，包括抽象、异常、魔法方法以及属性迭代器。后半部分则围绕着 Python 3 在爬虫、界面开发和游戏开发上的应用，通过实例引导读者进行深入学习和探究，既富有乐趣，又锻炼了读者的动手能力。

本书适合学习 Python 3 的入门读者，也适合对编程一无所知，但渴望用编程改变世界的朋友们。

图书在版编目（CIP）数据

零基础入门学习 Python：微课视频版 / 小甲鱼著. —2 版. —北京：清华大学出版社，2019
（2024.12重印）

（水木书荟）

ISBN 978-7-302-51408-4

Ⅰ. ①零… Ⅱ. ①小… Ⅲ. ①软件工具-程序设计 Ⅳ. ①TP311.561

中国版本图书馆 CIP 数据核字（2018）第 237486 号

责任编辑：刘　星
封面设计：刘　键
责任校对：胡伟民
责任印制：丛怀宇

出版发行：清华大学出版社
　　　　　网　　　址：https://www.tup.com.cn，https://www.wqxuetang.com
　　　　　地　　　址：北京清华大学学研大厦 A 座　　　邮　　　编：100084
　　　　　社 总 机：010-83470000　　　　　　　　　邮　　　购：010-62786544
　　　　　投稿与读者服务：010-62776969，c-service@tup.tsinghua.edu.cn
　　　　　质 量 反 馈：010-62772015，zhiliang@tup.tsinghua.edu.cn
　　　　　课 件 下 载：https://www.tup.com.cn，010-83470236
印 装 者：大厂回族自治县彩虹印刷有限公司
经　　　销：全国新华书店
开　　　本：185mm×260mm　　　印　　张：27.5　　　字　　数：670 千字
版　　　次：2016 年 11 月第 1 版　　2019 年 6 月第 2 版　　印　　次：2024 年 12 月第 18 次印刷
印　　　数：237501～290000
定　　　价：89.00 元

产品编号：081190-01

时光荏苒，一晃间，距离《零基础入门学习 Python》出版（2016 年 11 月）已经过去两年多了，在这段时间里，Python 逐步走入了大家的视野，这门语言因其简洁的语法风格，在云计算、金融分析、人工智能、科学运算和自动化运维等领域都有很好的应用，所以被越来越多的人所认识和接受，其使用率得到了大幅度的提升。

《零基础入门学习 Python》一经出版便受到了广大读者的欢迎，累计销售 13 万册，在出版后两年多的时间里，收到了很多读者朋友们的反馈，大部分的读者朋友给予了很高的评价，小甲鱼在此由衷地感谢大家。同时，也注意到朋友们提出的一些疑问、意见和建议。因此，在第 2 版中，小甲鱼对所使用的 Python 版本进行了更新（Python 3.7）；对书中存在的不足进行了弥补；引入了更多有趣的案例；添加了更多实用的模块讲解等。

本书更新和改进内容

（1）所有案例均使用 Python 3.7 版本代替了原来的 Python 3.3，改写了大部分知识点的例子，使读者学习起来更富有趣味性。

（2）考虑到现实中的开发场景，增加了一些案例：

- 在爬虫案例部分引入了流行的 Request 模块；
- 增加了"爬取豆瓣 Top250 电影排行榜"和"爬取网易云音乐的热门评论"案例；
- Scrapy 爬虫框架部分，采用了 Anaconda 来安装 Scrapy，使用 Scrapy 1.5.0 版本进行演示。

（3）考虑到"正则表达式"和"Scrapy 爬虫框架"在实际开发中的应用非常广泛，将其从第 1 版中的第 14 章（论一只爬虫的自我修养）中独立出来，添加了更多的示例，使得内容更为翔实、丰富。

（4）修改了第 1 版中的一些差错，在此要再次感谢各位读者提出的疑问，使小甲鱼能够发现书中的不足之处。

本书配套资源和网站支持

- PPT 课件请在清华大学出版社网站本书页面下载。
- 程序源代码和小甲鱼精心录制的 94 集（1800 分钟）视频教程，请扫描书中对应二维码获取。

  注意：书中给出了下载程序源代码的二维码和视频观看二维码，请先扫描封四刮刮卡中的二维码进行注册（每个刮刮卡只能注册一个用户），之后再扫描相关二维码即可获得配套资源。

- 同时，对于书中没有展开详述的内容提供了【扩展阅读】，读者可访问书中的相关网址或扫描对应位置的二维码进行阅读。部分原创的内容并不是免费提供的，读者可自行选择进行购买阅读。

- 本书还提供了额外的配套课后作业，如有需要，请在鱼 C 论坛（https://fishc.com.cn）或联系鱼 C 工作室的小客服（https://fishc.taobao.com）购买学习。

- 如果在学习中遇到困难，可以到鱼 C 论坛或关注鱼 C 工作室微信公众号获取相关知识，与各位网友们相互交流和讨论。论坛中的提问互助具有知识累积的特点，因为初学者很多问题是一样的，所以不妨在提问之前先在论坛搜索一下相关的关键词，一般都可以找到答案。

由于小甲鱼的水平有限，书中难免有一些错误和不准确的地方，恳请各位读者不吝指正，有兴趣的读者可发送邮件至 workemail6@163.com，期待收到大家的意见和建议。

鱼 C 工作室微信公众号

本书源代码和安装包下载
（含本书勘误）

我们一直在努力耕耘这么一片简单的土壤，虽然没有达到尽善尽美，但在大家的努力下，已初见雏形，并且在论坛上已经聚拢了很多超厉害的"大牛"！

Fake it till they make it —— 假装直到真的成功。

最后还是那句话，小甲鱼渴望和大家一起成长，十年前我们仰望星空，十年后我们将俯视大地。未来的天空，必将为我们留下一片灿烂的曙光！

小甲鱼
2019 年 3 月

第1版前言

Life is short. You need Python。

——Bruce Eckel

上边这句话是 Python 社区的名言，翻译过来就是"人生苦短，我用 Python"。

我和 Python 结缘于一次服务器的调试，从此便一发不可收拾。我从来没有遇到一门编程语言可以如此干净、简洁。使用 Python，可以说是很难写出"丑陋"的代码。我从来没想过一门编程语言可以如此简单，它太适合零基础的朋友踏入编程的大门了，如果我有一个八岁的孩子，我一定会毫不犹豫地使用 Python 引导他学习编程，因为面对它，永远不缺乏乐趣。

Python 虽然简单，其设计却十分严谨。尽管 Python 可能没有 C 或 C++这类编译型语言运行速度那么快，但是 C 和 C++需要你无时无刻地关注数据类型、内存溢出、边界检查等问题。而 Python，它就像一个贴心的仆人，私底下为你都一一处理好，从来不用你操心这些，这让你可以将全部心思放在程序的设计逻辑之上。

有人说，完成相同的一个任务，使用汇编语言需要 1000 行代码，使用 C 语言需要 500 行，使用 Java 只需要 100 行，而使用 Python，可能只要 20 行就可以了。这就是 Python，使用它来编程，你可以节约大量编写代码的时间。

既然 Python 如此简单，会不会学了之后没什么实际作用呢？事实上并不用担心这个问题，因为 Python 可以说是一门"万金油"语言，在 Web 应用开发、系统网络运维、科学与数字计算、3D 游戏开发、图形界面开发、网络编程中都有它的身影。目前越来越多的 IT 企业，在招聘栏中都有"精通 Python 语言优先考虑"的字样。另外，就连 Google 都在大规模使用 Python。

好了，我知道过多的溢美之词反而会使大家反感，所以我必须就此打住，剩下的就留给大家自己体验吧。

接下来简单地介绍一下这本书。2016 年，出版社的编辑老师无意间看到了我的一个同名的教学视频，建议我以类似的风格写一本书。当时我是受宠若惊的，也很兴奋。刚开始写作就遇到了不小的困难——如何将视频中口语化的描述转变为文字。当然，我希望尽可能地保留原有的幽默和风趣——毕竟学习是要快乐的。这确实需要花不少时间去修改，但我觉得这是值得的。

本书不假设你拥有任何一方面的编程基础，所以本书不但适合有一定编程基础，想学习 Python 3 的读者，也适合此前对编程一无所知，但渴望用编程改变世界的朋友！本书提倡理解为主，应用为王。因此，只要有可能，都会通过生动的实例来让大家理解概念。

编程知识深似海，没办法仅通过一本书将所有的知识都灌输给你，但我能够做到的是培养你对编程的兴趣，提高你编写代码的水平，以及锻炼你的自学能力。

最后，本书贯彻的核心理念是：实用、好玩、参与。

小甲鱼

2016 年 7 月

目 录

CONTENTS

第1章

就这么愉快地开始吧

1.1 获得 Python

视频讲解

　　我观察到这么一个现象：很多初学的朋友都会在学习论坛上问什么语言才是最好的，他们的目的很明确，就是要找一门"最好"的编程语言，然后持之以恒地学习下去。没错，这种"执子之手，与子偕老"的专一精神是我们现实社会所推崇的。但在编程的世界里，我们并不提倡这样。我们更推崇"存在即合理"，当前热门的编程语言都有其存在的道理，它们都有各自擅长的领域和适用性。因此没办法通过某个单一的指标去衡量哪一门语言才是最好的。

　　Python 的语法非常精简，对于一位完美主义者来说，Python 将是他爱不释手的伙伴。Python 社区的目标就是构造完美的 Python 语言！本书将使用 Python 3 来进行讲解，而 Python 3 不完全兼容 Python 2 的语法，这样做无疑会让大多数程序员心生不满，因为他们用 Python 2 写的大量代码经过层层调试已经趋近完美，并已部署到成熟的生产环境中。对 Python 2 的不兼容，意味着他们需要将这些应用进行转换和重新调试，甚至重构……但是，Python 社区仍然坚持要舍弃 Python 2，推出全新的 Python 3。是的，只有勇敢地割掉与时代发展不相符的瑕疵部分，才能缔造出真正的完美体验！

　　"工欲善其事，必先利其器"。我们要成为"大牛"，要用 Python 去拯救世界，要做的第一件事就是下载一个 Python 的安装程序，并成功地将它安装到计算机上。

　　安装 Python 非常容易，可以在它的官网找到最新的版本并下载，地址是 http://www.python.org。

　　如图 1-1 所示，进入 Python 官网后找到 Download 字样，单击"Latest: Python 3.7.0"超链接，即可找到 Python 3.7.0 的下载地址。

注意：

　　本书使用的版本为 Python 3.7.0，通常情况下，只需要下载最新版本的 Python 3 即可，不影响学习。

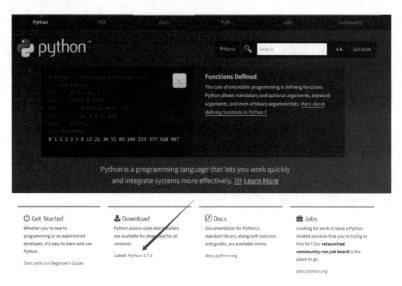

图 1-1　下载最新版的 Python 3

在新打开的网页下方找到 Files，这里有适用于各种操作系统的 Python 安装包，如图 1-2 所示。

Files

Version	Operating System	Description	MD5 Sum	File Size	GPG
Gzipped source tarball	Source release		41b6595deb4147a1ed517a7d9a580271	22745726	SIG
XZ compressed source tarball	Source release		eb8c2a6b1447d50813c02714af4681f3	16922100	SIG
macOS 64-bit/32-bit installer	Mac OS X	for Mac OS X 10.6 and later	ca3eb84092d0ff6d02e42f63a734338e	34274481	SIG
macOS 64-bit installer	Mac OS X	for OS X 10.9 and later	ae0717a02efea3b0eb34aadc680dc498	27651276	SIG
Windows help file	Windows		46562af86c2049dd0cc7680348180dca	8547689	SIG
Windows x86-64 embeddable zip file	Windows	for AMD64/EM64T/x64	cb8bf40d979a36258f73ed541def10a5	6946082	SIG
Windows x86-64 executable installer	Windows	for AMD64/EM64T/x64	531c3fc821ce0a4107b6d2c6a129be3e	26262280	SIG
Windows x86-64 web-based installer	Windows	for AMD64/EM64T/x64	3cfdaf4c8d3b0475aaec12ba402d04d2	1327160	SIG
Windows x86 embeddable zip file	Windows		ed9a1c028c1e99f5323b9c20723d7d6f	6395982	SIG
Windows x86 executable installer	Windows		ebb6444c284c1447e902e87381afeff0	25506832	SIG
Windows x86 web-based installer	Windows		779c4085464eb3ee5b1a4fffd0eabca4	1298280	SIG

图 1-2　Python 安装包

根据使用的操作系统，下载对应的软件安装包即可。小甲鱼这里的操作系统是 Windows 10（64 位），那么应该单击 Windows x86-64 executable installer。

安装 Python 3 非常简单，双击打开下载好的安装包，按照默认选项安装即可。

1.2　从 IDLE 启动 Python

IDLE 是一个 Python shell，shell 的意思就是"外壳"，是一个通过输入文本与程序交互的途径。像 Windows 的 cmd 窗口，像 Linux 那个"黑乎乎"的命令窗口，它们都是 shell，利用它们就可以给操作系统下达命令。同样，可以利用 IDLE 这个 shell 与 Python 进行互动。

>>>提示符的含义是：Python 已经准备好了，在等着你输入指令呢！如图 1-3 所示，可以看到 Python 已经按照我们的要求去做了，在屏幕上打印 I love FishC.com 这个字符串（注：这里打印的意思是显示到屏幕上）。这说明什么？没错，说明我们与 Python 的

第一次亲密接触是"来电的"，她完全能够理解我们的想法。

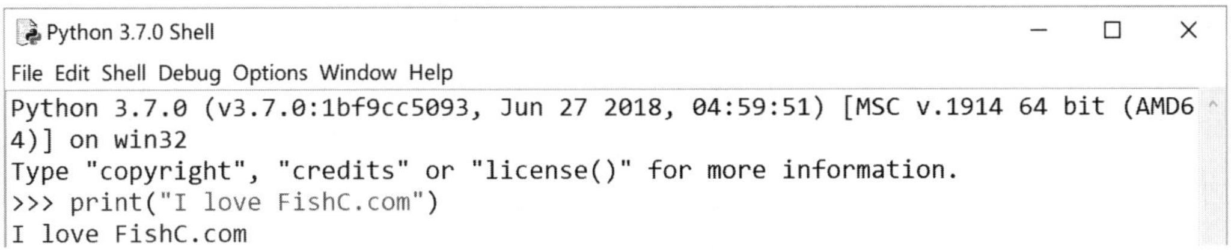

```
Python 3.7.0 Shell                                        —    □    ×
File Edit Shell Debug Options Window Help
Python 3.7.0 (v3.7.0:1bf9cc5093, Jun 27 2018, 04:59:51) [MSC v.1914 64 bit (AMD6
4)] on win32
Type "copyright", "credits" or "license()" for more information.
>>> print("I love FishC.com")
I love FishC.com
```

图 1-3　在 Python 的 IDLE 中输入命令

1.3　失败的尝试

像下面这样输入，Python 就会"笨笨地"出错：

```
>>> print "I love fishc.com"  # 这是 Python 2.x 的语法
SyntaxError: Missing parentheses in call to 'print'. Did you mean print
("I love fishc.com")?

>>> printf("I love fishc.com");  # 这是 C 语言的语法
Traceback (most recent call last):
  File "<pyshell#1>", line 1, in <module>
    printf("I love fishc.com");
NameError: name 'printf' is not defined
```

其实 Python 3 哪里是"笨"，她只是小气，所以显得蠢萌蠢萌的。我们仿佛听到她在说：为什么此时此刻你跟我在一起还想着前任？为什么你跟我在一起还想着其他人，小 C 她哪点儿比我好，她还要加分号呢，我可不用！

大家看到上面的代码中井号(#)后边加了一段中文，井号起到的作用是注释，也就是说，井号后边的内容是给人们看的，并不会被当作代码运行。

1.4　尝试点儿新的东西

现在尝试点儿新的东西，在 IDLE 中输入 print(5+3)或者直接输入 5+3，看一下 Python 是否会有响应。

```
>>> print(5+3)
8
>>> 5+3
8
```

看起来 Python 还会做加法！这并不奇怪，因为计算机最开始的时候就是用来计算的，任何编程语言都具备计算能力。接下来看看 Python 在计算方面有何神奇之处。

不妨再试试计算 1234567890987654321 * 9876543210123456789：

```
>>> 1234567890987654321 * 9876543210123456789
12193263121170553265523548251112635269
```

怎么样？如果用 C 语言实现估计很费劲吧，要利用数组做大数运算，在这里 Python 则可以轻而易举地完成。

还有呢，大家试试输入 print("Well water " + "River")：

```
>>> print("Well water " + "River")
Well water River
```

我们看到"井水"和"河水"又友好地在一起生活了，祝它们幸福吧！

1.5 为什么会这样

再试试 print("I love python\n" * 3)：

```
>>> print("I love python\n" * 3)
I love python
I love python
I love python
```

哇，字符串和数字还可以做乘法，结果是重复显示 N 个字符串。既然乘法可以，那不妨试试加法，如 print("I love python \ n" + 3)：

```
>>> print("I love python\n" + 3)
Traceback (most recent call last):
  File "<pyshell#2>", line 1, in <module>
    print("I love python\n" + 3)
TypeError: must be str, not int
```

失败了！这是为什么呢？大家不妨课后自己思考一下。

第2章

用 Python 设计第一个游戏

2.1 第一个小游戏

视频讲解

有读者可能会很惊讶："小甲鱼（注：作者），你在开玩笑吗？都还没有开始讲 Python 语法就教开发游戏啦？难道不打算先讲讲变量、分支、循环、条件、函数等常规的内容吗？"

没错，大家如果继续学下去就会发现，本书的教学会围绕着个性鲜明的实例来展开，跟着本书完成这些实例的编写，你会发现不知不觉中那些该掌握的知识，已经化作身体的一部分了。这样的学习方式才能充满快乐，并让你一直期待下一章节的到来！

好，今天来讲一下"植物大战僵尸"这款游戏的编写……当然是不可能的，虽然说 Python 容易入门，但像"植物大战僵尸"这类游戏要涉及碰撞检测、边缘检查、画面刷新、音效等知识点，需要将这些基础知识累积完成才能开始讲。

目前对于我们所掌握的基础知识……貌似只能讲 print() 这个 BIF，哦，BIF 的概念甚至还没讲解……不过请淡定，这一点儿也不影响我们今天的节奏。

那么今天是一个什么样的节奏呢？今天打算讲一个文字游戏。

先来看下面这段代码，并试图猜测一下每条语句的作用：

```python
# p2_1.py
"""--- 第一个小游戏 ---"""
temp = input("不妨猜一下小甲鱼现在心里想的是哪个数字：")
guess = int(temp)
if guess == 8:
    print("你是小甲鱼心里的蛔虫吗？！")
    print("哼，猜中了也没有奖励！")
else:
    print("猜错啦，小甲鱼现在心里想的是8！")
print("游戏结束，不玩啦^_^")
```

这里要求大家都动动手，亲自输入这些代码，需要做的是：

- 打开 IDLE。
- 选择 File→New File 命令（也可以直接使用 Ctrl+N 快捷键，在很多地方这个快捷键都是新建一个文件的意思）。
- 将上面的代码依次输入（注意：空白处的缩进是一个 Tab 的距离）。
- 按快捷键 Ctrl+S，将源代码保存为名为 p2_1.py 的文件。
- 输完代码一起来体验一下，按下 F5 键，开始运行（也可以选择 Run→Run Module 命令）。

程序执行结果如下：

```
>>>
不妨猜一下小甲鱼现在心里想的是哪个数字：5
猜错啦，小甲鱼现在心里想的是 8！
游戏结束，不玩啦^_^
>>>
```

 提示：

Tab 按键的作用：

（1）缩进。

（2）IDLE 会提供一些建议，例如，输入"pr TAB"会显示所有可能的命令供参考。

OK，我们是看到程序成功地"跑"起来了，但坦白说，这也配叫游戏吗？呃……没事啦，我们慢慢改进。好，我们说下语法。

有 C-like 语言（泛指语法类似 C 语言的编程语言）编程经验的读者可能会受不了，变量呢？声明呢？怎么直接就给变量定义了呢？有些真正零基础的读者可能还不知道什么是变量，不用担心，随着本书内容的展开，大家很快就能掌握相关的知识。有些读者可能发现这个小程序没有任何大括号，好多编程语言都用大括号来表示循环、条件等的作用域，而在 Python 里是没有的。在 Python 中，只需要用适当的缩进来表示即可。

2.2　缩进

有人说 Guido van Rossum（Python 的作者）是因为不喜欢大括号，才发明了 Python。缩进取而代之，它是 Python 的灵魂，缩进的严格要求使得 Python 的代码显得非常精简并且有层次。但是，在 Python 里对待代码的缩进要十分小心，因为如果没有正确地使用缩进，代码所做的事情可能和我们的期望相差甚远。

如果在正确的位置输入冒号(:)，IDLE 会在下一行自动进行缩进。正如 2.1 节中的代码，在 if 和 else 语句后边加上冒号(:)，然后按下回车键，第二行开始的代码会自动进行缩进。if 条件下面有两个语句都带有一个缩进，说明这两个语句是属于 if 条件成立后所需要执行的语句。换句话说，如果 if 条件不成立，那么两个缩进的语句将不会被执行。

if-else 是一个条件分支，if 后边跟的是条件，如果条件成立，就执行以下缩进的所有内容；如果条件不成立，有 else 的话就执行 else 下缩进的所有内容。条件分支的内容在后边我们还会做详细的介绍。

2.3 BIF

接下来学习一个新的名词：BIF。

BIF 就是 Built-in Functions，内置函数的意思。什么是内置函数呢？为了方便程序员快速编写脚本程序（脚本就是要代码编写速度快、快、快），Python 提供了非常丰富的内置函数，只需要直接调用即可。例如 print()是一个 BIF，它的功能是"打印到屏幕"，就是说把括号里的内容显示到屏幕上；input()也是一个 BIF，它的作用是接收用户输入并将其返回，在 2.1 节的代码中，用 temp 这个变量来接收。Python 的变量是不需要事先声明的，直接给一个合法的名字赋值，这个变量就生成了。

在 IDLE 中输入 dir(__builtins__)，可以看到 Python 提供的内置函数列表：

```
>>> dir(__builtins__)
['ArithmeticError', 'AssertionError', 'AttributeError', 'BaseException',
'BlockingIOError', 'BrokenPipeError', 'BufferError', 'BytesWarning',
'ChildProcessError', 'ConnectionAbortedError', 'ConnectionError',
'ConnectionRefusedError', 'ConnectionResetError', 'DeprecationWarning',
'EOFError', 'Ellipsis', 'EnvironmentError', 'Exception', 'False',
'FileExistsError', 'FileNotFoundError', 'FloatingPointError',
'FutureWarning', 'GeneratorExit', 'IOError', 'ImportError',
'ImportWarning', 'IndentationError', 'IndexError', 'InterruptedError',
'IsADirectoryError', 'KeyError', 'KeyboardInterrupt', 'LookupError',
'MemoryError', 'ModuleNotFoundError', 'NameError', 'None',
'NotADirectoryError', 'NotImplemented', 'NotImplementedError', 'OSError',
'OverflowError', 'PendingDeprecationWarning', 'PermissionError',
'ProcessLookupError', 'RecursionError', 'ReferenceError',
'ResourceWarning', 'RuntimeError', 'RuntimeWarning',
'StopAsyncIteration', 'StopIteration', 'SyntaxError', 'SyntaxWarning',
'SystemError', 'SystemExit', 'TabError', 'TimeoutError', 'True',
'TypeError', 'UnboundLocalError', 'UnicodeDecodeError',
'UnicodeEncodeError', 'UnicodeError', 'UnicodeTranslateError',
'UnicodeWarning', 'UserWarning', 'ValueError', 'Warning', 'WindowsError',
'ZeroDivisionError', '_', '__build_class__', '__debug__', '__doc__',
'__import__', '__loader__', '__name__', '__package__', '__spec__', 'abs',
'all', 'any', 'ascii', 'bin', 'bool', 'bytearray', 'bytes', 'callable',
'chr', 'classmethod', 'compile', 'complex', 'copyright', 'credits',
'delattr', 'dict', 'dir', 'divmod', 'enumerate', 'eval', 'exec', 'exit',
'filter', 'float', 'format', 'frozenset', 'getattr', 'globals', 'hasattr',
'hash', 'help', 'hex', 'id', 'input', 'int', 'isinstance', 'issubclass',
'iter', 'len', 'license', 'list', 'locals', 'map', 'max', 'memoryview',
```

```
'min', 'next', 'object', 'oct', 'open', 'ord', 'pow', 'print', 'property',
'quit', 'range', 'repr', 'reversed', 'round', 'set', 'setattr', 'slice',
'sorted', 'staticmethod', 'str', 'sum', 'super', 'tuple', 'type', 'vars',
'zip']
```

help()这个 BIF 用于显示 BIF 的功能描述：

```
>>> help(print)
Help on built-in function print in module builtins:

print(…)
    print(value, …, sep=' ', end='\n', file=sys.stdout, flush=False)

    Prints the values to a stream, or to sys.stdout by default.
    Optional keyword arguments:
    file:  a file-like object (stream); defaults to the current sys.stdout.
    sep:   string inserted between values, default a space.
    end:   string appended after the last value, default a newline.
    flush: whether to forcibly flush the stream.
```

有些读者可能会觉得，这么多 BIF 根本就记不过来，怎么办？大家不用担心，在接下来的每一个环节，小甲鱼都会教大家几个常用的 BIF 用法，然后在课后作业（注：每节课对应的课后作业需要在鱼 C 论坛完成，这部分的内容不属于本书免费提供的内容，请读者自行申请或购买，网址为 http://bbs.fishc.com/forum-243-1.html）中通过练习强化大家的记忆。所以，大家只要严格跟着小甲鱼的脚步走，课后练习坚持自己独立完成，相信即使觉得自己记性不好的朋友，也可以做到倒背如流！

第3章
成为高手前必须知道的一些基础知识

3.1 变量

视频讲解

在改进小游戏之前，有些必须掌握的知识需要来讲解一下。

当为一个值起名字的时候，它将会存储在内存中，我们把这块内存称为变量 (variable)。在大多数语言中，把这种行为称为"给变量赋值"或"把值存储在变量中"。

不过，Python 与大多数其他计算机语言的做法稍有不同，它并不是把值存储在变量中，而更像是把名字"贴"在值的上边。所以，有些 Python 程序员会说 Python 没有变量，只有名字。变量就是一个名字，通过这个名字，可以找到我们想要的东西。

看个例子：

```
>>> teacher = "小甲鱼"
>>> print(teacher)
小甲鱼
>>> teacher = "老甲鱼"
>>> print(teacher)
老甲鱼
```

变量为什么不叫"恒量"而叫"变量"？正是因为它是可变的！再看另一个例子：

```
>>> x = 3
>>> x = 5
>>> y = 8
>>> z = x + y
>>> print(z)
13
```

该例子先创建一个变量，名字叫 x，给它初始化赋值为 3，然后又给它赋值为 5（此时 3 就被 5 替换掉）；接下来创建另外一个变量 y，并初始化赋值为 8；最后创建第三个变量 z，它的值是变量 x 和 y 的和。

同样的方式也可以运用到字符串中：

```
>>> myteacher = "小甲鱼"
>>> yourteacher = "老甲鱼"
>>> ourteacher = myteacher + yourteacher
>>> print(ourteacher)
小甲鱼老甲鱼
```

这种字符串加字符串的语法，在 Python 里称为字符串的拼接。

提示：

- 在使用变量之前，需要对其先赋值。
- 变量名可以包括字母、数字、下画线，但变量名不能以数字开头，这与大多数高级语言是一样的——受 C 语言影响，或者说 Python 这门语言本身就是由 C 语言写出来的。
- 字母可以是大写或小写，但大、小写是不同的。也就是说，fishc 和 FishC 对于 Python 来说是完全不同的两个名字。
- 等号（=）是赋值的意思，左边是名字，右边是值，不能写反了。
- 对变量的命名理论上可以取任何合法的名字，但作为一名优秀的程序员，请尽量给变量取一个看起来专业一点儿的名字。

3.2　字符串

到目前为止，我们所认知的字符串就是引号内的一切东西。字符串也称为文本，文本和数字是截然不同的。

如果直接让两个数字相加，那么 Python 会直接将数字相加后的结果告诉你：

```
>>> 5 + 8
13
```

但是如果在数字的两边加上了引号，就变成了字符串的拼接，这正是引号带来的差别：

```
>>> '5' + '8'
'58'
```

要告诉 Python 你在创建一个字符串，就要在字符两边加上引号，可以是单引号或双引号，Python 表示在这一点上不挑剔。但必须成对，不能一边用单引号，另一边却用双引号，这样 Python 就不知道你到底想干嘛了：

```
>>> 'Python I love you!"
```

```
SyntaxError: EOL while scanning string literal
```

那如果字符串内容中需要出现单引号或双引号，怎么办？

```
>>> 'Let's go'
SyntaxError: invalid syntax
```

像上面这样写，Python 会误解你的意思（认为'Let'是一个字符串，而 s go'是另一个不完整的字符串），从而产生错误。

有两种方法来改进。第一种比较常用，就是使用转义符号（\）对字符串中的引号进行转义，这样 Python 就知道这个引号是要直接输出的：

```
>>> 'Let\'s go'
"Let's go"
```

还有一种方法，就是利用 Python 既可以用单引号也可以用双引号表示字符串这一特点，只要用上不同的引号表示字符串，那么 Python 就不会误解你的意思啦。

```
>>> "Let's go"
"Let's go"
```

3.3　原始字符串

看起来好像反斜杠是一个好东西，那不妨试试打印 C:\now，代码如下：

```
>>> string = 'C:\now'
>>> string
'C:\now'
>>> print(string)
C:
ow
```

打印结果并不是我们预期的，原因是反斜杠（\）和后边的字符（n）恰好转义之后构成了换行符（\n）。这时候有朋友可能会说，用反斜杠来转义反斜杠不就可以啦。嗯，不错，的确可以用反斜杠对自身进行转义：

```
>>> string = 'C:\\now'
>>> string
'C:\\now'
>>> print(string)
C:\now
```

但如果一个字符串中有很多个反斜杠，我们就不乐意了。毕竟，这不仅是一个苦差事，还可能使代码变得混乱。

不过大家也不用怕，因为在 Python 里有一个快捷的方法，就是使用原始字符串。原始字符串的使用非常简单，只需要在字符串前边加一个英文字母 r 即可：

```
>>> string = r'C:\now'
>>> string
'C:\\now'
>>> print(string)
C:\now
```

在使用字符串时需要注意的一点是：无论是否为原始字符串，都不能以反斜杠作为结尾（注：反斜杠放在字符串的末尾表示该字符串还没有结束，换行继续的意思，下一节会介绍）。如果坚持这样做就会报错：

```
>>> string = 'FishC\'
SyntaxError: EOL while scanning string literal
>>> string = r'FishC\'
SyntaxError: EOL while scanning string literal
```

大家不妨考虑一下：如果非要在字符串的结尾加个反斜杠，有什么办法可以来灵活实现呢？

3.4　长字符串

如果希望得到一个跨越多行的字符串，例如：

从明天起，做一个幸福的人

喂马，劈柴，周游世界

从明天起，关心粮食和蔬菜

我有一所房子，面朝大海，春暖花开

从明天起，和每一个亲人通信

告诉他们我的幸福

那幸福的闪电告诉我的

我将告诉每一个人

给每一条河，每一座山取一个温暖的名字

陌生人，我也为你祝福

愿你有一个灿烂的前程

愿你有情人终成眷属

愿你在尘世获得幸福

我只愿面朝大海，春暖花开

嗯，看得出这是一首非常有文采的诗，那如果要把这首诗打印出来，用我们学过的知识，就不得不使用多个换行符：

```
>>> print("从明天起，做一个幸福的人\n 喂马，劈柴，周游世界\n 从明天起，关心粮食和蔬菜\n 我有一所房子，面朝大海，春暖花开\n\n 从明天起，和每一个亲人通信\n 告诉他们我
```

的幸福\n 那幸福的闪电告诉我的\n 我将告诉每一个人\n\n 给一条河，每一座山取一个温暖的名字\n 陌生人，我也为你祝福\n 愿你有一个灿烂的前程\n 愿你有情人终成眷属\n 愿你在尘世获得幸福\n 我只愿面朝大海，春暖花开\n")

如果行数非常多，就会给我们带来不小的困扰了……好在 Python 总是设身处地地为我们着想：只需要使用三重引号字符串（"""内容"""）就可以轻松解决问题：

```
>>> print("""
从明天起，做一个幸福的人
喂马，劈柴，周游世界
从明天起，关心粮食和蔬菜
我有一所房子，面朝大海，春暖花开

从明天起，和每一个亲人通信
告诉他们我的幸福
那幸福的闪电告诉我的
我将告诉每一个人

给每一条河，每一座山取一个温暖的名字
陌生人，我也为你祝福
愿你有一个灿烂的前程
愿你有情人终成眷属
愿你在尘世获得幸福
我只愿面朝大海，春暖花开
""")
```

最后需要提醒大家的是，编程的时候，时刻要注意 **Speak English**！初学者最容易犯的错误（没有之一）就是误用了中文标点符号。

"眼尖"的你看出来下面代码为什么报错吗？

```
>>> print ("Please speak english!")
SyntaxError: invalid character in identifier
```

是的，该代码中小括号和双引号都使用了中文标点符号，导致 Python 一头雾水，给出了报错信息。

切记：编程中我们使用的所有标点符号都应该是英文的！

3.5　改进我们的小游戏

视频讲解

不得不承认，2.1 节的小游戏真是太简单了。有很多朋友为此提出了不少的建议，小甲鱼做了一下总结，大概有以下三个方面需要改进：

（1）当用户猜错的时候程序应该给点提示，例如，告诉用户当前输入的值和答案相比是大了还是小了。

（2）每运行一次程序只能猜一次，应该提供多次机会给用户猜测，至少要三次。

（3）每次运行程序，答案可以是随机的。因为程序答案固定，容易导致答案外泄，例如，小红玩了游戏之后知道正确答案是 8，就可能会把结果告诉小明，小明又会告诉其他人。所以，我们希望游戏的答案可以是随机的。

这些挑战对于我们如此聪明的读者来说一定不成问题，让我们抄起"家伙"（Python）来一个个解决掉！

3.6 条件分支

第一个改进要求：当用户猜错的时候程序应该给点提示，例如告诉用户当前输入的值和答案相比是大了还是小了。程序改进后（假如答案是 8）：

- 如果用户输入 3，程序应该提示比答案小了。
- 如果用户输入 9，程序应该提示比答案大了。

这就涉及比较的问题了，作为初学者可能不大熟悉计算机是如何进行比较的，但想必大家都认识大于号（>）、小于号（<）以及等于号（==）。

 注意：

在 Python 中，用两个连续等号表示等于号，用单独一个等号表示赋值。那不等于呢？嗯，不等于这个有点特殊，用感叹号和一个等号搭配来表示（!=）。

另外，还需要掌握 Python 的比较操作符：<、<=、>、>=、==、!=。

在 IDLE 中输入两个数以及比较操作符，Python 会直接返回比较后的结果：

```
>>> 1 < 3
True
>>> 1 > 3
False
>>> 1 == 3
False
>>> 1 != 3
True
```

这里 1 和 3 进行比较，判断 1 是否小于 3，在小于号左右两边分别留了一个空格，这不是必需的，但代码量一多，看上去会美观很多。Python 是一个注重审美的编程语言，这就跟人一样，人长得怎样是天生的，一般无法改变，但人的气质修养可以从每个细小动作看出来。程序也一样，你可以不修边幅、邋邋遢遢，只求不出错误，但别人阅读代码时就会很难受，不愿跟你一起合作开发；如果代码工整，注释得当，看上去犹如"大家"之作，那结果肯定就不言而喻了。

大家还记得 if-else 吧？如果程序只是一个命令清单，那么只需要笔直地一条路走到黑，但至少应该把程序设计得更聪明点——可以根据不同的条件执行不同的任务，这就是条件分支。

```
if 条件 :
    条件为真（True）执行的操作
else:
    条件为假（False）执行的操作
```

那现在把第一个改进要求的代码写出来：

```
if guess == secret:
    print("哎呀，你是小甲鱼心里的蛔虫吗？！")
    print("哼~猜中了也没有奖励！")
else:
    if guess > secret:
        print("哥，大了大了~~~")
    else:
        print("嘿，小了小了~~~")
```

分析：当 guess 和 secret 变量的值相等的时候，执行两个 print 语句；否则判断 guess 大还是 secret 大，并显示相应的提示信息。

3.7　初识循环

第一个改进要求实现了，可是用户还是不高兴，他们会抱怨道："为什么我要不停地重新运行这个程序呢？难道不能每次运行多给几次输入的机会吗？"

我们这个程序还好，几次尝试就可以成功了，但如果范围扩大为 1～100，那么尝试的次数就要随之增加，总让用户不断地重新打开程序，这种程序的体验未免就太差了。

第二个改进要求：程序应该提供多次机会给用户猜测，专业点儿来讲就是程序需要重复运行某些代码。

下面介绍 Python 的 while 循环语法。

```
while 条件:
    条件为真（True）执行的操作
```

非常简单，对吧？Python 向来如此，让我们一起来修改代码吧：

```
# p3_1.py
temp = input("不妨猜一下小甲鱼现在心里想的是哪个数字：")
guess = int(temp)

while guess != 8:
    if guess > 8:
        print("哥，大了大了~~~")
    else:
        print("嘿，小了小了~~~")

    temp = input("请再试试吧：")
    guess = int(temp)

print("哎呀，你是小甲鱼心里的蛔虫吗？！")
```

```
print("哼，猜中了也没有奖励噢~")
```

分析：先接收一次用户的输入，把值转换成整数后赋值给 guess 变量，然后判断该值是否为正确答案（8），如果是就不会执行循环体的内容（因为 while 循环执行的条件是 guess 不等于 8）；否则进入循环体，依次判断用户输入的数是大于 8 还是小于 8，并分别给出提示信息。最后，要求用户再一次尝试。

聪明的读者可能已经发现了，这样改的话，程序的逻辑变成了"只有用户输入正确的数字，循环才能够结束"。这就与第二个改进要求有点不同了，所以大家不妨边思考边动手，看怎么改才能真正满足要求。

这里给一点提示：可以使用 and 逻辑操作符。

Python 的逻辑操作符可以将任意表达式连接在一起，并得到一个布尔类型的值。布尔类型只有两个值：True 和 False，就是真与假。

来看例子：

```
>>> (3 > 2) and (1 < 2)
True
>>> (3 > 2) and (1 > 2)
False
```

很明显 1 > 2 客观上是不存在的，所以这个条件是个伪命题，因此 and 的结果为 False。使用 and 逻辑操作符将左右两个条件串起来的时候，只有当两者同时成立，结果才能是 True；否则均为 False。大家可以自己多做几次实验来证明。

3.8 引入外援

第三个改进要求：为了防止答案外泄，需要每次运行程序时答案均是随机生成的。

这个怎么实现呢？需要引入一个"外援"帮忙才行：random 模块。

等等，模块这个名字怎么那么熟悉？

啊哈！想起来了，每次写完程序的时候，都要按一下快捷键 F5 运行，那里就显示着 RUN MODULE，MODULE 就是模块的意思。没错，我们编写的程序本身就是一个模块。

Python 的发明者为了我们可以更快乐地使用好这门语言，在发布 Python 的时候还附带了非常多实用的模块供调用。其中，random 模块就是与生成随机数相关的模块，这个模块里边有一个函数为 randint()，它会返回一个随机的整数：

```
>>> import random
>>> random.randint(1, 10)
2
>>> random.randint(1, 10)
5
>>> random.randint(1, 10)
6
```

在使用一个外部模块之前，需要先导入。import random 就是将 random 模块导入到当前文件中。然后调用 random.randint(1, 10)函数，随机获取一个 1～10 的整数。

可以利用这个函数来进一步改进这个小游戏：

```
# p3_2.py
import random


secret = random.randint(1,10)
temp = input("不妨猜一下小甲鱼现在心里想的是哪个数字：")
guess = int(temp)
times = 1

while (guess != secret) and (times < 3):
    if guess > secret:
        print("哥，大了大了~~~")
    else:
        print("嘿，小了小了~~~")

    temp = input("请再试试吧：")
    guess = int(temp)
    times = times + 1

if (times <= 3) and (guess == secret):
    print("哎呀，你是小甲鱼心里的蛔虫吗？！")
    print("哼，猜中了也没有奖励噢~")
else:
    print("唔，给三次机会都猜错，不跟你玩了！")
```

分析：该代码中，while 语句使用 and 逻辑操作符将两个条件串联起来，只有当 guess 和 secret 变量的值不同，并且 times 的值小于 3 的时候，才会执行循环体的内容。而只要其中一个条件不成立，就会果断地退出循环。最后，只需要检查 times 是否小于 3，即可判断用户是猜中了答案还是超过了允许的尝试次数。

3.9　闲聊数据类型

视频讲解

所谓闲聊，也称为 gossip，就是一点小事可以聊上半天。下面就来聊一聊 Python 的数据类型。

在此之前可能已经听说过，Python 的变量是没有类型的。对，没错，小甲鱼也曾经说过，Python 的变量看起来更像是名字标签，想贴哪儿就贴哪儿。通过这个标签，就可以轻易找到变量在内存中对应的存放位置。

但这绝不是说 Python 就没有数据类型这回事儿，大家还记得'520'和 520 的区别吗？

没错，带了引号的，无论是双引号还是单引号或者是三引号，都是字符串；而不带引号的，就是数字。字符串相加称为拼接；数字相加就会得到两个数字的和：

```
>>> '520' + '1314'
'5201314'
>>> 520 + 1314
1834
```

Python 有很多重要的数据类型，不过这里不会一下全都教给大家。因为肯定一时半会儿也没法强记那么多（填鸭式记忆也不牢靠）；其次，现在所要实践的内容还不需要这么多的数据类型来配合。所以，控制好每个阶段所学习的内容都是能够用得上的，避免做无用功。

Python 的字符串类型已经简单讲过，后面还会对字符串进行深入的探讨，所以大家别吐槽小甲鱼怎么都是浅尝辄止，没有那回事儿！我们只是分阶段逐步渗透，逐层进行消化，一下讲得太深入，大家消化不了，教学也会变成纯理论化（小甲鱼知道"死板"的模式是大家最讨厌的）。

下面介绍一些 Python 的数据类型，如整型、浮点型、布尔类型、复数类型等。

3.9.1　整型

整型说白了就是平时所见的整数，Python 3 的整型已经与长整型进行了无缝结合，现在 Python 3 的整型类似于 Java 的 BigInteger 类型，它的长度不受限制，如果说非要有个限制，那只限于计算机的虚拟内存总数。

所以，使用 Python 3 可以很容易地进行大数运算：

```
>>> 149597870700 / 299792458
499.00478383615643
```

3.9.2　浮点型

浮点型就是平时所说的小数，例如，圆周率 3.14 就是一个浮点型数据，再例如地球到太阳的距离约 1.5×10^8km，也是一个浮点型数据。Python 区分整型和浮点型的唯一方式，就是看有没有小数点。

谈到浮点型，就不得不说一下 E 记法。E 记法也就是平时所说的科学记数法，用于表示特别大和特别小的数。打个比方，如果给 Python 提供一个非常极端的数据，那么它可能会采用 E 记法来表示：

```
>>> a = 0.000000000000000000000025
>>> a
2.5e-21
```

对于地球到太阳的距离 1.5×10^8km，如果转换成米（m）的话，那就是一个非常大的数了（150 000 000 000），但是如果用 E 记法就是 1.5e11（大写的 E 或小写的 e 都可以）。

其实大家应该已经发现了，这个 E 的意思是指数，指底数为 10，E 后边的数字就是 10 的多少次幂。例如，15 000 等于 $1.5 \times 10\ 000$，也就是 1.5×10^4，E 记法写成 1.5e4。

3.9.3 布尔类型

都说"小孩才分对错，大人只看利弊"，其实计算机也有只讲对错的时候。在 Python 中，布尔类型只有 True 和 False 两种情况，也就是英文单词的"对"与"错"。

例如，$1+1>3$，我们都知道是错的，Python 也知道：

```
>>> 1+1 > 3
False
>>> 1+1 == 2
True
```

布尔类型事实上是特殊的整型，尽管布尔类型用 True 和 False 来表示"真"与"假"，但布尔类型可以当作整数来对待，True 相当于整型值 1，False 相当于整型值 0，因此下面这些运算都是可以的（最后的例子报错是因为 False 相当于 0，而 0 不能作为除数）。

```
>>> True + True
2
>>> True * False
0
>>> True / False
Traceback (most recent call last):
  File "<pyshell#49>", line 1, in <module>
    True / False
ZeroDivisionError: division by zero
```

提示：

把布尔类型当成 1 和 0 来参与运算这种做法是不妥的，容易引起代码的混乱。

3.9.4 类型转换

接下来介绍几个与数据类型紧密相关的函数：int()、float()和 str()。

int()的作用是将一个字符串或浮点数转换为一个整数：

```
>>> a = '520'
>>> b = int(a)
>>> a, b
('520', 520)
>>> c = 5.99
>>> d = int(c)
>>> c, d
(5.99, 5)
```

注意：

如果是浮点数转换为整数，Python 会采取"截断"处理，就是把小数点后的数据直接砍掉，而不是四舍五入。

float()的作用是将一个字符串或整数转换成一个浮点数（就是小数）：

```
>>> a = '520'
>>> b = float(a)
>>> a, b
('520', 520.0)
>>> c = 520
>>> d = float(c)
>>> c, d
(520, 520.0)
```

str()的作用是将一个数或任何其他类型转换成一个字符串：

```
>>> a = 5.99
>>> b = str(a)
>>> b
'5.99'
>>> c = str(5e15)
>>> c
'5000000000000000.0'
```

3.9.5　获得关于类型的信息

有时候可能需要判断一个变量的数据类型，例如，程序需要从用户那里获取一个整数，但用户却输入了一个字符串，就有可能引发一些意想不到的错误或导致程序崩溃。

现在告诉大家一个好消息，Python 其实提供了一个函数，可以明确告诉我们变量的类型，这就是 type()函数：

```
>>> type('520')
<class 'str'>
>>> type(5.20)
<class 'float'>
>>> type(5e20)
<class 'float'>
>>> type(520)
<class 'int'>
>>> type(True)
<class 'bool'>
```

当然，条条大路通罗马，还有别的方法也可以实现同样的效果。

查看 Python 的帮助文档，比起 type()函数，更建议使用 isinstance()这个 BIF 来判断变量的类型。

isinstance()函数有两个参数：第一个是待确定类型的数据；第二个是指定一个数据类型。它会根据两个参数返回一个布尔类型的值，True 表示类型一致，False 表示类型不一致。举个例子：

```
>>> a = "小甲鱼"
>>> isinstance(a, str)
True
>>> isinstance(520, float)
False
>>> isinstance(520, int)
True
```

3.10　常用操作符

视频讲解

3.10.1　算术操作符

Python 的算术操作符大多数和大家知道的数学运算符一样：

$$+ \quad - \quad * \quad / \quad \% \quad ** \quad //$$

前面四个就不用介绍了，加、减、乘、除，大家都懂。不过下面要介绍的小技巧倒不是所有人都知道的。

例如，当想对一个变量本身进行算术运算的时候，是不是会觉得写 a = a + 1 或 b = b−3 这类操作符特别麻烦？没错，在 Python 中可以做一些简化：

```
>>> a = b = c = d = 10
>>> a += 1
>>> b -= 3
>>> c *= 10
>>> d /= 8
>>> print(a, b, c, d)
11 7 100 1.25
```

如果使用过 Python 2.x 版本的读者可能会发现，Python 3 的除法变得有些不同了。很多编程语言中，整数除法一般都是采用 floor 的方式，有些书籍将其直接翻译为地板除法。地板除法的概念是：计算结果取比商小的最大整型值（也就是舍弃小数，取整的意思）。

但是在这里我们发现，即使是进行整数间的除法，结果却是返回一个浮点型的精确数值，也就是 Python 采用真正的除法代替了地板除法。

那有些朋友不乐意了："萝卜、青菜各有所爱，我就喜欢原来的除法，整数除以整数就应该得到一个整数！"，于是 Python 的团队也为此想好了办法，就是大家看到的双斜杠，它执行的就是地板除法的操作：

```
>>> 3 // 2
1
>>> 3.0 // 2
1.0
```

 注意：

使用地板除法，无论是整型还是浮点型，都将舍弃小数部分。

关于 Python 3 在除法运算上的改革，支持和反对的几乎各占一半。有些人支持这种做法，因为 Python 的除法运算从一开始的设计就是失误的，他们想要真正的除法；但有些人又不想因此修改自己的海量代码……无论怎样，这已经是板上钉钉的事情了。Python团队秉承着执着、追求完美的信念不断打造和改进 Python，就这件事情本身我们就应该为其点赞。

百分号（%）表示求余数的意思：

```
>>> 5 % 2
1
>>> 4 % 2
0
>>> 520 % 14
2
```

3.10.2　优先级问题

当一个表达式存在多个运算符的时候，就可能会发生以下对话。

加法运算符说："我先到的，我先计算！"

乘法运算符说："哥我运算一次够你翻几个圈了，哥先来！"

减法运算符说："你糊涂了，我现在被当成负号使用，没有我，你们再努力，结果也是得到相反的数！"

除法运算符这时候默默地说："抢吧抢吧，我除以零，大家同归于尽！"

为了防止以上矛盾的出现，我们规定了运算符的优先级，当多个运算符同时出现在一个表达式的时候，严格按照优先级规定的级别来进行运算。

先乘、除，后加、减，如有括号先运行括号里边的。没错，从小学我们就学到了运算符优先级的精髓，在编程中也是这么继承下来的。

举个例子：

```
-3 * 2 + 5 / -2 - 4
```

相当于：

```
(-3) * 2 + 5 / (-2) - 4
```

其实多做练习自然就记住了，不用刻意去背。当然，在适当的地方加上括号强调一下优先级，小甲鱼觉得会是更好的方案。

Python 还有一个特殊的乘法，就是双星号(**)，也称为幂运算操作符。例如 3**2，双星号左侧的 3 称为底数，右侧的 2 称为指数，把这样的算式称为 3 的 2 次幂。

在使用 Python 进行幂运算的时候，需要注意的一点是优先级问题。举个例子：

```
>>> -5 ** 2
-25
>>> 5 ** -2
0.04
```

从上面的结果可以看出：幂运算操作符比其左侧的一元操作符优先级高，比其右侧的一元操作符优先级低。

3.10.3　比较操作符

比较运算符包括：

<　<=　>　>=　==　!=

比较操作符根据表达式的值的真假返回布尔类型值：

```
>>> 3 < 4
True
>>> 1 + 1 >= 2
True
>>> 'a' > 'b'
False
>>> 5 / 2 <= 3
True
>>> 5 > 3 < 4
True
```

3.10.4　逻辑操作符

逻辑操作符包括：

and　or　not

and 操作符之前已经学习过，在实例中也多次使用。当只有 and 操作符左边的操作数为 True，且右边的操作符同时为 True 的时候，结果才为 True：

```
>>> 3 > 4 and 4 < 5
False
>>> 3 < 4 and 4 < 5
True
```

or 操作符与 and 操作符不同，or 操作符只需要左边或者右边任意一边为真，结果都为真；只有当两边同时为假，结果才为假：

```
>>> 3 > 4 or 4 < 5
True
>>> 3 > 4 or 4 > 5
False
```

not 操作符是一个一元操作符，它的作用是得到一个和操作数相反的布尔类型的值：

```
>>> not True
False
>>> not 0
True
>>> not 4
False
```

另外，可能还会看到下面这样的表达式：

```
5 > 3 < 4
```

这在其他编程语言中可能是不合法的，但在 Python 中是行得通的，它事实上被解释为：

```
5 > 3 and 3 < 4
```

将目前接触过的所有操作符优先级合并在一起，如图 3-1 所示。

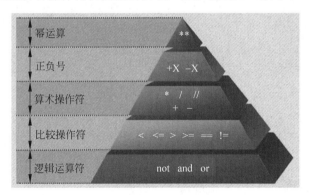

图 3-1　Python 操作符优先级

请思考： (not 1) or (0 and 1) or (3 and 4) or (5 and 6) or (7 and 8 and 9)的结果应该是多少？为什么呢？

第**4**章
了不起的分支和循环

4.1 分支和循环

视频讲解

　　有人说，了不起的 C 语言，因为"机器码生汇编，汇编生 C，C 生万物"，C 语言几乎造就如今 IT 时代的一切，它是一切的开端，并且仍然没被日新月异的时代所淘汰。

　　有人可能会反对，因为首先 C 语言不是世界上第一门编程语言，它仍然要被降级为汇编语言再到机器语言才能为计算机所理解。

　　这话题扯得有点太远了，小甲鱼想说的是，其实很多初学者会对编程语言有一种莫名其妙的崇拜感。所以呢，他们必须要找出一门全世界公认最牛的语言再来学习好它。

　　其实，世界上根本没有最优秀的编程语言，只有最合适的语言，面对不同的环境和需求，就会有不同的编程工具去迎合。

　　今天的主题是"了不起的分支和循环"，为什么小甲鱼不说 C 语言、Python 了不起，却毫不吝啬地对分支和循环这两个知识点那么"崇拜"呢？

　　大家在前面也接触了最简单的分支和循环的使用，那么小甲鱼希望大家思考一下：如果没有分支和循环，我们的程序会变成怎样？

　　没错，就会变成一堆从上到下依次执行、毫无趣味的代码！还能实现算法吗？当然不能！

　　幸好，所有能称得上编程语言的，都应该拥有分支和循环。接下来从游戏的角度来谈谈，"打飞机"游戏相信大家非常熟悉了，如图 4-1 所示。

　　那么，我们就从"打飞机"这个小游戏来解释一般程序的组成和结构。

　　首先进入游戏，很容易发现其实就是进入一个大循环，虽然小甲鱼现在跟大家讨论的是打飞机，但基本上每一个游戏的套路都是一样的，甚至操作系统的消息机制使用的也是同样一个大循环来完成的。游戏中只要没有触发死亡机制（注：这个游戏的死亡机制是撞到敌机），敌机都会不断地生成，这足以证明整个游戏就是在一个循环中执行的。

　　接着来看一下分支的概念。分支也就是习惯使用的 if 条件判断，在条件持续保持成立或不成立的情况下，都执行固定的流程。一旦条件发生改变，原来成立的条件就变为不成立，那么程序就走入另一条路了。就好比拿我们的飞机去撞击敌机，如图 4-2 所示。

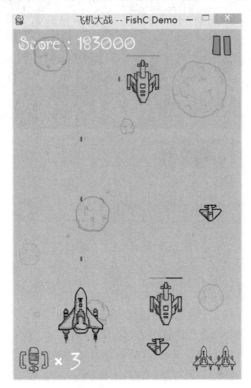

图 4-1　打飞机游戏

图 4-2　打飞机游戏结束界面

另外，大家有没有发现，小飞机都是一个样子的？嗯，这说明它们是来自同一个对象的复制品。Python 是面向对象的编程，对象这个概念无时无刻地融入在 Python 的血液里，只是暂时还没有接触这个概念，不用着急，后面的章节会详细讲解。

最后我要不要告诉大家这个小游戏就只是用了几个循环和 if 条件就写出来啦？没错，编程其实就是这么简单。当然，大家要达到自己可以动手写一个界面小游戏的水平，还需要掌握更多的知识！现在需要大家一起来动手，按照刚才看到的小游戏，请拿出纸和笔，尝试将它的实现逻辑勾画出来（可以使用文字描述，现在只谈框架，不讲代码）。

参考框架如下：

```
加载背景音乐
播放背景音乐
我方飞机诞生

while True:
    if 用户是否单击了 "关闭" 按钮：
        退出程序

    if 每隔一段时间：
        产生一定数量的敌方飞机
        敌方飞机移动
        屏幕刷新
```

```
if 用户鼠标事件：
    我方飞机位置 = 用户鼠标位置
    屏幕刷新

if 我方飞机被敌方飞机撞击：
    我方扑街，播放撞机的音效
    打印 "GAME OVER"
    停止背景音乐
```

4.2　快速上手

视频讲解

前面教大家如何正确 "打飞机"，其要点就是：分支和循环。分支的含义是 "只有符合条件，才会去做某事"；而循环则是 "只要符合条件，就持续做某事"。

现在来考考大家：成绩按照分数划分等级，90 分以上为 A，80～90 为 B，60~80 为 C，60 以下为 D。现在要求写一个程序，当用户输入分数，自动转换为 A、B、C 或 D。

```
# p4_1.py
score = int(input('请输入一个分数：'))

if 100 >= score >= 90:
    print('A')
if 90 > score >= 80:
    print('B')
if 80 > score >= 60:
    print('C')
if 60 > score >= 0:
    print('D')
if score < 0 or score > 100:
    print('输入错误！')
```

当然也可以写成：

```
# p4_2.py
score = int(input('请输入您的分数：'))

if 100 >= score >= 90:
    print('A')
else:
    if 90 > score >= 80:
        print('B')
    else:
        if 80 > score >= 60:
            print('C')
        else:
```

```
        if 60 > score >= 0:
            print('D')
        else:
            print('输入错误！')
```

上面的代码其实还可以有"简写"的形式：

```
# p4_3.py
score = int(input('请输入一个分数：'))

if 100 >= score >= 90:
    print('A')
elif 90 > score >= 80:
    print('B')
elif 80 > score >= 60:
    print('C')
elif 60 > score >= 0:
    print('D')
else:
    print('输入错误！')
```

分析：

在 p4_1.py 的代码中，假设输入的分数是 98，程序在第一次判断便成立，接着打印字母 A，不过程序还不能立刻结束，需要继续对后面的四个条件进行判断，直到后面所有的条件都不符合，最后才退出程序。

然而，在 p4_2.py 和 p4_3.py 的代码中，第一次判断成立并打印字母 A 之后，就可以直接退出程序了。

可见虽然是很简单的例子，但就输入的测试数据来说，假设每一次判断会消耗一个 CPU 时间，那么 p4_1.py 的代码则要比 p4_2.py 和 p4_3.py 的代码多耗费 400%的 CPU 时间。

4.3　避免"悬挂 else"问题

什么叫"悬挂 else"？

很多编程语言在设计上无法避免这个问题的出现，即使是有多年编程经验的程序员，一不小心仍然是会"中招"的。

请考虑下面的 C 语言代码：

```
// p4_4.c
#include <stdio.h>

int main(void)
{
int age = 20;   // 测试数据
```

```
char score = 'A';    // 测试数据

if (age < 18)
if(score == 'A')
printf("恭喜，获得青少年组一等奖！");
else
printf("抱歉，本活动只限年龄小于 18 岁的青少年参与。");
    return 0;
}
```

从这个例子的缩进结构和打印内容可以看出，编程者的本意是：如果 age 不满足条件（age < 18），就执行 else 的内容。但事实上程序并不会按照我们的期望去执行，就上面的测试数据而言，程序将直接退出，而不是提示"本活动只限年龄小于 18 岁…"，结果与本意相去甚远。

会出现这样的失误，是因为很多语言对于 if-else 语法都采用"就近匹配"的原则。所以，上面代码的 else 应该是属于内层的 if 语句。初学者也好，有多年编程经验的老程序员也罢，常常会在这上面栽跟头，这就是著名的"悬挂 else"。

而使用 Python 开发则没有这方面的顾虑：

```
# p4_5.py
age = 20
score = 'A'

if age < 18:
    if score == 'A':
        print("恭喜，获得青少年组一等奖！")
else:
    print("抱歉，本活动只限年龄小于 18 岁的青少年参与。")
```

前面我们讲过：缩进是 Python 的灵魂，缩进的严格要求使得 Python 的代码显得非常精简并且有层次，这种强制的规范使得代码必须被正确地对齐。换言之，也就是让程序员必须在编程的时候就非常确定 else 是属于哪个 if，而不存在模棱两可的情况。限制了选择，从而减少了不确定性，Python 鼓励第一次就能写出正确的代码。而且，强制使用正确的缩进，使得 Python 的代码整洁、易读，这就是地球人都喜欢 Python 的原因。

4.4 条件表达式（三元操作符）

通常 N 元操作符指的是该操作符有 N 个操作数，如赋值操作符（=），它是一个二元操作符，所以它有两个操作数（左右各一个）；又如减号（-）是一个二元操作符，但是当它作为负号（-）使用的时候，便是一个一元操作符，它表示负数，所以只有一个操作数。那么，三元操作符理应有三个操作数咯？没错的，你猜对了。

其实 Python 的作者一向推崇简洁编程理念，所以很长一段时间 Python 都没有三元操作符这个概念（因为他觉得三元操作符将会使程序的结构变复杂），但是长久以来Python 社区的小伙伴们对三元操作符表现出了极大的渴望，所以最终作者还是勉为其难地为 Python 加入了三元操作符。有了它，我们就可以使用一条语句来完成以下的条件判断和赋值操作：

```
if x < y:
    small = x
else:
    small = y
```

那么这段代码用三元操作符表示应该是怎样的呢？

三元操作符语法：

```
a = x if 条件 else y
```

表示当条件为 True 的时候，a 被赋值为 x，否则被赋值为 y。

所以，上面的代码可以改进为：

```
small = x if x < y else y
```

刚开始看可能会不大习惯，毕竟跟我们通常的逻辑思维方式不同，但也不觉得会导致程序结构变得复杂啊。

那么，大家看下面代码：

```
# p4_6.py
score = int(input('请输入一个分数：'))

if 100 >= score >= 90:
    level = 'A'
elif 90 > score >= 80:
    level = 'B'
elif 80 > score >= 60:
    level = 'C'
elif 60 > score >= 0:
    level = 'D'
else:
    print('输入错误！')
print(level)
```

如果用三元操作符的形式，修改后的代码应该是这样的：

```
# p4_7.py
score = int(input('请输入一个分数：'))

level = 'A' if 100 >= score >= 90 else 'B' if 90 > score >= 80 else 'C'
if 80 > score >= 60 else 'D' if 60 > score >= 0 else print('输入错误！')

print(level)
```

现在还会觉得结构简单、易懂吗？

4.5　断言

断言（assert）的语法其实有点像是 if 条件分支语句的"近亲"，所以就放到一块来讲了。assert 这个关键字翻译过来就是"断言"，当这个关键字后边的条件为假的时候，程序自动崩溃并抛出 AssertionError 异常。

什么情况下才会需要使用这个关键字呢？在做程序测试的时候就很好用！程序测试的目的就是要尽可能地发现潜在的 BUG 并修复它们。与其让错误的条件导致 BUG 出现，不如在错误条件出现的那一瞬间让程序实现"自我毁灭"：

```
>>> assert 3 < 4
>>> assert 3 > 4
Traceback (most recent call last):
  File "<pyshell#100>", line 1, in <module>
    assert 3 > 4
AssertionError
```

一般来说，可以用它在程序中置入检查点，当需要确保程序中的某个条件一定为真才能让程序正常工作的话，assert 关键字就非常有用了。

4.6　while 循环语句

视频讲解

Python 的 while 循环与 if 条件分支类似，不同的是，只要条件为真，while 循环会一直重复执行一段代码，这段代码称为循环体。

while 循环语句的语法如下：

```
while 条件:
    循环体
```

下面代码将打印 1+2+3+4+…+100 的计算结果：

```
# p4_8.py
i = 1
sum = 0

while i <= 100:
    sum += i
    i += 1
print(sum)
```

设计循环体的时候要考虑退出循环的条件，例如上面代码中，每执行一次循环体的代码，变量 i 的值就会加 1，这样 i 的值从 1 到 2 到 3 不断递增，直到 i 等于 101 的时候，条件不再成立，便可以退出循环。

如果上面代码的循环体中缺少 i += 1 语句，循环将永远也不会退出（除非将程序强制关闭），也称为死循环。死循环会占用大量的 CPU 时间，并让程序一直"卡"在那儿。例如下面代码会让程序"假死"：

```
while True:
    pass // pass 是个占位语句，表示它不做任何事情
```

但是在有些程序设计中，死循环又是必不可少的特性。例如服务器，负责网络收发的程序必须 7×24 小时待命，随时准备接收新的请求并分派给相关的进程，毕竟通常的网站是没有"打烊"一说的。再如游戏开发，通常也是放置一个死循环，只要游戏没结束，就会不断地接收用户的操作命令，并做出响应。

4.7 for 循环语句

接下来谈谈 Python 的 for 循环语句，虽然说大多数编程语言都有一个 for 循环语句，功能也是大同小异，但是 Python 的 for 循环却显得更为智能和强大！

for 循环语句的语法如下：

```
for 变量 in 可迭代对象:
    循环体
```

所谓可迭代对象，就是指那些元素可以被单独提取出来的对象，如目前最熟悉的字符串，像"FishC"就是由"F""i""s""h""C"五个字符元素构成的。那么，for 循环语句每执行一次就会从该字符串（可迭代对象）中拿出其中一个字符，然后存放到变量中。

```
>>> for each in "FishC":
        print(each)

F
i
s
h
C
```

如果想要通过 for 语句来实现打印 1+2+3+4+…+100 的计算结果，可不能像下面这样写：

```
# p4_9.py
sum = 0
for i in 100:
    sum += i
print(sum)
```

因为 100 是一个整数，它不是"可迭代对象"，所以 Python 会直接报错：

```
Traceback (most recent call last):
  File "C:\Users\goodb\Desktop\test.py", line 2, in <module>
    for i in 100:
TypeError: 'int' object is not iterable
```

想要实现也并不难，但需要先来认识一下 for 语句的一个小伙伴——range()。

range()是一个 BIF 函数，它可以为指定的整数生成一个数字序列（可迭代对象），语法如下：

```
range(stop)
range(start, stop)
range(start, stop, step)
```

range()有三种用法，但无论选择哪一种，它的参数只能是整数。

第一种用法是只有一个参数的情况，它会生成从 0 到该参数的数字序列：

```
>>> list(range(10))
[0, 1, 2, 3, 4, 5, 6, 7, 8, 9]
```

注意：

list 是将可迭代对象以列表的形式展示出来。

第二种用法除了指定结束数值，还指定了开始数值：

```
>>> list(range(5, 10))
[5, 6, 7, 8, 9]
```

不难发现，生成的数字序列中，只包含开始数值，并不包含结束数值。

第三种用法还允许指定步长，这个值默认是 1，即生成的数字序列中，每个元素的间隔为 1。下面代码将步长改为 2：

```
>>> list(range(0, 10, 2))
[0, 2, 4, 6, 8]
```

更厉害的是，这个步长除了可以是正整数，还可以是负整数：

```
>>> list(range(0, -10, -2))
[0, -2, -4, -6, -8]
```

有了 range()，上面的例子就可以完成了：

```
# p4_10.py
sum = 0
for i in range(101):
    sum += i
print(sum)
```

range()可以说是跟 for 循环"如胶似漆"，但 for 循环可并不只有 range()一个小伙伴哦，它还可以跟其他函数配合，实现各种神奇的功能，这个在讲解列表和元组的时候再介绍给大家吧。

4.8　break 语句

有人说："死循环一旦跑起来，就再也没有回头路了……"。

是这样的吗？其实不然，break 语句可以让程序随时跳出循环的枷锁。

break 语句的作用是终止当前循环，跳出循环体。举个例子：

```
# p4_11.py
bingo = '清蒸'
answer = input('小甲鱼是清蒸好吃还是炖了好吃？')

while True:
    if answer == bingo:
        break
    answer = input('抱歉，错了，请重新输入（答案正确才能退出游戏）：')
print('对嘛，只有清蒸才能原汁原味~')
```

程序运行后，只有当用户输入"清蒸"的时候，才会执行 break 语句，即跳出 while 循环体：

```
>>>
小甲鱼是清蒸好吃还是炖了好吃？炖了吧
抱歉，错了，请重新输入（答案正确才能退出游戏）：清蒸
对嘛，只有清蒸才能原汁原味~
>>>
```

再举个例子，下面代码将打印 2018 年以后出现的第一个闰年（注：当年份可以被 4 整除且不能被 100 整除，或者可以被 400 整除时，该年被定为闰年）：

```
# p4_12.py
for year in range(2018, 2100):
    if (year % 4 == 0) and (year % 100 != 0) or (year % 400 == 0):
        break
print("2018 年以后出现的第一个闰年是", year)
```

程序实现如下：

```
>>>
2018 年以后出现的第一个闰年是 2020
>>>
```

4.9 continue 语句

还有一个可以跳出循环的语句——continue 语句，它的作用是跳出本轮循环并开始下一轮循环（这里要注意的是：在开始下一轮循环之前，会先测试循环条件）。

如果现在要打印 2018 年到 2050 年之间所有闰年年份，那么可以这么修改：

```
# p4_13.py
for year in range(2018, 2050):
    if (year % 4 != 0) or (year % 100 == 0) or (year % 400 != 0):
        continue
    print(year)
```

程序实现如下：

```
>>>
2020
2024
2028
2032
2036
2040
2044
2048
>>>
```

4.10 else 语句

在这里看到 else 语句是不是很惊讶？else 理应是跟 if 配对的，为啥循环也有它的事儿呢？

是的，while 和 for 循环语句的后面也可以加上一个 else 语句，表示当条件不成立的时候执行的内容，语法如下：

```
while 条件:
    循环体
else:
    条件不成立时执行的内容


for 变量 in 可迭代对象:
    循环体
else:
    条件不成立时执行的内容
```

有些读者可能会觉得这样是多此一举：当条件不成立的时候，自然要结束循环并执行接下来的语句，写不写 else 不都是一样的吗？如果这样理解的话，那么下面两段代码的执行结果应该是一样的：

```
# p4_10.py
sum = 0
for i in range(101):
    sum += i
print(sum)
```

```
# p4_14.py
sum = 0
for i in range(101):
    sum += i
else:
    print(sum)
```

但如果遇到 break 语句，情况则大有不同：

```
# p4_12.py
for year in range(2018, 2100):
    if (year % 4 == 0) and (year % 100 != 0) or (year % 400 == 0):
        break
print("2018 年以后出现的第一个闰年是", year)
```

```
# p4_15.py
for year in range(2018, 2100):
    if (year % 4 == 0) and (year % 100 != 0) or (year % 400 == 0):
        break
else:
    print("2018 年以后出现的第一个闰年是", year)
```

p4_15.py 的程序中，break 语句使得程序跳出循环，但却不会执行 else 中的内容。

第5章

列表、元组和字符串

5.1 列表：一个"打了激素"的数组

视频讲解

有时候可能需要将一些相互之间有关联的数据保存到一起，很多接触过编程的读者脑海里浮现出来的第一个概念应该就是数组。数组允许把一些相同类型的数据挨个儿摆在一起，然后通过下标进行索引。

Python 也有类似数组的东西，不过更为强大。由于 Python 的变量没有数据类型，所以 Python 的"数组"可以同时存放不同类型的变量。这么厉害的东西，Python 将其称为列表，姑且可以认为列表就是一个"打了激素"的数组。

5.1.1 创建列表

创建一个列表非常简单，只需要使用中括号将数据包裹起来（数据之间用逗号分隔）就可以了。

```
>>> [1, 2, 3, 4, 5]
[1, 2, 3, 4, 5]
```

上面创建了一个匿名的列表，因为没有名字，所以创建完也没办法再次使用它。为了可以随时对它进行引用和修改，可以给它贴上一个变量名：

```
>>> number = [1, 2, 3, 4, 5]
>>> type(number)
<class 'list'>
>>> for each in number:
        print(each)


1
2
```

```
3
4
5
```

 注意：

type()函数用于返回指定参数的类型，list 即列表的意思。

没有哪一项规定要求 Python 的列表保存同一类型的数据，因此，它支持将各种不同的数据存放到一起：

```
>>> mix = [520, "小甲鱼", 3.14, [1, 2, 3]]
```

可以看到这个列表里有整型、字符串、浮点型数据，甚至还可以包含另一个列表。当实在想不到要往列表里面塞什么数据的时候，可以先创建一个空列表：

```
>>> empty = []
```

5.1.2　向列表添加元素

列表并不是一成不变的，可以随意地往里面添加新的元素。添加元素到列表中，可以使用 append()方法：

```
>>> number = [1, 2, 3, 4, 5]
>>> number.append(6)
>>> number
[1, 2, 3, 4, 5, 6]
```

可以看到，数字6已经被添加到列表number的末尾了。有读者可能会问，这个append()的调用怎么跟平时的 BIF 内置函数调用不一样呢？

因为 append()并不是一个 BIF，它是属于列表对象的一个方法。中间这个 "."，暂时可以理解为范围的意思：append()这个方法是属于一个叫 number 的列表对象的。关于对象的知识，暂时只需要理解这么多，后面小甲鱼会再详细地来介绍对象。

下面代码试图将数字 8 和 9 同时添加进 number 列表中：

```
>>> number.append(8, 9)
Traceback (most recent call last):
  File "<pyshell#8>", line 1, in <module>
    number.append(8, 9)
TypeError: append() takes exactly one argument (2 given)
```

出错了，这是因为 append()方法只支持一个参数。

如果希望同时添加多个数据，可以使用 extend()方法向列表末尾添加多个元素：

```
>>> number.extend([8, 9])
>>> number
[1, 2, 3, 4, 5, 6, 8, 9]
```

> **注意：**

extend()事实上是使用一个列表来扩充另一个列表，所以它的参数是另一个列表。

无论是 append()还是 extend()方法，都是往列表的末尾添加数据，那么是否可以将数据插入到指定的位置呢？

当然没问题，想要往列表的任意位置插入元素，可以使用到 insert()方法。

insert()方法有两个参数：第一个参数指定待插入的位置（索引值），第二个参数是待插入的元素值。

下面代码将数字 0 插入到 number 列表的最前面：

```
>>> number.insert(0, 0)
>>> number
[0, 1, 2, 3, 4, 5, 6, 8, 9]
```

在计算机编程中常常会出现一些"反常识"的知识点，如在 Python 列表中，第一个位置的索引值是 0，第二个是 1，第三个是 2，以此类推……

下面代码将数字 7 插入到 6 和 8 之间：

```
>>> number.insert(7, 7)
>>> number
[0, 1, 2, 3, 4, 5, 6, 7, 8, 9]
```

insert()方法中代表位置的第一个参数还支持负数，表示与列表末尾的相对距离：

```
>>> number.insert(-1, 8.5)
>>> number
[0, 1, 2, 3, 4, 5, 6, 7, 8, 8.5, 9]
```

5.1.3　从列表中获取元素

视频讲解

通过索引值可以直接获取列表中的某个元素：

```
>>> eggs = ["鸡蛋", "鸭蛋", "鹅蛋", "铁蛋"]
>>> eggs[0]
'鸡蛋'
>>> eggs[3]
'铁蛋'
```

如果想要访问列表中最后一个元素，怎么办？可以使用 len()函数获取该列表的长度（元素个数），再减 1 就是这个列表最后一个元素的索引值：

```
>>> eggs = ["鸡蛋", "鸭蛋", "鹅蛋", "铁蛋"]
>>> eggs[len(eggs)-1]
'铁蛋'
>>> eggs[len(eggs)-2]
'鹅蛋'
```

len()函数的调用直接省去也可以实现同样的效果，即当索引值为负数时，表示从列表的末尾反向索引：

```
>>> eggs = ["鸡蛋", "鸭蛋", "鹅蛋", "铁蛋"]
>>> eggs[-1]
'铁蛋'
>>> eggs[-2]
'鹅蛋'
```

如果要将"鸭蛋"和"铁蛋"的位置进行调换，通常可以这么写：

```
>>> eggs = ["鸡蛋", "鸭蛋", "鹅蛋", "铁蛋"]
>>> temp = eggs[1]
>>> eggs[1] = eggs[3]
>>> eggs[3] = temp
>>> eggs
['鸡蛋', '铁蛋', '鹅蛋', '鸭蛋']
```

这里的 temp 是一个临时变量，避免相互覆盖。不过 Python 允许适当地"偷懒"，下面代码可以实现相同的功能：

```
>>> eggs[1], eggs[3] = eggs[3], eggs[1]
>>> eggs
['鸡蛋', '铁蛋', '鹅蛋', '鸭蛋']
```

有时候可能需要开发一个具有"抽奖"功能的程序，只需要先将"奖项/参与者"放到列表里面，然后配合 random 模块即可实现：

```
>>> import random
>>> prizes = ['鸡蛋', '铁蛋', '鹅蛋', '鸭蛋']
>>> random.choice(prizes)
'鹅蛋'
>>> random.choice(prizes)
'鸭蛋'
```

random 的 choice()方法可以从一个非空的序列（如列表）中随机获取一个元素。

列表中还可以包含另一个列表，如果要获取内部子列表的某个元素，应该使用两次索引：

```
>>> eggs = ['鸡蛋', '铁蛋', ['天鹅蛋', '企鹅蛋', '加拿大鹅蛋'], '鸭蛋']
>>> eggs[2][2]
'加拿大鹅蛋'
```

5.1.4 从列表删除元素

从列表中删除元素，可以有三种方法实现：remove()、pop()和 del。
remove()方法需要指定一个待删除的元素：

```
>>> eggs
['鸡蛋', '铁蛋', '鹅蛋', '鸭蛋']
>>> eggs.remove("铁蛋")
>>> eggs
['鸡蛋', '鹅蛋', '鸭蛋']
```

使用 remove()删除元素，并不需要知道这个元素在列表中的具体位置。但是如果指定的元素不存在于列表中，程序就会报错：

```
>>> eggs.remove("卤蛋")
Traceback (most recent call last):
  File "<pyshell#33>", line 1, in <module>
    eggs.remove("卤蛋")
ValueError: list.remove(x): x not in list
```

pop()方法是将列表中的指定元素"弹"出来，也就是取出并删除该元素的意思，它的参数是一个索引值：

```
>>> eggs.pop(1)
'鹅蛋'
>>> eggs
['鸡蛋', '鸭蛋']
```

如果不带参数，pop()方法默认是弹出列表中的最后一个元素：

```
>>> eggs.pop()
'鸭蛋'
>>> eggs
['鸡蛋']
```

最后一个是 del 语句，注意，它是一个 Python 语句，而不是 del 列表的方法，或者 BIF：

```
>>> del eggs[0]
>>> eggs
[]
```

del 语句在 Python 中的用法非常丰富，不仅可以用来删除列表中的某个（些）元素，还可以直接删除整个变量：

```
>>> del eggs
>>> eggs
Traceback (most recent call last):
  File "<pyshell#44>", line 1, in <module>
    eggs
NameError: name 'eggs' is not defined
```

分析：上面代码由于 eggs 整个变量被 del 语句删除了，所以再次引用时，Python 由于找不到该变量，便会报错。

5.1.5 列表切片

切片（slice）语法的引入，使得 Python 的列表真正地走向了高端。这个连 Python 之父都爱不释手的语法真有那么神奇吗？不妨来试一试。

现在要求将列表 list1 中的三个元素取出来，放到列表 list2 里面。学了前面的知识，可以使用"笨"方法来实现：

```
>>> list1 = ["钢铁侠", "蜘蛛侠", "蝙蝠侠", "绿灯侠", "神奇女侠"]
>>> list2 = [list1[2], list1[3], list1[4]]
>>> list2
['蝙蝠侠', '绿灯侠', '神奇女侠']
```

像这样，从一个列表中取出部分元素是非常常见的操作，但这里是取出三个元素，如果要求取出列表中最后 200 个元素，那不是很心酸？

其实动动脑筋还是可以实现的：

```
>>> list2 = []
>>> for i in range(-200, 0):
        list2.append(list1[i])
```

虽然可以实现，但是每次都要套个循环跑一圈，未免也太烦琐了！切片的引入，大大地简化了这种操作：

```
>>> list1 = ["钢铁侠", "蜘蛛侠", "蝙蝠侠", "绿灯侠", "神奇女侠"]
>>> list2 = list1[2:5]
>>> list2
['蝙蝠侠', '绿灯侠', '神奇女侠']
```

很简单对吧？只不过是用一个冒号隔开两个索引值，左边是开始位置，右边是结束位置。这里要注意的一点是：结束位置上的元素是不包含的（如上面例子中，"神奇女侠"的索引值是 4，如果写成 list1[2:4]，便不能将其包含进来）。

使用列表切片也可以"偷懒"，之前提到过 Python 是以简洁而闻名于世，所以你能想到的"便捷方案"，Python 的作者以及 Python 社区的小伙伴们都已经想到了，并付诸实践，你要做的就是验证一下是否可行：

```
>>> list1 = ["钢铁侠", "蜘蛛侠", "蝙蝠侠", "绿灯侠", "神奇女侠"]
>>> list1[:2]
['钢铁侠', '蜘蛛侠']
>>> list1[2:]
['蝙蝠侠', '绿灯侠', '神奇女侠']
>>> list1[:]
['钢铁侠', '蜘蛛侠', '蝙蝠侠', '绿灯侠', '神奇女侠']
```

如果省略了开始位置，Python 会从 0 这个位置开始。同样道理，如果要得到从指定索引值到列表末尾的所有元素，把结束位置也省去即可。如果啥都没有，只有一个冒号，

Python 将返回整个列表的拷贝。

这种方法有时候非常方便，如想获取列表最后的几个元素，可以这么写：

```
>>> list1 = list(range(100))
>>> list1[-10:]
[90, 91, 92, 93, 94, 95, 96, 97, 98, 99]
```

列表切片并不会修改列表自身的组成结构和数据，它其实是为列表创建一个新的拷贝（副本）并返回。

5.1.6　进阶玩法

列表切片操作实际上还可以接受第三个参数，其代表的是步长，默认值为 1。下面将步长修改为 2，看看有什么神奇的效果？

```
>>> list1 = [1, 2, 3, 4, 5, 6, 7, 8, 9]
>>> list1[0:9:2]
[1, 3, 5, 7, 9]
```

其实该代码还可以直接写成 list1[::2]，实现效果是一样的。

如果将步长设置为负数，如−1，结果会是怎样呢？

```
>>> list1[::-1]
[9, 8, 7, 6, 5, 4, 3, 2, 1]
```

这就很有意思了，将步长设置为−1，相当于将整个列表翻转过来。

上面这些列表切片操作都是获取列表加工后（切片）的拷贝，并不会影响到原有列表的结构：

```
>>> list1 = [1, 2, 3, 4, 5, 6, 7, 8, 9]
>>> list1[::-2]
[9, 7, 5, 3, 1]
>>> list1
[1, 2, 3, 4, 5, 6, 7, 8, 9]
```

但如果将 del 语句作用于列表切片，其结果又让人大跌眼镜：

```
>>> del list1[::2]
>>> list1
[2, 4, 6, 8]
```

是的，del 直接作用于原始列表了，因为不这样做的话，代码就失去意义了，不是吗？同样会作用于原始列表的操作还有为切片后的列表赋值：

```
>>> list1 = ["钢铁侠", "蜘蛛侠", "蝙蝠侠", "绿灯侠", "神奇女侠"]
>>> list1[0:2] = ["超人", "闪电侠"]
```

视频讲解

```
>>> list1
['超人', '闪电侠', '蝙蝠侠', '绿灯侠', '神奇女侠']
```

5.1.7　一些常用操作符

此前学过的大多数操作符都可以运用到列表上：

```
>>> list1 = [123]
>>> list2 = [234]
>>> list1 > list2
False
>>> list1 <= list2
True
>>> list3 = ['apple']
>>> list4 = ['pineapple']
>>> list3 < list4
True
```

列表好像挺聪明的，不仅懂得比大小，还知道菠萝（pineapple）比苹果（apple）大？那如果列表中不止一个元素呢？结果又会如何？

```
>>> list1 = [123, 456]
>>> list2 = [234, 123]
>>> list1 > list2
False
```

怎么会这样？Python做出这样的判断是基于什么根据呢？总不会是随机瞎猜的吧？

list1 列表两个元素的和是 579，按理应该比 list2 列表的和 357 要大，那为什么 list1>list2 还会返回 False 呢？

其实，Python 的列表原来并没有我们想象中那么"智能"，当列表包含多个元素的时候，默认是从第一个元素开始比较，只要有一个 PK 赢了，就算整个列表赢了。字符串比较也是同样的道理（字符串比较的是每一个字符对应的 ASCII 码值的大小）。

前面演示过字符串可以使用加号（+）进行拼接，使用乘号（*）来实现自我复制。这两个操作符也可以作用于列表：

```
>>> list1 = [123, 456]
>>> list2 = [234, 123]
>>> list3 = list1 + list2
>>> list3
[123, 456, 234, 123]
```

加号(+)也叫连接操作符，它允许把多个列表对象合并在一起，其实就相当于 extend() 方法实现的效果。一般情况下建议使用 extend()方法来扩展列表，因为这样显得更为规范和专业。另外，连接操作符并不能实现列表添加新元素的操作：

```
>>> list1 = [123, 456]
```

```
>>> list2 = list1 + 789
Traceback (most recent call last):
  File "<pyshell#21>", line 1, in <module>
    list2 = list1 + 789
TypeError: can only concatenate list (not "int") to list
```

乘号（*）也叫重复操作符，重复操作符同样可以用于列表中：

```
>>> list1 = ["FishC"]
>>> list1 * 3
['FishC', 'FishC', 'FishC']
```

另外有个成员关系操作符大家也不陌生了，我们是在谈 for 循环的时候认识它的，成员关系操作符就是 in 和 not in：

```
>>> list1 = ["小猪", "小猫", "小狗", "小甲鱼"]
>>> "小甲鱼" in list1
True
>>> "小乌龟" not in list1
True
```

之前说过列表里边可以包含另一个列表，那么对于列表中的列表的元素，能不能使用 in 和 not in 测试呢？试试便知：

```
>>> list1 = ["小猪", "小猫", ["小甲鱼", "小乌龟"], "小狗"]
>>> "小甲鱼" in list1
False
>>> "小乌龟" not in list1
True
```

可见 in 和 not in 只能判断一个层次的成员关系，这跟 break 和 continue 语句只能跳出一个层次的循环是一个道理。

在开发中，有时候需要去除列表中重复的数据，只要利用好 in 和 not in，就可以巧妙地实现：

```
>>> old_list = ['西班牙', '葡萄牙', '葡萄牙', '牙买加', '匈牙利']
>>> new_list = []
>>> for each in old_list:
        if each not in new_list:
            new_list.append(each)


>>> print(new_list)
['西班牙', '葡萄牙', '牙买加', '匈牙利']
```

分析：代码先迭代遍历 old_list 的每一个元素，如果该元素不存在于 new_list 中，便调用列表的 append()方法添加进去。

5.1.8 列表的小伙伴们

接下来认识一下列表的小伙伴们，列表有多少小伙伴呢？不妨让 Python 自己告诉我们：

```
>>> dir(list)
['__add__', '__class__', '__contains__', '__delattr__', '__delitem__',
'__dir__', '__doc__', '__eq__', '__format__', '__ge__',
'__getattribute__', '__getitem__', '__gt__', '__hash__', '__iadd__',
'__imul__', '__init__', '__init_subclass__', '__iter__', '__le__',
'__len__', '__lt__', '__mul__', '__ne__', '__new__', '__reduce__',
'__reduce_ex__', '__repr__', '__reversed__', '__rmul__', '__setattr__',
'__setitem__', '__sizeof__', '__str__', '__subclasshook__', 'append',
'clear', 'copy', 'count', 'extend', 'index', 'insert', 'pop', 'remove',
'reverse', 'sort']
```

产生了一个熟悉又陌生的列表，很多熟悉的方法似曾相识，如 append()、extend()、insert()、pop()、remove()都是学过的。下面再给大家介绍几个常用的方法。

count()方法的作用是统计某个元素在列表中出现的次数：

```
>>> list1 = [1, 1, 2, 3, 5, 8, 13, 21]
>>> list1.count(1)
2
```

index()方法的作用是返回某个元素在列表中第一次出现的索引值：

```
>>> list1.index(1)
0
```

index()方法可以限定查找的范围：

```
>>> start = list1.index(1) + 1
>>> stop = len(list1)
>>> list1.index(1, start, stop)
1
```

reverse()方法的作用是将整个列表原地翻转：

```
>>> list1 = [1, 1, 2, 3, 5, 8, 13, 21]
>>> list1.reverse()
>>> list1
[21, 13, 8, 5, 3, 2, 1, 1]
```

sort()方法的作用是对列表元素进行排序：

```
>>> list1 = [8, 9, 3, 5, 2, 6, 10, 1, 0]
>>> list1.sort()
>>> list1
```

```
[0, 1, 2, 3, 5, 6, 8, 9, 10]
```

那如果需要从大到小排队呢？很简单，先调用 sort()方法，列表会先从小到大排好队，然后调用 reverse()方法原地翻转就可以啦。

什么？太麻烦？好吧，大家真是越来越懒了……很好，"懒"有时候确实是发明创新的原动力。其实，sort()这个方法有三个参数，语法形式为：

```
sort(func, key, reverse)
```

func 和 key 参数用于设置排序的算法和关键字，默认是使用归并排序，算法问题不在这里讨论，感兴趣的朋友可以参考小甲鱼的另一部视频教程——《数据结构和算法》。这里讨论 sort()方法的第三个参数：reverse，没错，就是刚刚学的那个 reverse()方法的 reverse。不过这里作为 sort()的一个默认参数，它的默认值是 sort(reverse=False)，表示不颠倒顺序。因此，只需要把 False 改为 True，列表就相当于从大到小排序：

```
>>> list1 = [8, 9, 3, 5, 2, 6, 10, 1, 0]
>>> list1.sort(reverse=True)
>>> list1
[10, 9, 8, 6, 5, 3, 2, 1, 0]
```

5.2 元组：戴上了"枷锁"的列表

视频讲解

接下来介绍的是列表的"表亲"——元组。

元组和列表的最大区别是：元组只可读，不可写。也就是说，可以任意修改（插入/删除）列表中的元素，而对于元组来说这些操作是不行的，元组只可以被访问，不能被修改。

5.2.1 创建和访问一个元组

元组，除了不可改变这个显著特征之外，还有一个与列表明显的区别：创建列表用的是中括号，而创建元组大部分时候使用的是小括号：

```
>>> tuple1 = (1, 2, 3, 4, 5, 6, 7, 8)
>>> tuple1
(1, 2, 3, 4, 5, 6, 7, 8)
>>> type(tuple1)
<class 'tuple'>
```

 注意：

tuple 即元组的意思。

访问元组的方式与列表无异，也是通过索引值访问一个或多个（切片）元素：

```
>>> tuple1[1]
2
>>> tuple1[5:]
(6, 7, 8)
>>> tuple1[:5]
(1, 2, 3, 4, 5)
```

复制一个元组，通常可以使用切片来实现：

```
>>> tuple2 = tuple1[:]
>>> tuple2
(1, 2, 3, 4, 5, 6, 7, 8)
```

如果试图修改元组，那么抱歉，Python 会很快通过报错来回应：

```
>>> tuple1[1] = 1
Traceback (most recent call last):
  File "<pyshell#43>", line 1, in <module>
    tuple1[1] = 1
TypeError: 'tuple' object does not support item assignment
```

列表的标识符是中括号（[]），那么元组的标识符号是什么呢？

小甲鱼相信 90% 的朋友都会不假思索地回答：小括号！是这样吗？不妨来做个实验：

```
>>> tuple1 = (520)
>>> type(tuple1)
<class 'int'>
```

这里，type() 函数告诉我们 temp 变量是 int（整型）。

是的，小括号还有其他的功能，在这里它就被当作操作符使用了……所以，如果想要元组中只包含一个元素，可以在该元素后面添加一个逗号（,）来实现：

```
>>> tuple1 = (520,)
>>> type(tuple1)
<class 'tuple'>
```

其实小括号也是可以不要的：

```
>>> tuple2 = 520,
>>> tuple1 == tuple2
True
>>> tuple3 = 1, 2, 3, 4, 5
>>> type(tuple3)
<class 'tuple'>
```

发现了吧？逗号（,）才是关键，小括号只是起到补充的作用。再举个例子来对比：

```
>>> 8 * (8)
64
>>> 8 * (8,)
```

```
(8, 8, 8, 8, 8, 8, 8, 8)
```

5.2.2　更新和删除元组

有的读者可能会说，刚才不是说"元组是板上钉钉不能修改的吗"？现在又来谈更新一个元组，小甲鱼你这不是自相矛盾吗？

大家不要激动……我们只是讨论一个相对灵活的做法，与元组的定义并不冲突。由于元组中的元素是不允许被修改的，但这并不妨碍我们创建一个新的同名元组：

```
>>> x_men = ("金刚狼", "X 教授", "暴风女", "火凤凰", "镭射眼")
>>> x_men[1] = "小甲鱼"
Traceback (most recent call last):
  File "<pyshell#4>", line 1, in <module>
    x_men[1] = "小甲鱼"
TypeError: 'tuple' object does not support item assignment
>>> # 上面这样做是不行的
>>> # 下面的做法是可行的
>>> x_men = (x_men[0], "小甲鱼") + x_men[2:]
>>> x_men
('金刚狼', '小甲鱼', '暴风女', '火凤凰', '镭射眼')
```

这段代码其实是利用切片和拼接实现更新元组的目的，它并不是修改元组自身，而是耍了"狸猫换太子"的小手段。

下面代码可以证明小甲鱼所言非虚：

```
>>> x_men = ("金刚狼", "X 教授", "暴风女", "火凤凰", "镭射眼")
>>> id(x_men)
2325773492160
>>> x_men = (x_men[0], "小甲鱼") + x_men[2:]
>>> id(x_men)
2325773560296
```

id()函数用于返回指定对象的唯一 id 值，这个 id 值可以理解为现实生活中的身份证，在同一生命周期中，Python 确保每个对象的 id 值是唯一的。上面两个元组虽然都叫 x_men，但是 id 值出卖了它们——两者并不是同一个对象。

5.1.4 节介绍了三种方法删除列表里边的元素，但是由于元组具有不可以被修改的原则，所以删除元素的操作理论来说是不存在的。如果非要这么做，建议使用上面的技巧实现：

```
>>> temp = temp[:2] + temp[3:]
>>> x_men = x_men[:1] + x_men[2:]
>>> x_men
('金刚狼', '暴风女', '火凤凰', '镭射眼')
```

删除整个元组，只需要使用 del 语句：

```
>>> del x_men
>>> x_men
Traceback (most recent call last):
  File "<pyshell#22>", line 1, in <module>
    x_men
NameError: name 'x_men' is not defined
```

其实在日常开发中，很少使用 del 去删除整个元组，因为 Python 的垃圾回收机制会在某个对象不再被使用的时候自动进行清理。

最后小结一下哪些操作符可以使用在元组上，拼接操作符和重复操作符刚刚演示过了，关系操作符、逻辑操作符和成员关系操作符（in 和 not in）也可以直接应用在元组上，这与列表是一样的，大家自己实践一下就知道了。关于列表和元组，今后会谈得更多，目前，就先聊到这里。

视频讲解

5.3　字符串

或许现在又回过头来谈字符串，有些读者可能会觉得没必要。其实关于字符串，还有很多你可能不知道的秘密，由于字符串在日常使用中是如此常见，因此小甲鱼抱着负责任的态度在本节把所知道的都与大家分享一下。

在一些编程语言中，字符和字符串是两个不同的概念，如 C 语言使用单引号将字符括起来，使用双引号包含字符串。但在 Python 中，只有字符串这一个概念：

```
>>> str1 = "I love FishC.com!"
>>> str1
'I love FishC.com!'
```

注意：

可以使用单引号将字符串包裹起来，也可以使用双引号，但务必要成对编写，不能一边是单引号而另一边是双引号。

在学习了列表和元组之后，我们掌握了一个新的操作——切片，事实上也可以应用到字符串上：

```
>>> str1[7:]
'FishC.com!'
```

字符串与元组一样，都是属于"一言既出，驷马难追"的家伙。所以，一旦确定下来就不能再对它进行修改。如果非要这么做，仍然可以利用切片和拼接来实现：

```
>>> str2 = "一只穿云箭，千军万马来相见！"
>>> str2 = str2[:1] + '支' + str2[2:]
>>> str2
'一支穿云箭，千军万马来相见！'
```

> **注意：**
>
> 　　这种通过拼接旧字符串的各个部分组合得到新字符串的方式，并不是真正意义上的修改字符串。原来的那个旧的字符串其实还在，只不过我们将变量名指向了拼接后的新字符串。旧的字符串一旦失去了变量的引用，就会被 Python 的垃圾回收机制释放掉。

　　比较操作符、逻辑操作符、成员关系操作符的操作和列表、元组是一样的，这里就不再赘述。

5.3.1　各种内置方法

　　列表和元组都有一些内置方法，大家可能觉得它们的方法已经非常多了，其实字符串的方法更多。表 5-1 总结了字符串的所有方法及对应的含义。

表 5-1　Python 字符串的方法及含义

方　　　法	含　　　义
capitalize()	将字符串的第一个字符修改为大写，其他字符全部改为小写
casefold()	将字符串的所有字符修改为小写
center(width[,fillchar])	当字符个数大于 width 时，字符串不变； 当字符个数小于 width 时，字符串居中，并在左右填充空格以达到 width 指定宽度； fillchar 参数可选，指定填充的字符（默认是空格）
count(sub[,start[,end]])	返回 sub 参数在字符串里边出现的次数； start 和 end 参数可选，指定统计范围
encode(encoding='utf-8',errors='strict')	以 encoding 参数指定的编码格式对字符串进行编码，并返回 errors 参数指定出错时的处理方式，默认是抛出 UnicodeError 异常，还可以使用 'ignore'、'replace'、'xmlcharrefreplace'、'backslashreplace' 等处理方式
endswith(sub[,start[,end]])	检查字符串是否以 sub 参数结束，如果是返回 True，否则返回 False；start 和 end 参数可选，指定范围
expandtabs(tabsize=8)	把字符串中的制表符（\t）转换为空格代替
find(sub[,start[,end]])	检查 sub 参数是否包含在字符串中，如果有则返回第一个出现位置的索引值，否则返回–1；start 和 end 参数可选，表示范围
index(sub[,start[,end]])	跟 find() 方法一样，不过该方法如果找不到将抛出一个 ValueError 异常
isalnum()	如果字符串仅由字母或数字构成则返回 True,否则返回 False
isalpha()	如果字符串仅由字母构成返回 True，否则返回 False
isdecimal()	如果字符串仅由十进制数字构成则返回 True,否则返回 False
isdigit()	如果字符串仅由数字构成则返回 True，否则返回 False
islower()	如果字符串仅由小写字母构成则返回 True，否则返回 False
isnumeric()	如果字符串仅由数值构成则返回 True，否则返回 False
isspace()	如果字符串仅由空白字符构成则返回 True，否则返回 False
istitle()	如果是标题化（所有的单词均以大写字母开始，其余字母皆小写）字符串则返回 True，否则返回 False

方　　法	含　　义
isupper()	如果字符串仅由大写字母构成则返回 True，否则返回 False
join(iterable)	以字符串作为分隔符，插入到 iterable 参数迭代出来的所有字符串之间； 如果 iterable 中包含任何非字符串值，将抛出 TypeError 异常
ljust(width[,fillchar])	当字符个数大于 width 时，字符串不变； 当字符个数小于 width 时，左对齐字符串，并在右边填充空格以达到 width 指定宽度； fillchar 参数可选，指定填充的字符（默认是空格）
lower()	将字符串的所有大写字母修改为小写字母
lstrip([chars])	删除字符串左边的所有空白字符； chars 参数可选，指定待删除的字符集
partition(sep)	找到 sep 参数第一次出现的位置，并将字符串切成一个三元组（sep 前面的子字符串,sep,sep 后面的子字符串）； 如果字符串中不包含 sep，则返回三元组('原字符串','','')
replace(old,new[,count])	将字符串中的 old 参数指定的字符串替换成 new 参数指定的字符串； count 参数可选，表示最多替换次数不超过 count
rfind(sub[,start[,end]])	类似于 find()方法，不过是从右边开始查找
rindex(sub[,start[,end]])	类似于 index()方法，不过是从右边开始查找
rjust(width[,fillchar])	当字符个数大于 width 时，字符串不变； 当字符个数小于 width 时，左对齐字符串，并在右边填充空格以达到 width 指定宽度； fillchar 参数可选，指定填充的字符（默认是空格）
rpartition(sep)	类似于 partition()方法，不过是从右边开始查找
rstrip([chars])	删除字符串右边的所有空白字符； chars 参数可选，指定待删除的字符集
split(sep=None,maxsplit=-1)	以空白字符作为分隔符对字符串进行分割； sep 参数指定分隔符，默认是空白字符； maxsplit 参数设置最大分割次数，默认是不限制
splitlines([keepends])	以换行符作为分隔符对字符串进行分割； keepends 参数设置最大分割次数
startswith(prefix[,start[,end]])	检查字符串是否以 prefix 参数开头，如果是则返回 True，否则返回 False； start 和 end 参数可选，表示范围
strip([chars])	删除字符串前边和后边所有空白字符； chars 参数可选，指定待删除的字符集
swapcase()	将字符串中所有的大写字母修改为小写，将小写字母修改为大写
title()	以标题化（所有的单词均以大写字母开始，其余字母皆小写）的形式格式化字符串
translate(table)	根据 table 的规则（可以由 str.maketrans('a','b')定制）转换字符串中的字符
upper()	将字符串的所有小写字母修改为大写字母
zfill(width)	当字符个数大于 width 时，字符串不变； 当字符个数小于 width 时，返回长度为 width 的字符串，原字符串右对齐，前边用 0 进行填充

这里选几个常用的字符串方法给大家演示一下用法，其他的可以根据上述文档的注释依葫芦画瓢。

casefold()方法用于将字符串中所有的英文字母修改为小写：

```
>>> str1 = "FishC"
>>> str1.casefold()
'fishc'
```

提示：

只要涉及字符串修改的方法，并不是修改原字符串，而是返回字符串修改后的一个拷贝。

count(sub[,start[,end]])方法用于查找 sub 参数在字符串中出现的次数，可选参数 start 和 end 表示查找的范围：

```
>>> str2 = "上海自来水来自海上"
>>> str2.count('上')
2
>>> str2.count('上', 0, 5)
1
```

find(sub[,start[,end]])或 index(sub[,start[,end]])方法用于查找 sub 参数在字符串中第一次出现的位置，如果找到了，返回位置索引值；如果找不到，find()方法会返回–1，而 index() 方法会抛出异常（注：异常是可以被捕获并处理的错误）：

```
>>> str3 = "床上女子叫子女上床"
>>> str3.find("女子")
2
>>> str3.index("男子")
Traceback (most recent call last):
  File "<pyshell#53>", line 1, in <module>
    str3.index("男子")
ValueError: substring not found
```

replace(old,new[,count])方法用于将字符串中的 old 参数指定的字符串替换成 new 参数指定的字符串：

```
>>> str4 = "I love you."
>>> str4.replace("you", "fishc.com")
'I love fishc.com.'
```

split(sep=None, maxsplit=-1)方法用于拆分字符串：

```
>>> str5 = "肖申克的救赎/1994年/9.6分/美国"
>>> str5.split(sep='/')
['肖申克的救赎', '1994年', '9.6分', '美国']
```

和 split()方法相反，join(iterable)方法用于拼接字符串：

```
>>> countries = ['中国', '俄罗斯', '美国', '日本', '韩国']
>>> '-'.join(countries)
'中国-俄罗斯-美国-日本-韩国'
>>> ','.join(countries)
'中国,俄罗斯,美国,日本,韩国'
>>> ''.join(countries)
'中国俄罗斯美国日本韩国'
```

这种语法看上去可能会比较奇怪,很多读者可能会觉得被拼接的对象应该放在 join()方法的左侧更合适（如写成这样 countries.join('-')）？

但是因为 join()被指定为字符串的其中一个方法，所以只能这么写。另外还有一个重要的原因是，join()的参数支持一切可迭代对象（如列表、元组、字典、文件、集合或生成器等），如果将它们写在左侧，那就必须为这些对象都创建一个 join()方法，显然这样做是没有必要的。

其实，Python 程序员更喜欢使用 join()方法代替加号（+）来拼接字符串，这是因为使用加号（+）去拼接大量的字符串，效率相对会比较低，这种操作会频繁进行内存复制和触发垃圾回收机制。

5.3.2 格式化

视频讲解

什么是字符串的格式化，又为什么需要对字符串进行格式化？讲个小故事给大家听：某天小甲鱼心血来潮，试图召开一个"鱼 C 跨物种互联交流大会"，到会的朋友有来自各个物种的精英人士，有小乌龟、喵星人、汪星人，当然还有米奇和唐老鸭，那气势简直跟小甲鱼开了个动物园一样……但是问题来了，大家交流起来简直是鸡同鸭讲，不知所云！不过最后聪明的小甲鱼还是把问题给解决了，其实也很简单，各界都找一个翻译就行了，统一将发言都翻译成普通话，那么问题就解决了……最后我们这个大会当然取得了成功并被载入了"吉尼斯世界动物大全"。

好吧，举这个例子其实就是想跟大家说，格式化字符串，就是按照统一的规格去输出一个字符串。如果规格不统一，就很可能造成误会，例如，十六进制的 10 跟十进制的 10 或二进制的 10 完全是不同的概念（十六进制的 10 等于十进制的 16，二进制的 10 却等于十进制的 2）。字符串格式化，正是帮助我们纠正并规范这类问题而存在的。

1. format()

format()方法接收位置参数和关键字参数（位置参数和关键字参数在第 6 章中有详细讲解），二者均传递到一个名为 replacement 的字段。而这个 replacement 字段在字符串内用大括号（{}）表示。先看一个例子：

```
>>> "{0} love {1}.{2}".format("I", "FishC", "com")
'I love FishC.com'
```

怎么回事呢？仔细看一下，字符串中的{0}、{1}和{2}应该与位置有关，依次被format()的三个参数替换，那么 format()的三个参数就称为位置参数。那什么是关键字参数呢？再来看一个例子：

```
>>> "{a} love {b}.{c}".format(a="I", b="FishC", c="com")
'I love FishC.com'
```

{a}、{b}和{c}就相当于三个目标标签，format()将参数中等值的字符串替换进去，这就是关键字参数。另外，也可以综合位置参数和关键字参数在一起使用：

```
>>> "{0} love {b}.{c}".format("I", b="FishC", c="com")
'I love FishC.com'
```

但要注意的是，如果将位置参数和关键字参数综合在一起使用，那么位置参数必须在关键字参数之前，否则就会出错：

```
>>> "{a} love {b}.{0}".format(a="I", b="FishC", "com")
SyntaxError: non-keyword arg after keyword arg
```

如果要把大括号打印出来，有办法吗？没错，这与字符串转义字符有点像，只需要用多一层大括号包起来即可：

```
>>> "{{0}}".format("不打印")
'{0}'
```

位置参数"不打印"没有被输出，这是因为{0}的特殊功能被外层的大括号（{}）所剥夺，因此没有字段可以输出。注意，这并不会产生错误哦。最后来看另一个例子：

```
>>> "{0}: {1:.2f}".format("圆周率", 3.14159)
'圆周率: 3.14'
```

可以看到，位置参数{1}跟平常有些不同，后边多了个冒号。在替换域中，冒号表示格式化符号的开始，".2"的意思是四舍五入到保留两位小数点，而 f 的意思是浮点数，所以按照格式化符号的要求打印出了 3.14。

2. 格式化操作符：%

刚才讲的是字符串的格式化方法，现在来谈谈字符串所独享的一个操作符：%。有人说，这不是求余数的操作符吗？是的，没错。当%的左右均为数字的时候，它表示求余数的操作；但当它出现在字符中的时候，它表示的是格式化操作符。表 5-2 列举了 Python 的格式化符号及含义。

表 5-2 Python 格式化符号及含义

符 号	含 义
%c	格式化字符及其 ASCII 码
%s	格式化字符串
%d	格式化整数
%o	格式化无符号八进制数
%x	格式化无符号十六进制数
%X	格式化无符号十六进制数（大写）

续表

符　号	含　义
%f	格式化浮点数字，可指定小数点后的精度
%e	用科学计数法格式化浮点数
%E	作用同%e
%g	根据值的大小决定使用%f或%e
%G	作用同%g

下面给大家举几个例子供参考：

```
>>> '%c' % 97
'a'
>>> '%c%c%c%c%c' % (70, 105, 115, 104, 67)
'FishC'
>>> '%d转换为八进制是：%o' % (123, 123)
'123转换为八进制是：173'
>>> '%f用科学计数法表示为：%e' % (149500000, 149500000)
'149500000.000000用科学计数法表示为：1.495000e+08'
```

所以，使用格式化的方法也可以对字符串进行拼接：

```
>>> str1 = "一支穿云箭，千军万马来相见；"
>>> str2 = "两副忠义胆，刀山火海提命现。"
>>> "%s%s" % (str1, str2)
'一支穿云箭，千军万马来相见；两副忠义胆，刀山火海提命现。'
```

那么结合前面提到的两种方法，现在共有三种方法可以对字符串进行拼接了。什么时候用哪种方法，根据不同情况，可以参考下面三条准则进行选择：

- 简单字符串连接时，直接使用加号（+），例如：full_name = prefix + name。
- 复杂的，尤其有格式化需求时，使用格式化操作符（%）进行格式化连接，例如：result = "result is %s:%d" % (name, score)。
- 当有大量字符串拼接，尤其发生在循环体内部时，使用字符串的 join()方法无疑是最棒的，例如：result = "".join(iterator)。

另外，Python 还提供了格式化操作符的辅助指令，如表 5-3 所示。

表 5-3　格式化操作符的辅助命令

符　号	含　义
m.n	m 显示的是最小总宽度，n 是小数点后的位数
-	结果左对齐
+	在正数前面显示加号（+）
#	在八进制数前面显示'0o'，在十六进制数前面显示'0x'或'0X'
0	显示的数字前面填充'0'代替空格

同样给大家举几个例子供参考：

```
>>> '%5.1f' % 27.658
' 27.7'
```

```
>>> '%.2e' % 27.658
'2.77e+01'
>>> '%10d' % 5
'         5'
>>> '%-10d' % 5
'5         '
>>> '%010d' % 5
'0000000005'
>>> '%#X' % 100
'0X64'
```

3．Python 的转义字符及含义

Python 的部分转义字符已经使用了一段时间，是时候来总结一下了，如表 5-4 所示。

表 5-4　转义字符及含义

符　号	说　明	符　号	说　明
\'	单引号	\r	回车符
\"	双引号	\f	换页符
\a	发出系统响铃声	\o	八进制数代表的字符
\b	退格符	\x	十六进制数代表的字符
\n	换行符	\0	表示一个空字符
\t	横向制表符（TAB）	\\	反斜杠
\v	纵向制表符		

5.4　序列

视频讲解

聪明的你可能已经发现，小甲鱼把列表、元组和字符串放在一块儿来讲解是有道理的，因为它们之间有很多共同点：
- 都可以通过索引得到每一个元素。
- 默认索引值总是从 0 开始（当然灵活的 Python 还支持负数索引）。
- 可以通过切片的方法得到一个范围内的元素的集合。
- 有很多共同的操作符（重复操作符、拼接操作符、成员关系操作符）。

我们把它们统称为：序列！下面介绍一些关于序列的常用 BIF（内建方法）。

1．list([iterable])

list()方法用于把一个可迭代对象转换为列表，很多读者可能经常听到"迭代"这个词，但要是让你解释的时候，却又可能会含糊其词了：迭代……迭代不就是 for 循环嘛……

这里小甲鱼帮大家科普一下：所谓迭代，是重复反馈过程的活动，其目的通常是为了接近并达到所需的目标或结果。每一次对过程的重复被称为一次"迭代"，而每一次迭代得到的结果会被用来作为下一次迭代的初始值……就目前来说，迭代还真的就是一个 for 循环，但今后会介绍到迭代器，那个功能，才叫惊艳！

好了，这里说 list()方法要么不带参数，要么带一个可迭代对象作为参数，而这个序列天生就是可迭代对象（迭代这个概念实际上就是从序列中泛化而来的）。

下面仍然通过几个例子给大家讲解一下：

```
>>> # 创建一个空列表
>>> a = list()
>>> a
[]
>>> # 将字符串的每个字符迭代存放到列表中
>>> b = list("FishC")
>>> b
['F', 'i', 's', 'h', 'C']
>>> # 将元组中的每个元素迭代存放到列表中
>>> c = list((1, 1, 2, 3, 5, 8, 13))
>>> c
[1, 1, 2, 3, 5, 8, 13]
```

事实上这个 list()方法大家自己也可以动手实现，对不对？很简单嘛，实现过程大概就是新建一个列表，然后循环通过索引迭代参数的每一个元素并加入列表，迭代完毕后返回列表即可。大家不妨自己动手来尝试一下。

2. tuple([iterable])

tuple()方法用于把一个可迭代对象转换为元组，具体的用法和 list()一样，这里就不再赘述了。

3. str(obj)

str()方法用于把 obj 对象转换为字符串，这个方法 3.9.4 节中讲过，还记得吧？

4. len(sub)

len()方法前面已经使用过几次了，该方法用于返回 sub 参数的长度：

```
>>> str1 = "I love fishc.com"
>>> len(str1)
16
>>> list1 = [1, 1, 2, 3, 5, 8, 13]
>>> len(list1)
7
>>> tuple1 = "这", "是", "一", "个", "元祖"
>>> len(tuple1)
5
```

5. max()

max()方法用于返回序列或者参数集合中的最大值，也就是说，max()的参数可以是一个序列，返回值是该序列中的最大值；也可以是多个参数，那么，max()将返回这些参数中最大的一个：

```
>>> list1 = [1, 18, 13, 0, -98, 34, 54, 76, 32]
>>> max(list1)
76
>>> str1 = "I love fishc.com"
>>> max(str1)
'v'
>>> max(5, 8, 1, 13, 5, 29, 10, 7)
29
```

6．min()

min()方法跟 max()用法一样，但效果相反：返回序列或者参数集合中的最小值。这里需要注意的是，使用 max()方法和 min()方法都要保证序列或者参数的数据类型统一，否则会出错：

```
>>> list1 = [1, 18, 13, 0, -98, 34, 54, 76, 32]
>>> list1.append("x")
>>> max(list1)
Traceback (most recent call last):
  File "<pyshell#14>", line 1, in <module>
    max(list1)
TypeError: '>' not supported between instances of 'str' and 'int'
>>> min(123, 'oo', 456, 'xx')
Traceback (most recent call last):
  File "<pyshell#15>", line 1, in <module>
    min(123, 'oo', 456, 'xx')
TypeError: '<' not supported between instances of 'str' and 'int'
```

俗话说：外行看热闹，内行看门道。

不妨分析一下这个报错信息 "TypeError: '<' not supported between instances of 'str' and 'int'"，意思是说不能拿字符串和整型进行比较。这说明了什么呢？说明 max()方法和 min()方法的内部实现事实上类似于之前提到的，通过索引得到每一个元素，然后将各个元素进行对比。

所以，根据上述猜想，可以写出类似的实现代码：

```
# 猜想下 max(tuple1)的实现方式
temp = tuple1[0]

for each in tuple1:
    if each > temp:
        temp = each

return temp
```

由此可见，Python 的内置方法其实也没什么了不起的，仔细思考一下也是可以独立实现的嘛。所以，只要认真地跟着本书的内容学习下去，很多看似"如狼似虎"的问题，将来都能迎刃而解！

7. sum(iterable[, start])

sum()方法用于返回序列 iterable 的所有元素值的总和，用法跟 max()和 min()一样。但 sum()方法有一个可选参数(start)，如果设置该参数，表示从该值开始加起，默认值是 0：

```
>>> tuple1 = 1, 2, 3, 4, 5
>>> sum(tuple1)
15
>>> sum(tuple1, 10)
25
```

8. sorted(iterable, key=None, reverse=False)

sorted()方法用于返回一个排序的列表，大家还记得列表的内建方法 sort()吗？它们的实现效果一致，但列表的内建方法 sort()是实现列表原地排序；而 sorted()是返回一个排序后的新列表。

```
>>> list1 = [1, 18, 13, 0, -98, 34, 54, 76, 32]
>>> list2 = list1[:]
>>> list1.sort()
>>> list1
[-98, 0, 1, 13, 18, 32, 34, 54, 76]
>>> sorted(list2)
[-98, 0, 1, 13, 18, 32, 34, 54, 76]
>>> list2
[1, 18, 13, 0, -98, 34, 54, 76, 32]
```

9. reversed(sequence)

reversed()方法用于返回逆向迭代序列的值。同样的道理，实现效果跟列表的内建方法 reverse()一致。区别是：列表的内建方法是原地翻转，而 reversed()是返回一个翻转后的迭代器对象。你没看错，它不是返回一个列表，而是返回一个迭代器对象。

```
>>> list1 = [1, 18, 13, 0, -98, 34, 54, 76, 32]
>>> reversed(list1)
<list_reverseiterator object at 0x000000000324F518>
>>> for each in reversed(list1):
    print(each, end=',')

32,76,54,34,-98,0,13,18,1,
```

10. enumerate(iterable)

enumerate()方法生成由二元组（二元组就是元素数量为 2 的元组）构成的一个迭代

对象，每个二元组由可迭代参数的索引号及其对应的元素组成，举个例子：

```
>>> str1 = "FishC"
>>> for each in enumerate(str1):
        print(each)

(0, 'F')
(1, 'i')
(2, 's')
(3, 'h')
(4, 'C')
```

11. zip(iter1 [,iter2 [...]])

zip()方法用于返回由各个可迭代参数共同组成的元组，举个例子：

```
>>> list1 = [1, 3, 5, 7, 9]
>>> str1 = "FishC"
>>> for each in zip(list1, str1):
        print(each)

(1, 'F')
(3, 'i')
(5, 's')
(7, 'h')
(9, 'C')
>>> tuple1 = (2, 4, 6, 8, 10)
>>> for each in zip(list1, str1, tuple1):
        print(each)

(1, 'F', 2)
(3, 'i', 4)
(5, 's', 6)
(7, 'h', 8)
(9, 'C', 10)
```

第6章

函数

视频讲解

6.1 Python 的乐高积木

小时候大家应该都玩过乐高积木，只要通过想象和创意，就可以用它拼凑出很多神奇的东西。随着学习的深入，编写的代码量不断增加，结构也日益复杂。需要找一个方法对这些复杂的代码进行重新打包整理，以降低代码结构的复杂性和冗杂度。

优秀的东西永远是经典的，而经典的东西永远是简单的。不是说复杂不好，但只有把复杂的东西简单化才能成为经典。为了使得程序的代码变得简单，需要把程序分解成较小的组成部分。这里会教大家三种方法来实现，分别是函数、对象和模块。

6.1.1 创建和调用函数

函数就是把代码打包成不同形状的乐高积木，以便可以发挥想象力进行随意拼装和反复使用。此前接触的 BIF 就是 Python 帮我们封装好的函数，用的时候很方便，根本不需要去想实现的原理，这就是把复杂变简单。

因为基础内容奠定了 Python 编程的基本功底，所以小甲鱼在这些内容的准备上是花足了心思的，大家不要嫌啰唆，经常变着花样儿重复出现的内容肯定是最重要的！

简单来讲，一个程序可以按照不同功能的实现，分割成许许多多的代码块，每一个代码块就可以封装成一个函数。在 Python 中创建一个函数用 def 关键字：

```
>>> def myFirstFunction():
        print("这是我创建的第一个函数！")
        print("我表示很激动…")
        print("在这里，我要感谢 TVB，感谢 CCTV！")
```

 注意：

在函数名后面要加上一对小括号。这对小括号是必不可少的，因为有时候需要在里

62

边放点东西，至于放什么，小甲鱼先卖个关子，待会儿告诉你。

我们创建了一个函数，但是从来都不去调用它，那么这个函数里的代码就永远也不会被执行。这里教大家如何调用一个函数，调用一个函数也非常简单，直接写出函数名加上小括号即可：

```
>>> myFirstFunction()
这是我创建的第一个函数！
我表示很激动…
在这里，我要感谢 TVB，感谢 CCTV！
```

函数的调用和运行机制：当函数 myFirstFunction()发生调用操作的时候，Python 会自动往上找到 def myFirstFunction()的定义过程，然后依次执行该函数所包含的代码块部分（也就是冒号后面的缩进部分内容）。只需要一条语句，就可以轻松地实现函数内的所有功能。假如想把刚才的内容打印 3 次，只需要调用 3 次函数即可：

```
>>> for i in range(3):
        myFirstFunction()

这是我创建的第一个函数！
我表示很激动…
在这里，我要感谢 TVB，感谢 CCTV！
这是我创建的第一个函数！
我表示很激动…
在这里，我要感谢 TVB，感谢 CCTV！
这是我创建的第一个函数！
我表示很激动…
在这里，我要感谢 TVB，感谢 CCTV！
```

6.1.2　函数的参数

现在可以来谈谈括号里是什么东西了。其实括号里放的就是函数的参数，在函数刚开始被发明出来的时候，是没有参数的（也就是说，小括号里没有内容），很快就引来了许多小伙伴们的质疑：函数不过是对做同样内容的代码进行打包，这样与使用循环就没有什么本质不同了。

因此，为了使每次调用的函数可以有不同的实现，加入了参数的概念。例如，封装了一个开炮功能的函数，默认武器是大炮，那用来打飞机是没问题的，但是如果用这个函数来打小鸟，除非是愤怒的小鸟，否则就有点奇葩了。有了参数的实现，就可以轻松地将大炮换成步枪。总而言之，参数就是使得函数可以实现个性化：

```
>>> def mySecondFunction(name):
        print(name + "是帅锅！")

>>> mySecondFunction("小甲鱼")
小甲鱼是帅锅！
```

```
>>> mySecondFunction("小鱿鱼")
小鱿鱼是帅锅！
>>> mySecondFunction("小丑鱼")
小丑鱼是帅锅！
```

刚才的例子只有一个参数，使用多个参数，只需要使用逗号隔开即可：

```
>>> def add(num1, num2):
        print(num1 + num2)

>>> add(1, 2)
3
```

可能有读者要问了，Python 的函数支持多少个参数呢？实际上你想要有多少个参数就可以有多少个，就像 Windows 的某些 API 函数就有十几个参数。但是建议大家自己定义的函数参数尽量不要太多，函数的功能和参数的意义也要相应写好注释，这样别人来维护你的程序才不会那么费劲！谨记奥卡姆剃刀原理：如无必要，勿增实体。

6.1.3　函数的返回值

有些时候，需要函数返回一些数据来报告执行的结果，比如刚才提到的具有"打炮弹"功能的函数，炮弹是否发射成功，总得有个交代吧。所以，函数需要返回值。其实也非常简单，只需要在函数中使用关键字 return，后面跟着的就是指定要返回的值。

```
>>> def fire():
        pass # 此处添加炮弹的发射细节
        return "轰，发射成功！"

>>> fire()
'轰，发射成功！'

>>> def add(num1, num2):
        return num1 + num2

>>> add(1, 2)
3

>>> def div(num1, num2):
        if num2 == 0:
            return "除数不能为0"
        else:
            return num1 / num2

>>> div(3, 0)
'除数不能为0'
```

```
>>> div(3, 5)
0.6
```

在 Python 中，并不需要定义函数的返回值类型，函数可以返回不同类型的值；而如果没有返回值，则默认返回 None。

```
>>> def hello():
        print("Hello~")

>>> print(hello())
Hello~
None
```

另外，如果返回了多个值，Python 默认是以元组的形式进行打包。

```
>>> def test():
        return 1, '小甲鱼', 3.14

>>> test()
(1, '小甲鱼', 3.14)
```

当然，也可以利用列表将多种类型的值打包到一块儿再返回。

```
>>> def test():
        return [1, '小甲鱼', 3.14]

>>> test()
[1, '小甲鱼', 3.14]
```

6.2　灵活即强大

视频讲解

有时候，评论一种编程语言是否优秀，往往是看它是否灵活。灵活并非意味着无所不能、无所不包，那样就会显得庞大和冗杂。灵活应该表现为多变，如前面学到的参数，函数因参数而灵活。如果没有参数，一个函数就只能死板地完成一个功能、一项任务。

6.2.1　形参和实参

参数从调用的角度来说，分为形式参数（parameter）和实际参数（argument）（注：本书后面简称为"形参"和"实参"）。与绝大多数编程语言一样，形参指的是函数定义的过程中小括号里的参数，而实参则指的是函数在被调用的过程中传递进来的参数。

举个例子：

```
>>> def sayHi(name):
        print("嗨, %s" % name)
```

```
>>> sayHi("小甲鱼")
嗨，小甲鱼
```

sayHi(name)中的 name 是一个形参，因为它只是代表一个位置、一个变量名；而调用 sayHi("小甲鱼")传递的"小甲鱼"则是一个实参，因为它是一个具体的内容，是赋值到变量 name 中的值。

6.2.2 函数文档

给函数写文档是为了让后人可以更好地理解你的函数设计逻辑，对于一名优秀的程序员来说，养成编写函数文档的习惯无疑是非常必要的。因为在实际开发中，个人的工作量和能力确实相当有限，因此中、大型的程序永远都是团队来完成的。大家的代码要相互衔接，就需要先阅读别人提供的文档，因此适当的文档说明非常重要。而函数文档的作用是描述该函数的功能以及一些注意事项：

```
>>> def exchangeRate(dollar):
        """
        功能：汇率转换，美元 -> 人民币
        汇率：6.54
        日期：2018-06-25
        """
        return dollar * 6.54

>>> exchangeRate(10)
65.4
```

例如该汇率转换函数，因为汇率其实每天都在变化，所以如果没有注明指定汇率的日期，就可能会导致数据产生偏差。

可以看到，函数开头的几行字符串并不会被打印出来，但它将作为函数的一部分存储起来。这个字符串称为函数文档，它的功能与代码注释是一样的。

有读者可能会说，既然一样，搞那么复杂干啥呀？其实也不是完全一样，函数的文档字符串可以通过特殊属性__doc__获取（注：__doc__两边分别是两条下画线）：

```
>>> print(exchangeRate.__doc__)

        功能：汇率转换，美元 -> 人民币
        汇率：6.54
        日期：2018-06-25
```

另外，当想使用一个 BIF 却又不确定其用法的时候，可以通过 help()函数来查看函数的文档：

```
>>> help(exchangeRate)
Help on function exchangeRate in module __main__:
```

```
exchangeRate(dollar)
    功能：汇率转换，美元 -> 人民币
    汇率：6.54
    日期：2018-06-25
```

6.2.3　关键字参数

前面在定义函数的时候，就已经把参数的名字和位置确定下来，Python 中这类位置固定的参数称为位置参数。对于函数的调用者来说，只需要知道按照顺序传递正确的参数就可以了。

可是有些啥时候，粗心的程序员很容易会搞乱位置参数的顺序，以至于函数无法按照预期实现。对于这类情况，使用关键字参数就很有用了。

举个例子：

```
>>> def eat(somebody, something):
        print(somebody + '把' + something + '吃了')


>>> eat("小甲鱼", "蛋糕")
小甲鱼把蛋糕吃了


>>> eat("蛋糕", "小甲鱼")
蛋糕把小甲鱼吃了


>>> eat(something="蛋糕", somebody="小甲鱼")
小甲鱼把蛋糕吃了
```

关键字参数其实就是在传入实参时明确指定形参的变量名，其特点就是参数之间不存在先后顺序。尽管使用这种技巧要多输入一些字符，但随着程序规模越大、参数越多的时候，关键字参数起到的作用就越明显。毕竟宁可多输入几个字符，也不希望出现料想不及的 BUG。

另外，在调用函数的时候，位置参数必须在关键字参数的前面，否则就会出错：

```
>>> eat(something="蛋糕", "小甲鱼")
SyntaxError: positional argument follows keyword argument
```

6.2.4　默认参数

Python 的函数允许为参数指定默认的值，那么在函数调用的时候如果没有传递实参，则采用默认参数值：

```
>>> def saySomething(name="小甲鱼", word="让编程改变世界！"):
        print(name + ' -> ' + word)


>>> saySomething()
```

```
小甲鱼 -> 让编程改变世界！
>>> saySomething("苏轼", "不识庐山真面目，只缘身在此山中。")
苏轼 -> 不识庐山真面目，只缘身在此山中。
>>> saySomething(word="古之成大事者，不惟有超世之才，亦有坚忍不拔之志。", name=
"苏轼")
苏轼 -> 古之成大事者，不惟有超世之才，亦有坚忍不拔之志。
```

可以看到，默认参数使得函数的调用更加便捷了。这就像日常安装应用程序，可以选择自定义或者默认安装，我想绝大多数普通用户都会选择默认安装的，对吧？

结合默认参数和关键字参数，可以使函数的调用变得非常灵活：

```
>>> def watchMovie(name="小甲鱼", cigarette=True, beer=True, girlfriend=
True):
        sentence = name + "带着"
        if cigarette:
            sentence = sentence + "香烟"
        if beer:
            sentence = sentence + "啤酒"
        if girlfriend:
            if cigarette or beer:
                sentence = sentence + "和女朋友"
            else:
                sentence = sentence + "女朋友"
        sentence = sentence + "去看电影！"
        return sentence


>>> watchMovie()
'小甲鱼带着香烟啤酒和女朋友去看电影！'
>>> watchMovie(name="不二", girlfriend=False)
'不二带着香烟啤酒去看电影！'
```

另外，在定义函数的时候，位置参数必须在默认参数的前面，否则就会出错：

```
>>> def watchMovie(name="小甲鱼", cigarette=True, beer=True, girlfriend):
        pass
SyntaxError: non-default argument follows default argument
```

6.2.5 收集参数

这个名字看起来比较新鲜，其实大多数时候它也被称为可变参数。有时候，可能函数也不知道调用者实际上会传入多少个实参，这看起来很可笑，对吗？其实不然，例如我们熟悉的 print() 函数就是这样：

```
>>> print(1, 2, 3, 4, 5)
1 2 3 4 5
>>> print("I", "Love", "FishC")
I Love FishC
```

若实参个数不确定，在定义函数的时候，形参就可以使用收集参数来"搞定"。而语法也很简单，仅需要在参数前面加上星号（*）即可：

```
>>> def test(*params):
        print("有 %d 个参数" % len(params))
        print("第二个参数是: ", params[1])

>>> test('F', 'i', 's', 'h', 'C')
有 5 个参数
第二个参数是: i
>>> test("小甲鱼", 123, 3.14)
有 3 个参数
第二个参数是: 123
```

其实大家仔细思考后也不难理解，Python 就是把标志为收集参数的参数们打包成一个元组。

```
>>> def test(*params):
        print(type(params))

>>> test(1, 2, 3, 4, 5)
<class 'tuple'>
```

不过这里需要注意一下，如果在收集参数后面还需要指定其他参数，那么在调用函数的时候就应该使用关键参数来指定，否则 Python 就都会把实参都纳入到收集参数中。

举个例子：

```
>>> def test(*params, extra):
        print("收集参数是: ", params)
        print("位置参数是: ", extra)

>>> test(1, 2, 3, 4, 5)
Traceback (most recent call last):
  File "<pyshell#12>", line 1, in <module>
    test(1, 2, 3, 4, 5)
TypeError: test() missing 1 required keyword-only argument: 'extra'
>>> test(1, 2, 3, 4, extra=5)
收集参数是: (1, 2, 3, 4)
位置参数是: 5
```

建议大家如果定义的函数中带有收集参数，那么可以将其他参数设置为默认参数，例如，print()的原型如下：

```
print(*objects, sep=' ', end='\n', file=sys.stdout, flush=False)
```

objects 参数是一个收集参数，如果传入多个参数，将依次打印出来；sep 参数指定多个参数之间的分隔符，默认是空格；end 参数指定以什么字符结束打印，默认是换行符；file 参数指定输出的位置；flush 指定是否强制刷新缓存。

在函数的定义中，收集参数前面的星号（*）起到的作用称为"打包"操作，通俗的理解就是将多个参数打包成一个元组的形式进行存储。

在这里给大家介绍一个有趣的技能：星号（*）在形参中的作用是"打包"，而在实参中的作用则相反，起到"解包"的作用。

举个例子：

```
>>> num = (1, 2, 3, 4, 5)
>>> print(num)
(1, 2, 3, 4, 5)
>>> print(*num)
1 2 3 4 5
```

"解包"操作也适用于其他的序列类型：

```
>>> name = "FishC"
>>> print(*name)
F i s h C
>>> list1 = [1, 1, 2, 3, 5]
>>> print(*list1)
1 1 2 3 5
```

Python 还有另一种收集方式，就是用两个星号（**）表示。与前面的介绍不同，两个星号的收集参数表示为将参数们打包成字典的形式。字典的概念还没有接触，所以在后面讲解字典的章节中再给大家介绍吧。

视频讲解

6.3 我的地盘听我的

这里谈的其实是变量的作用域，作用域是程序运行时变量可被访问的范围，这个知识点在 Python 中是一个很容易"掉坑"的地方，大家一定要认真学习。

6.3.1 局部变量

定义在函数内部的变量是局部变量，局部变量的作用范围只能在函数的内部生效，它不能在函数外被引用。请分析下面代码，判断哪些变量是局部变量：

```
# p6_1.py
def discount(price, rate):
    final_price = price * rate
    return final_price

old_price = float(input('请输入原价: '))
rate = float(input('请输入折扣率: '))
new_price = discount(old_price, rate)
```

```
print('打折后价格是: %.2f' % new_price)
```

程序执行效果如下:

```
>>>
请输入原价: 80
请输入折扣率: 0.75
打折后价格是: 60.00
```

分析: 在函数 discount(price, rate)中,两个参数是 price 和 rate,还有一个是 final_price,它们都是 discount()函数中的局部变量。

为什么把它们称为局部变量呢? 不妨修改一下代码:

```
# p6_2.py
def discount(price, rate):
    final_price = price * rate
    return final_price


old_price = float(input('请输入原价: '))
rate = float(input('请输入折扣率: '))
new_price = discount(old_price, rate)


print('打折后价格是: %.2f' % new_price)
print('试图在函数外部访问局部变量 final_price 的值: %.2f' % final_price)
```

程序运行,像刚才一样输入之后程序便报错了:

```
>>>
请输入原价: 80
请输入折扣率: 0.75
打折后价格是: 60.00
Traceback (most recent call last):
  File "C:\Users\goodb\Desktop\p6_2.py", line 11, in <module>
    print('试图在函数外部访问局部变量 final_price 的值: %.2f' % final_price)
NameError: name 'final_price' is not defined
```

错误分析: Python 提示没有找到'final_price'的定义,也就是说,Python 找不到 final_price 这个变量。这是因为 final_price 只是一个局部变量,它的作用范围只在它的地盘上(discount()函数的定义范围内)有效,超出这个范围,就不再属于它的地盘了,它将什么都不是。

6.3.2　全局变量

与局部变量相对的是全局变量,上面代码中 old_price、new_price、rate 都是在函数外面定义的,它们都是全局变量,全局变量拥有更大的作用域,因此在函数中可以访问到它们:

```
# p6_3.py
def discount(price, rate):
    final_price = price * rate
    print('试图在函数内部访问全局变量old_price的值：%.2f' % old_price)
    return final_price


old_price = float(input('请输入原价：'))
rate = float(input('请输入折扣率：'))
new_price = discount(old_price, rate)

print('打折后价格是：%.2f' % new_price)
```

程序执行效果如下：

```
>>>
请输入原价：80
请输入折扣率：0.75
试图在函数内部访问全局变量old_price的值：80.00
打折后价格是：60.00
```

在 Python 中，可以在函数中"肆无忌惮"地访问一个全局变量，但如果试图去修改它，就会有奇怪的事情会发生了。

请看下面例子：

```
# p6_4.py
def discount(price, rate):
    final_price = price * rate
    # 下面试图修改全局变量的值
    old_price = 50
    print('在局部变量中修改后old_price的值是：%.2f' % old_price)
    return final_price


old_price = float(input('请输入原价：'))
rate = float(input('请输入折扣率：'))
new_price = discount(old_price, rate)

print('全局变量old_price现在的值是：%.2f' % old_price)
print('打折后价格是：%.2f' % new_price)
```

程序执行效果如下：

```
>>>
请输入原价：80
请输入折扣率：0.75
在局部变量中修改后old_price的值是：50.00
全局变量old_price现在的值是：80.00
打折后价格是：60.00
```

分析：如果在函数内部试图修改全局变量的值，那么 Python 会创建一个新的局部变量替代（名字与全局变量相同），但真正的全局变量是"不为所动"的，所以才有了上面的实现结果。

6.3.3　global 关键字

全局变量的作用域是整个模块，也就是代码段内所有的函数内部都可以访问到全局变量。但要注意的一点是，在函数内部仅仅去访问全局变量就好，不要试图去修改它。如果随意修改全局变量的值，很容易牵一发而动全身。

因此，Python 使用屏蔽（shadowing）的手段对全局变量进行"保护"：一旦函数内部试图直接修改全局变量，Python 就会在函数内部创建一个名字一模一样的局部变量代替，这样修改的结果只会影响到局部变量，而全局变量则丝毫不变。

请看下面例子：

```
>>> count = 5
>>> def myFun():
        count = 10
        print(count)

>>> myFun()
10
>>> count
5
```

代码是死的，但人是活的！假设你已经完全了解在函数中修改全局变量可能会导致程序可读性变差、出现莫名其妙的 BUG、代码的维护成本成倍提高，但还是坚持"虚心接受，死不悔改"这八字原则，仍然觉得有必要在函数内部去修改这个全局变量，那么可以使用 global 关键字来达到目的。

代码修改如下：

```
>>> count = 5
>>> def myFun():
        global count
        count = 10
        print(count)

>>> myFun()
10
>>> count
10
```

6.3.4　内嵌函数

Python 的函数定义是支持嵌套的，也就是允许在函数内部定义另一个函数，这种函

视频讲解

数称为内嵌函数或者内部函数。

举个例子：

```
>>> def fun1():
        print("fun1()正在被调用…")
        def fun2():
            print("fun2()正在被调用…")
        fun2()


>>> fun1()
fun1()正在被调用…
fun2()正在被调用…
```

这是函数嵌套的经典例子，虽然看起来很简单，不过麻雀虽小，五脏俱全。

关于内部函数的使用，有一个比较值得注意的地方，就是内部函数整个作用域都在外部函数之内。就像上面例子中，fun2()整个函数的作用域都在fun1()里面，也就是只有在fun1()这个函数体里面，才可以随意地调用fun2()这个内部函数。如果在其他地方试图调用内部函数，就会出错：

```
>>> # 下面尝试直接调用 fun2()
>>> fun2()
Traceback (most recent call last):
  File "<pyshell#2>", line 1, in <module>
    fun2()
NameError: name 'fun2' is not defined
```

在嵌套函数中，内部函数可以引用外部函数的局部变量：

```
>>> def fun1():
        x = 88
        def fun2():
            print(x)
        fun2()


>>> fun1()
88
```

6.3.5　LEGB 原则

那现在有一个问题，如果有一个全局变量 x=520，fun2()函数内部有一个局部变量 x=11,那么程序还会打印 88 吗？

```
>>> x = 520
>>> def fun1():
        x = 88
        def fun2():
            x = 11
```

```
            print(x)
        fun2()

>>> fun1()
11
```

答案是否定的，程序打印的值是 11。

另一个问题，上面三个 x 变量是同一个对象吗？不妨使用 id()函数（获取）来测试一下：

```
>>> x = 520
>>> print(id(x))
1660365164592
>>> def fun1():
        x = 88
        print(id(x))
        def fun2():
            x = 11
            print(id(x))
        fun2()

>>> fun1()
1924888304
1924885840
```

可以看到上面程序返回了三个不同的 id 值，也就证明了三个 x 并不是同一个对象，它们只是变量的名字一样而已。像这种名字一样、作用域不同的变量引用，Python 引入了 LEGB 原则进行规范。

LEGB 含义解释：

- L-Local：函数内的名字空间。
- E-Enclosing function locals：嵌套函数中外部函数的名字空间。
- G-Global：函数定义所在模块的名字空间。
- B-Builtin：Python 内置模块的名字空间。

那么变量的查找顺序依次就是 L→E→G→B。

6.3.6　闭包

闭包是函数式编程的一个重要的语法结构，维基百科上对于闭包这个概念是这么解释的："在计算机科学中，闭包（closure）是词法闭包（lexical closure）的简称，是引用了自由变量的函数。这个被引用的自由变量将和这个函数一同存在，即使已经离开了创造它的环境也不例外。所以，有另一种说法认为闭包是由函数和与其相关的引用环境组合而成的实体。闭包在运行时可以有多个实例，不同的引用环境和相同的函数组合可以产生不同的实例。"

不同编程语言实现闭包的方式各不相同。Python 中的闭包从表现形式上定义为：如果在一个内部函数里，对在外部作用域但不是在全局作用域的变量进行引用（简言之：就是在嵌套函数的环境下，内部函数引用了外部函数的局部变量），那么内部函数就被认为是闭包。

举个例子：

```
>>> def funX(x):
        def funY(y):
            return x * y
        return funY

>>> temp = funX(8)
>>> temp(5)
40
```

通过上面的例子理解闭包的概念：如果在一个内部函数里（funY()就是这个内部函数）对在外部作用域（但不是在全局作用域）的变量进行引用（x 就是被引用的变量，x 在外部作用域 funX()函数里面，但不在全局作用域里），则这个内部函数就是一个闭包。

 注意：

因为闭包的概念是由内部函数而来，所以不能在外部函数以外的地方对内部函数进行调用，下面的做法是错误的：

```
>>> funY(5)
Traceback (most recent call last):
  File "<pyshell#53>", line 1, in <module>
    funY(5)
NameError: name 'funY' is not defined
```

在闭包中，外部函数的局部变量对应内部函数的局部变量，事实上相当于之前讲的全局变量与局部变量的对应关系，在内部函数中，只能对外部函数的局部变量进行访问，但不能进行修改。

```
>>> def funX():
        x = 5
        def funY():
            x = x + 1
            return x
        return funY

>>> temp = funX()
>>> temp()
Traceback (most recent call last):
  File "<pyshell#56>", line 1, in <module>
    temp()
  File "<pyshell#54>", line 4, in funY
```

```
    x = x + 1
UnboundLocalError: local variable 'x' referenced before assignment
```

这个错误提示与之前讲解全局变量的时候基本一样，Python 认为在内部函数的 x 是局部变量的时候，外部函数的 x 就被屏蔽了起来，所以执行 x = x + 1 的时候，在等号右边根本就找不到局部变量 x 的值，因此报错。

在 Python 3 以前并没有直接的解决方案，只能间接地通过容器类型来存放，因为容器类型不是放在栈里，所以不会被"屏蔽"掉。容器类型这个词大家是不是似曾相识？之前介绍的字符串、列表、元组，这些可以存放各种类型数据的"仓库"就是容器类型。于是乎可以把代码改造如下：

```
>>> def funX():
        x = [5]
        def funY():
            x[0] = x[0] + 1
            return x[0]
        return funY


>>> temp = funX()
>>> temp()
6
```

到了 Python 3 的世界里，有了不少的改进。如果希望在内部函数里可以修改外部函数里的局部变量的值，可以使用 nonlocal 关键字告诉 Python 这不是一个局部变量，使用方式与 global 一样：

```
>>> def funX():
        x = 5
        def funY():
            nonlocal x
            x = x + 1
            return x
        return funY


>>> temp = funX()
>>> temp()
6
```

好了，那么闭包"是什么、怎么用"总算是讲清楚了，那为什么要使用闭包呢？看起来闭包似乎是一种高级但是并没什么用的技巧。其实，闭包概念的引入是为了尽可能地避免使用全局变量，闭包允许将函数与其所操作的某些数据（环境）关联起来，这样外部函数就为内部函数构成了一个封闭的环境。这一点与面向对象编程的概念是非常类似的，在面向对象编程中，对象允许将某些数据（对象的属性）与一个或者多个方法相关联（详细内容请学习第 11 章：类和对象）。

【扩展阅读】 游戏中的移动角色：闭包在实际开发中的应用，可访问 http://bbs.fishc.com/thread-42656-1-1.html 或扫描此处二维码获取。

扩展阅读

6.3.7 装饰器

这个名字听着可能比较新鲜，在 Python 中装饰器（decorator）的功能是将被装饰的函数当作参数传递给与装饰器对应的函数（名称相同的函数），并返回包装后的被装饰的函数。听上去有点绕，没关系，下面通过实例来讲述"装饰器是什么"以及"为什么会有装饰器"。

先随意定义一个函数：

```
>>> def eat():
        print("开始吃了")
```

现在，有一个新的需求，需要在执行该函数时加上日志：

```
>>> print("开始调用 eat() 函数…")
开始调用 eat() 函数…
>>> eat()
开始吃了
>>> print("结束调用 eat() 函数…")
结束调用 eat() 函数…
```

这是一种方法，但代码显然变得臃肿起来，感觉就像大夏天时裹一件貂皮大衣在沙滩上漫步……

或者直接将代码封装到函数中：

```
>>> def eat():
        print("开始调用 eat() 函数…")
        print("开始吃了")
        print("结束调用 eat() 函数…")
```

这样功能也算是实现了，唯一的问题就是它需要侵入到了原来的代码里面，使得原有的业务逻辑变复杂，这样的代码也不符合"一个函数只做一件事情"的原则。

那么有没有可能在不修改函数代码的提前下，实现功能呢？

有的，刚学过的闭包就可以助你一臂之力：

```
>>> def log(func):
        def wrapper():
            print("开始调用 eat() 函数…")
            func()
            print("结束调用 eat() 函数…")
        return wrapper

>>> def eat():
        print("开始吃了")

>>> eat = log(eat)
```

```
>>> eat()
开始调用 eat()函数…
开始吃了
结束调用 eat()函数…
```

　　log(eat)将 eat 函数作为参数传递给 log()，由于 wrapper()是 log()的闭包，所以它可以访问 log()的局部变量 func，也就是刚刚传递进来的 eat，因此，执行 func()与执行 eat()是一个效果。这样一来，问题就解决了！既没有修改 eat()函数里面的逻辑结构，也不会给主程序带来太多的干扰项。不过这个 eat = log(eat)看着总有些别扭，能不能改善一下呢？

　　可以，Python 因此发明了"@语法糖"来解决这个问题。所谓语法糖（Syntactic sugar），就是在计算机语言中添加的某种语法，这种语法对语言的功能没有影响，但是更方便程序员使用。语法糖让程序更加简洁，有更高的可读性。

　　有了 "@语法糖"，上面的代码就可以这么写：

```
def log(func):
    def wrapper():
        print("开始调用 eat()函数…")
        func()
        print("结束调用 eat()函数…")
    return wrapper


@log
def eat():
    print("开始吃了")


>>> eat()
开始调用 eat()函数…
开始吃了
结束调用 eat()函数…
```

　　这样就省去了手动将 eat()函数传递给 log()再将返回值重新赋值的步骤。

　　有读者可能会问了："如果 eat()函数有参数怎么办？"

　　好办，可以将参数扔给内部的 wrapper()函数：

```
>>> def log(func):
        def wrapper(name):
            print("开始调用 eat()函数…")
            func(name)
            print("结束调用 eat()函数…")
        return wrapper


@log
def eat(name):
    print("%s 开始吃了" % name)
```

```
>>> eat("小甲鱼")
开始调用 eat()函数…
小甲鱼开始吃了
结束调用 eat()函数…
```

但这样的话就必须要时刻关注 eat()函数的参数数量，如果修改了 eat()，就必须一并修改装饰器 log()，不仅不方便也容易出错。防微杜渐，可以在设计的时候就不让这种情况发生：

```
>>> def log(func):
        def wrapper(*params):
            print("开始调用 eat()函数…")
            func(*params)
            print("结束调用 eat()函数…")
        return wrapper
```

在定义的时候使用收集参数，将多个参数打包到一个元组中，然后在调用的时候同样使用星号（*）进行解包，这样无论 eat()有多少个参数，都不再是问题了。

最后，还有高阶玩法，如果装饰一层觉得不够，还可以一层套一层地加装饰器，像下面这样：

```
@buffer
@performance
@log
def eat(name):
    print("%s 开始吃了" % name)
```

调用 eat()的时候，相当于调用 buffer(performance(log(eat)))。

6.4 函数式编程

函数式编程是一种古老的编程模式，就是用函数（计算）来表示程序，用函数的组合来表达程序组合的思维方式，最开始受到学术界的热捧，近年来开始在业界被投入使用。因此，越来越多的高级语言都加入对函数式编程的支持，Python 当然也不例外。

6.4.1 lambda

视频讲解

Python 允许使用 lambda 关键字来创建匿名函数。什么是匿名函数呢？匿名函数与普通函数在使用上有什么不同？匿名函数被发明出来的意义何在？（夺命三连问）

那先来谈谈 lambda 表达式怎么用，然后再来讨论它的意义吧。

先定义一个普通的函数：

```
>>> def ds(x):
        return 2 * x + 1
```

```
>>> ds(5)
11
```

如果使用 lambda 语句来定义这个函数，就会变成这样：

```
>>> lambda x : 2 * x + 1
<function <lambda> at 0x00000000007FCD08>
```

就像前面讲过的三元操作符一样，匿名函数在很大程度上简化了函数的定义过程。Python 使用 lambda 关键字来创建匿名函数。

基本语法是使用冒号（:）分隔函数的参数及返回值：冒号的左边放置函数的参数，如果有多个参数，使用逗号（,）分隔即可；冒号右边是函数的返回值。

执行完 lambda 语句后实际上返回一个函数对象，如果要对它进行调用，只需要给它绑定一个临时的名字即可：

```
>>> g = lambda x : 2 * x + 1
>>> g(5)
11
```

作为对比，这是普通函数：

```
>>> def add(x, y):
        return x + y

>>> add(3, 4)
7
```

把它转换为 lambda 表达式：

```
>>> g = lambda x, y : x + y
>>> g(3, 4)
7
```

前面闭包的例子也可以转换为 lambda 表达式：

```
>>> def funX(x):
        return lambda y : x * y

>>> temp = funX(8)
>>> temp(5)
40
```

6.4.2 filter()

filter()函数是一个过滤器，它的作用就是在海量的数据里面提取出有用的信息。那么 Python 的这个 filter()函数如何来实现过滤功能呢？

先看 Python 自己的注释：

```
class filter(object)
 |  filter(function or None, iterable) --> filter object
 |
 |  Return an iterator yielding those items of iterable for which
 function(item)
 |  is true. If function is None, return the items that are true.
...
```

filter()这个内置函数有两个参数：第一个参数可以是一个函数也可以是None，如果是一个函数的话，则将第二个可迭代对象里的每一个元素作为函数的参数进行计算，把返回True的值筛选出来；如果第一个参数为None，则直接将第二个参数中为True的值筛选出来。

这么说有些读者可能还不大理解，小甲鱼还是用简单的例子帮助大家消化一下：

```
>>> temp = filter(None, [1, 0, False, True])
>>> list(temp)
[1, True]
```

利用filter()函数，下面尝试编写一个筛选奇数的过滤器：

```
>>> def odd(x):
        return x % 2

>>> temp = filter(odd, range(10))
>>> list(temp)
[1, 3, 5, 7, 9]
```

结合前面学到的lambda表达式，就可以使用函数式编程来实现：

```
>>> list(filter(lambda x : x % 2, range(10)))
[1, 3, 5, 7, 9]
```

6.4.3 map()

map在这里不是地图的意思，在编程领域，map一般作"映射"来解释。

```
class map(object)
 |  map(func, *iterables) --> map object
 |
 |  Make an iterator that computes the function using arguments from
 |  each of the iterables.  Stops when the shortest iterable is exhausted.
...
```

map()这个内置函数也有两个参数，仍然是一个函数和一个可迭代对象，将可迭代对象的每一个元素作为函数的参数进行运算加工，直到可迭代序列每个元素都加工完毕。

举个例子：

```
>>> list(map(lambda x : x * 2, range(10)))
```

```
[0, 2, 4, 6, 8, 10, 12, 14, 16, 18]
```

map()的第二个参数是收集参数，支持多个可迭代对象。map()会从所有可迭代对象中依次取一个元素组成一个元组，然后将元组传递给 func。注意：如果可迭代对象的长度不一致，则以较短的迭代结束为止。

举个例子：

```
>>> list(map(lambda x, y : x + y, [1, 3, 5], [10, 30, 50, 66, 88]))
[11, 33, 55]
```

6.5 递归

视频讲解

6.5.1 递归是什么

本节小甲鱼将通过生动的讲解，告诉大家什么是递归。如果说优秀的程序员是伯乐，那么把递归比喻成"神马"是再形象不过的了。

递归到底是什么东西呢？有那么厉害吗？为什么大家常说"普通程序员用迭代，天才程序员用递归"呢？没错，通过本节的学习，你将了解递归，通过独立完成小甲鱼精心配套的课后作业，将彻底摆脱递归给你生活带来的困扰。

递归这个概念，是算法的范畴，本来不属于 Python 语言的语法内容，但小甲鱼基本在每个编程语言系列教学里都要讲递归，那是因为如果掌握了递归的方法和技巧，会发现这是一个非常棒的编程思路。

那么，递归算法在日常编程中有哪些例子呢？

（1）汉诺塔游戏（如图 6-1 所示）。

（2）树结构的定义（如图 6-2 所示）。

图 6-1 汉诺塔游戏

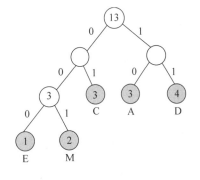

图 6-2 树结构的定义

（3）谢尔宾斯基三角形（如图 6-3 所示）。

（4）女神自拍（如图 6-4 所示）。

说了这么多，在编程上，递归是什么这个概念还没讲呢！递归，从原理上来说就是函数调用自身的行为。你没听错，在函数内部可以调用所有可见的函数，当然也包括它自己。

图 6-3　谢尔宾斯基三角形

图 6-4　女神自拍

举个例子：

```
>>> def recursion():
        recursion()

>>> recursion()
Traceback (most recent call last):
  File "<pyshell#94>", line 1, in <module>
    recursion()
  File "<pyshell#93>", line 2, in recursion
    recursion()
  File "<pyshell#93>", line 2, in recursion
    recursion()
  File "<pyshell#93>", line 2, in recursion
    recursion()
```

```
[Previous line repeated 990 more times]
RecursionError: maximum recursion depth exceeded
```

这个例子尝试了初学者玩递归最容易出现的错误。从理论上来讲，这个程序将永远执行下去直至耗尽所有内存资源。不过 Python 3 出于"善意的保护"，对递归深度默认是有限制的，所以上面的代码才会停下来。不过如果是编写网络爬虫工具，可能会"爬"得很深，那样的话就需要自行设置递归的深度限制了。方法如下：

```
>>> import sys
>>> sys.setrecursionlimit(10000)   # 将递归深度限制设置为一万层
```

上面的例子由于错误地使用递归，一不小心就把 Python 给"干掉了"，可见递归的威力之大。使用 sys.setrecursionlimit(10000)虽然可以设置递归的深度，但如果设置的值太大（如 100000000），那么程序也可能会崩溃，这时可以通过 Ctrl+C 快捷键让 Python 强制停止。

6.5.2　写一个求阶乘的函数

正整数的阶乘是指从 1 乘以 2 乘以 3 乘以 4 一直乘到所要求的数。例如所要求的数是 5，则阶乘式是 1×2×3×4×5，得到的积是 120，所以 120 就是 5 的阶乘。好，那大家先自己尝试下实现一个非递归版本：

```
# p6_5.py
def recursion(n):
    result = n
    for i in range(1, n):
        result *= i
    return result


number = int(input('请输入一个整数：'))
result = recursion(number)

print("%d 的阶乘是：%d" % (number, result))
```

程序实现结果如下：

```
>>>
请输入一个正整数：5
5 的阶乘是：120
```

普通函数的实现相信大家都会写，那再来演示一下递归版本：

```
# p6_6.py
def factorial(n):
    if n == 1:
        return 1
    else:
```

```
        return n * factorial(n-1)

number = int(input('请输入一个整数: '))
result = factorial(number)

print("%d 的阶乘是: %d" % (number, result))
```

以前没接触过递归的小伙伴肯定会怀疑这是否能正常执行？没错，这完全符合递归的预期和标准，所以函数无疑可以正确执行并返回正确的结果，程序实现结果与非递归版本的结果是一样的：

```
>>>
请输入一个正整数: 5
5 的阶乘是: 120
```

麻雀虽小，却五脏俱全。这个例子满足了递归的两个条件：

* 调用函数本身。
* 设置了正确的返回条件。

请看详细分析，如图 6-5 所示。

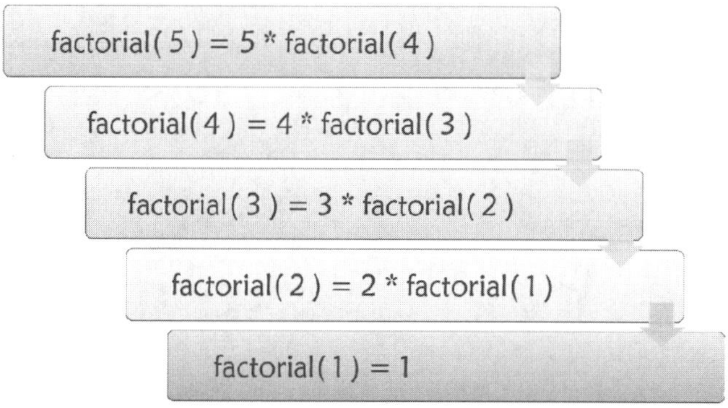

图 6-5　递归函数的实现分析

最后要郑重地说一下"普通程序员用迭代，天才程序员用递归"这句话是不无道理的。但是不要理解错了，不是说会使用递归，把所有能迭代的东西用递归来代替就是"天才程序员"了，恰好相反，如果你真的这么做的话，那你就是"乌龟程序员"啦。为什么这么说呢？不要忘了，递归的实现可是函数自己调用自己，每次函数的调用都需要进行压栈、弹栈、保存和恢复寄存器的栈操作，所以在这上面是非常消耗时间和空间的。

另外，如果递归一旦忘记了返回，或者错误地设置了返回条件，那么执行这样的递归代码就会变成一个无底洞：只进不出！**所以在写递归代码的时候，千万要记住口诀：递归递归，归去来兮！**

因此，结合以上两点致命缺陷，很多初学者经常就会在论坛上讨论递归存在的必要性，他们认为递归完全没必要，用循环就可以实现。其实这就像是在讨论 C 语言好还是 Python 更优秀一样，是没有必要的。因为一样东西既然能够持续存在，那必然有它存在的道理。递归用在妙处，代码自然简洁、精练，所以说"天才程序员使用递归"。

6.5.3 一帮小兔子——斐波那契数列

按理来说，今天的话题与兔子不搭边，不过大家也知道小甲鱼的风格——天南地北总能将看似无关的东西扯到一起，所以本节就讲讲如何用递归实现斐波那契（Fibonacci）数列。

斐波那契数列的发明者，是意大利数学家列昂纳多·斐波那契（Leonardo Fibonacci）。当年这个数列是由兔子交配的故事开始讲起的：假如说兔子在出生两个月后，就有了繁殖能力，此后这对兔子在接下来的每个月都能生出一对可爱的小兔子。假设所有兔子都不会老去，就这么一直折腾下去，那么一年以后可以繁殖多少对兔子出来呢？

我们都知道兔子繁殖能力是惊人的，如图 6-6 所示。

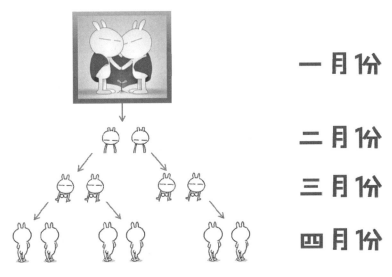

图 6-6　斐波那契数列

数据统计如表 6-1 所示。

表 6-1　斐波那契数列

所经过的月数	1	2	3	4	5	6	7	8	9	10	11	12
兔子的总对数	1	1	2	3	5	8	13	21	34	55	89	144

可以用数学函数来定义，如下：

$$F(n) = \begin{cases} 1, & \text{当} n = 1 \\ 1, & \text{当} n = 2 \\ F(n-1)+F(n-2), & \text{当} n > 2 \end{cases}$$

假设需要求出经历了 20 个月后，总共有多少对小兔子，不妨考虑一下分别用迭代和递归如何实现？

迭代实现：

```
# p6_7.py
def fab(n):
    a1 = 1
    a2 = 1
    a3 = 1

    if n < 1:
        print('输入有误！')
        return -1

    while (n-2) > 0:
        a3 = a1 + a2
        a1 = a2
        a2 = a3
        n -= 1

    return a3

result = fab(20)
if result != -1:
    print('总共有%d对小兔子诞生！' % result)
```

接下来看看递归的实现原理，如图 6-7 所示。

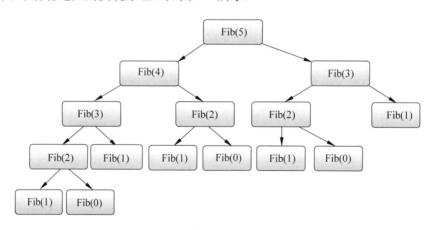

图 6-7   递归实现斐波那契数列的原理

递归实现：

```
# p6_8.py
def fab(n):
    if n < 1:
        print('输入有误！')
        return -1
    if n == 1 or n == 2:
```

```
        return 1
    else:
        return fab(n-1) + fab(n-2)


result = fab(20)
if result != -1:
    print('总共有%d 对小兔子诞生！' % result)
```

可见逻辑非常简单，直接把所想的东西写成代码就是递归算法了。不过，之前总说递归如果使用不当，效率会很低，但是有多低呢？这就来证明一下。我们试图把 20 个月修改为 35 个月，然后试试看把程序执行起来。

发现了吧，用迭代代码来实现基本是毫秒级的，而用递归来实现就考验你的 CPU 能力啦（N 秒～N 分钟不等）。这就是小甲鱼不支持大家所有东西都用递归求解的原因，本来好好的一个代码，用了递归，效率反而拉下了一大截。

为了体现递归正确使用的优势，下一节来谈谈利用递归解决汉诺塔难题。如果不懂得递归，试图想要写个程序来解决问题是相当困难的，但如果使用了递归，你会发现问题奇迹般得变简单了！

6.5.4　汉诺塔

视频讲解

汉诺塔（如图 6-8 所示）的来源据说是这样的：一位法国数学家曾经编写过一个印度的古老传说。说的是在世界中心贝拿勒斯的圣庙里边，有一块黄铜板，上面插着三根宝针。印度教的主神梵天在创造世界的时候，在其中一根针上从下到上地穿好了由大到小的 64 片金片，这就是所谓的汉诺塔。然后不论白天或者黑夜，总有一个僧侣按照下面的法则来移动这些金片："一次只移动一片，不管在哪根针上，小片必须在大片上面。"规则很简单，另外僧侣们预言，当所有的金片都从梵天穿好的那根针上移到另外一根针上时，世界就将在一声霹雳中消灭，而梵塔、庙宇和众生也都将同归于尽。

64个盘子……

图 6-8　汉诺塔

要解决一个问题，大家说什么最重要？没错，思路！思路有了，问题就可以随之迎刃而解。

对于游戏的玩法，可以简单分解为三个步骤：

（1）将前 63 个盘子从 X 移动到 Y 上，确保大盘在小盘下。

（2）将最底下的第 64 个盘子从 X 移动到 Z 上。

（3）将 Y 上的 63 个盘子移动到 Z 上。

这样看上去问题就简单一点了，有读者会说小甲鱼你这不废话嘛，说与没说一样！因为步骤（1）和步骤（3）应该如何执行才是让人头疼的问题。

但是仔细思考一下，在游戏中，我们发现由于每次只能移动一个圆盘，所以在移动的过程中显然要借助另外一根针才可以实施。也就是说，步骤（1）需要借助 Z 将 1～63 个盘子移到 Y 上，步骤（3）需要借助 X 将 Y 针上的 63 个盘子移到 Z 针上。

所以把新的思路聚集为以下两个问题：

问题一，将 X 上的 63 个盘子借助 Z 移到 Y 上。

问题二，将 Y 上的 63 个盘子借助 X 移到 Z 上。

然后我们惊奇地发现，解决这两个问题的方法与刚才第一个问题的思路是一样的，都可以拆解成三个步骤来实现。

问题一（将 X 上的 63 个盘子借助 Z 移到 Y 上）拆解为：

（1）将前 62 个盘子从 X 移动到 Z 上，确保大盘在小盘下。

（2）将最底下的第 63 个盘子移动到 Y 上。

（3）将 Z 上的 62 个盘子移动到 Y 上。

问题二（将 Y 上的 63 个盘子借助 X 移到 Z 上）拆解为：

（1）将前 62 个盘子从 Y 移动到 X 上，确保大盘在小盘下。

（2）将最底下的第 63 个盘子移动到 Z 上。

（3）将 X 上的 62 个盘子移动到 Y 上。

说到这里，是不是发现了什么？没错，汉诺塔的拆解过程刚好满足递归算法的定义，因此，对于如此难题，使用递归来解决，问题就变得相当简单。

参考代码：

```
# p6_9.py
def hanoi(n, x, y, z):
    if n == 1:
        print(x, '-->', z)    # 如果只有一层，直接从 x 移动到 z
    else:
        hanoi(n-1, x, z, y)   # 将前 n-1 个盘子从 X 移动到 Y 上
        print(x, '-->', z)    # 将最底下的第 64 个盘子从 X 移动到 Z 上
        hanoi(n-1, y, x, z)   # 将 Y 上的 63 个盘子移动到 Z 上

n = int(input('请输入汉诺塔的层数：'))
hanoi(n, 'X', 'Y', 'Z')
```

看，这就是递归的魔力：

```
>>>
请输入汉诺塔的层数：3
X --> Z
X --> Y
Z --> Y
X --> Z
Y --> X
Y --> Z
X --> Z
```

第7章

字典和集合

7.1 字典：当索引不好用时

有一天你想翻开《新华字典》，查找一下"龟"是不是一种鸟。如果是按拼音检索，你总不可能从字母 a 开始查找吧？而应该直接翻到字母 g 在字典中的位置，然后接着找到 gui 的发音，继而找到"龟"字的释义：广义上指龟鳖目的统称，狭义上指龟科下的物种。

在 Python 中也有字典，就拿刚才的例子来说，Python 的字典把这个字（或单词）称为"键（key）"，把其对应的含义称为"值（value）"。另外值得一提的是，Python 的字典在有些地方称为哈希（hash），有些地方称为关系数组，其实这些都与今天要讲的 Python 字典是同一个概念。

字典是 Python 中唯一的映射类型，映射是数学上的一个术语，指两个元素集之间元素相互"对应"的关系，如图 7-1 所示。

映射类型区别于序列类型，序列类型以数组的形式存储，通过索引的方式来获取相应位置的值，一般索引值与对应位置存储的数据是毫无关系的。

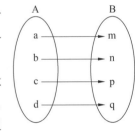

图 7-1 映射

举个例子：

```
>>> brand = ["李宁", "耐克", "阿迪达斯", "鱼C工作室"]
>>> slogan = ["一切皆有可能", "Just do it", "Impossible is nothing", "让编程改变世界"]
>>> print("鱼C工作室的口号是：%s" % slogan[brand.index("鱼C工作室")])
鱼C工作室的口号是：让编程改变世界
```

列表 brand、slogan 的索引和相对的值是没有任何关系的，可以看出，在两个列表间，索引号相同的元素是有关系的（品牌对应口号），所以这里通过"brand.index('鱼C工作室')"这样的语句，间接地实现通过品牌查找对应的口号的功能。

这确实是一种可实现方法，但用起来多少有些别扭，而且效率还不高。况且 Python 是以简洁为主，这样的实现肯定是差强人意的。

7.1.1　创建和访问字典

先演示一下用法：

```
>>> dict1 = {"李宁":"一切皆有可能", "耐克":"Just do it", "阿迪达斯":"Impossible
is nothing", "鱼C工作室":"让编程改变世界"}
>>> dict1
{'李宁': '一切皆有可能', '耐克': 'Just do it', '阿迪达斯': 'Impossible is
nothing', '鱼C工作室': '让编程改变世界'}
>>> for each in dict1:
    print("%s -> %s" % (each, dict1[each]))


李宁 -> 一切皆有可能
耐克 -> Just do it
阿迪达斯 -> Impossible is nothing
鱼C工作室 -> 让编程改变世界
```

字典的使用非常简单，它有自己的标志性符号，就是用大括号（{}）定义。字典由"键"和"值"共同构成，每一对键值组合称为"项"。

在刚才的例子中，李宁、耐克、阿迪达斯、鱼C工作室这些品牌就是键，而一切皆有可能、Just do it、Impossible is nothing、让编程改变世界，这些口号就是对应的值。

🔔 **注意：**

字典的键必须独一无二，但值则不必。值可以取任何数据类型，但必须是不可变的，如字符串、数或元组。

要声明一个空字典，直接用大括号即可：

```
>>> empty = {}
>>> empty
{}
>>> type(empty)
<class 'dict'>
```

也可以使用 dict() 内置函数来创建字典：

```
>>> dict1 = dict((('F', 70), ('i', 105), ('s', 115), ('h', 104), ('C', 67)))
>>> dict1
{'F': 70, 'i': 105, 's': 115, 'h': 104, 'C': 67}
```

有读者可能会问，为什么上面的例子中出现这么多小括号？

因为 dict() 函数的参数可以是一个序列（但不能是多个），所以要打包成一个元组（或列表）序列。

当然，如果嫌上面的做法太麻烦，还可以通过提供具有映射关系的参数来创建字典：

```
>>> dict1 = dict(F=70, i=105, s=115, h=104, C=67)
>>> dict1
{'F': 70, 'i': 105, 's': 115, 'h': 104, 'C': 67}
```

这里要注意的是，键的位置不能加上表示字符串的引号，否则会报错：

```
>>> dict1 = dict('F'=70, 'i'=105, 's'=115, 'h'=104, 'C'=67)
SyntaxError: keyword can't be an expression
```

访问字典里的值与访问序列类似，只需要把相应的键放入方括号即可，如果该键不在映射中，则抛出 KeyError：

```
>>> dict1['C']
67
>>> dict1['X']
Traceback (most recent call last):
  File "<pyshell#46>", line 1, in <module>
    dict1['X']
KeyError: 'X'
```

还有一种创建方法是直接给字典的键赋值，如果键已存在，则改写键对应的值；如果键不存在，则创建一个新的键并赋值：

```
>>> dict1
{'F': 70, 'i': 105, 's': 115, 'h': 104, 'C': 67}
>>> dict1['x'] = 88
>>> dict1
{'F': 70, 'i': 105, 's': 115, 'h': 104, 'C': 67, 'x': 88}
>>> dict1['x'] = 120
>>> dict1
{'F': 70, 'i': 105, 's': 115, 'h': 104, 'C': 67, 'x': 120}
```

注意：

字典不允许同一个键出现两次，如果同一个键被赋值两次，后一个值会被记住：

```
>>> courses = {"小甲鱼":"《零基础入门学习 Python》", "不二如是":"《零基础入门学习 Scratch》", "小甲鱼":"《极客 Python 之效率革命》"}
>>> courses
{'小甲鱼': '《极客 Python 之效率革命》','不二如是': '《零基础入门学习 Scratch》'}
```

键必须不可变，所以可以用数值、字符串或元组充当，如果使用列表那就不行了：

```
>>> dict1 = {(1, 2, 3):"One Two Three", 1:"One", 2:"Two", 3:"Three"}
>>> dict1
{(1, 2, 3): 'One Two Three', 1: 'One', 2: 'Two', 3: 'Three'}
>>> dict2 = {[1, 2, 3]:"One Two Three", 1:"One", 2:"Two", 3:"Three"}
```

```
Traceback (most recent call last):
  File "<pyshell#74>", line 1, in <module>
    dict2 = {[1, 2, 3]:"One Two Three", 1:"One", 2:"Two", 3:"Three"}
TypeError: unhashable type: 'list'
```

正所谓殊途同归，下面列举的五种方法都是创建同样的字典，大家仔细体会一下：

```
>>> a = dict(one=1, two=2, three=3)
>>> b = {'one': 1, 'two': 2, 'three': 3}
>>> c = dict(zip(['one', 'two', 'three'], [1, 2, 3]))
>>> d = dict([('two', 2), ('one', 1), ('three', 3)])
>>> e = dict({'three': 3, 'one': 1, 'two': 2})
>>> a == b == c == d == e
True
```

有别于序列，字典是不支持拼接和重复操作的：

```
>>> f = d + e
Traceback (most recent call last):
  File "<pyshell#40>", line 1, in <module>
    f = d + e
TypeError: unsupported operand type(s) for +: 'dict' and 'dict'

>>> g = 3 * a
Traceback (most recent call last):
  File "<pyshell#41>", line 1, in <module>
    g = 3 * a
TypeError: unsupported operand type(s) for *: 'int' and 'dict'
```

7.1.2　各种内置方法

视频讲解

1）fromkeys(seq[, value])

fromkeys()方法用于创建并返回一个新的字典，它有两个参数；第一个参数是字典的键；第二个参数是可选的，是传入键对应的值，如果不提供，那么默认是 None。
举个例子：

```
>>> dict1 = {}
>>> dict1.fromkeys((1, 2, 3))
{1: None, 2: None, 3: None}
>>> dict2 = {}
>>> dict2.fromkeys((1, 2, 3), "Number")
{1: 'Number', 2: 'Number', 3: 'Number'}
>>> dict3 = {}
>>> dict3.fromkeys((1, 2, 3), ("one", "two", "three"))
```

```
{1: ('one', 'two', 'three'), 2: ('one', 'two', 'three'), 3: ('one', 'two',
'three')}
```

上面最后一个例子告诉我们做事不能总是想当然，有时候现实会给你狠狠的一棒。fromkeys()方法并不会将值"one"、"two"和"three"分别赋值键 1、2 和 3，因为 fromkeys()把("one", "two", "three")当成一个值了。

2）keys()，values()和 items()

访问字典的方法有 keys()、values()和 items()。keys()用于返回字典中的键，values()用于返回字典中所有的值，那么，items()当然就是返回字典中所有的键值对（也就是项）。

举个例子：

```
>>> dict1 = {}
>>> dict1 = dict1.fromkeys(range(32), "赞")
>>> dict1.keys()
dict_keys([0, 1, 2, 3, 4, 5, 6, 7, 8, 9, 10, 11, 12, 13, 14, 15, 16, 17,
18, 19, 20, 21, 22, 23, 24, 25, 26, 27, 28, 29, 30, 31])
>>> dict1.values()
dict_values(['赞', '赞', '赞', '赞', '赞', '赞', '赞', '赞', '赞', '赞',
'赞', '赞', '赞', '赞', '赞', '赞', '赞', '赞', '赞', '赞', '赞', '赞',
'赞', '赞', '赞', '赞', '赞', '赞', '赞', '赞', '赞', '赞'])
>>> dict1.items()
dict_items([(0, '赞'), (1, '赞'), (2, '赞'), (3, '赞'), (4, '赞'), (5,
'赞'), (6, '赞'), (7, '赞'), (8, '赞'), (9, '赞'), (10, '赞'), (11, '赞'),
(12, '赞'), (13, '赞'), (14, '赞'), (15, '赞'), (16, '赞'), (17, '赞'), (18,
'赞'), (19, '赞'), (20, '赞'), (21, '赞'), (22, '赞'), (23, '赞'), (24,
'赞'), (25, '赞'), (26, '赞'), (27, '赞'), (28, '赞'), (29, '赞'), (30,
'赞'), (31, '赞')])
```

字典可以很大，有时候我们并不知道提供的项是否在字典中存在，如果不存在，Python 就会报错：

```
>>> print(dict1[32])
Traceback (most recent call last):
  File "<pyshell#17>", line 1, in <module>
    print(dict1[32])
KeyError: 32
```

对于代码调试阶段，报错可以让程序员及时发现程序存在的问题并修改。但是如果程序已经发布了，那么经常报错的程序肯定是会被用户遗弃的。

3）get(key[, default])

get()方法提供了更宽松的方式去访问字典项，当键不存在的时候，get()方法并不会报错，只是默默地返回了一个 None，表示啥都没找到：

```
>>> dict1.get(31)
```

```
'赞'
>>> dict1.get(32)
>>>
```

如果希望找不到数据时返回指定的值，那么可以在第二个参数设置对应的默认返回值：

```
>>> dict1.get(32, "木有")
'木有'
```

如果不知道一个键是否在字典中，那么可以使用成员资格操作符（in 或 not in）来判断：

```
>>> 31 in dict1
True
>>> 32 in dict2
False
```

在字典中检查键的成员资格比序列更高效，当数据规模相当大的时候，两者的差距会很明显（注：因为字典是采用哈希方法一对一找到成员，而序列则是采取迭代的方式逐个比对）。最后要注意的一点是，这里查找的是键而不是值，但是在序列中查找的是元素的值而不是元素的索引。

如果需要清空一个字典，则使用 clear() 方法：

```
>>> dict1
{0: '赞', 1: '赞', 2: '赞', 3: '赞', 4: '赞', 5: '赞', 6: '赞', 7: '赞', 8:
'赞', 9: '赞', 10: '赞', 11: '赞', 12: '赞', 13: '赞', 14: '赞', 15: '赞',
 16: '赞', 17: '赞', 18: '赞', 19: '赞', 20: '赞', 21: '赞', 22: '赞', 23:
'赞', 24: '赞', 25: '赞', 26: '赞', 27: '赞', 28: '赞', 29: '赞', 30: '赞',
31: '赞'}
>>> dict1.clear()
>>> dict1
{}
```

有的读者可能会使用变量名赋值为一个空字典的方法来清空字典，这样的做法其实存在一定的弊端。

下面给大家解释这两种清除方法有什么不同。

```
>>> a = {"姓名":"小甲鱼", "密码":"123456"}
>>> b = a
>>> b
{'姓名': '小甲鱼', '密码': '123456'}
>>> a = {}
>>> a
{}
>>> b
{'姓名': '小甲鱼', '密码': '123456'}
```

从上面的例子中可以看到，a、b 指向同一个字典，然后试图通过将 a 重新指向一个空字典来达到清空的效果时，我们发现原来的字典并没有被真正清空，只是 a 指向了一个新的空字典而已。所以，这种做法在一定条件下会留下安全隐患（例如，账户的数据和密码等资料有可能会被窃取）。

推荐的做法是使用 clear()方法：

```
>>> a = {"姓名":"小甲鱼", "密码":"123456"}
>>> b = a
>>> b
{'姓名': '小甲鱼', '密码': '123456'}
>>> a.clear()
>>> a
{}
>>> b
{}
```

4）copy()

copy()方法是用于拷贝（浅拷贝）整个字典：

```
>>> a = {1:"one", 2:"two", 3:"three"}
>>> b = a.copy()
>>> id(a)
63239624
>>> id(b)
63239688
>>> a[1] = "four"
>>> a
{1: 'four', 2: 'two', 3: 'three'}
>>> b
{1: 'one', 2: 'two', 3: 'three'}
```

5）pop(key[, default])和 popitem()

pop()是给定键弹出对应的值，而 popitem()是弹出一个项，这两个比较容易理解：

```
>>> a = {1:"one", 2:"two", 3:"three", 4:"four"}
>>> a.pop(2)
'two'
>>> a
{1: 'one', 3: 'three', 4: 'four'}
>>> a.popitem()
(4, 'four')
>>> a
{1: 'one', 3: 'three'}
```

6）setdefault(key[, default])

setdefault()方法和 get()方法有点相似，但是，setdefault()在字典中找不到相应的键时会自动添加：

```
>>> a = {1:"one", 2:"two", 3:"three", 4:"four"}
>>> a.setdefault(3)
'three'
>>> a.setdefault(5)
>>> a
{1: 'one', 2: 'two', 3: 'three', 4: 'four', 5: None}
```

7）update([other])

最后一个是 update() 方法，可以利用它来更新字典：

```
>>> pets = {"米奇":"老鼠", "汤姆":"猫", "小白":"猪"}
>>> pets.update(小白="狗")
>>> pets
{'米奇': '老鼠', '汤姆': '猫', '小白': '狗'}
```

还记得在 6.2 节的末尾我们埋下了一个伏笔，在讲到收集参数的时候，我们说 Python 还有另一种收集方式，就是用两个星号（**）表示。两个星号的收集参数表示为将参数们打包成字典的形式，现在讲到了字典，就顺理成章地给大家讲讲吧。

收集参数其实有两种打包形式：一种是以元组的形式打包；另一种则是以字典的形式打包。

```
>>> def test(**params):
    print("有 %d 个参数" % len(params))
    print("它们分别是: ", params)


>>> test(a=1, b=2, c=3, d=4, e=5)
有 5 个参数
它们分别是: {'d': 4, 'e': 5, 'b': 2, 'c': 3, 'a': 1}
```

当参数带两个星号（**）时，传递给函数的任意数量的 key=value 实参会被打包进一个字典中。那么有打包就有解包，再来看下一个例子：

```
>>> a = {"one":1, "two":2, "three":3}
>>> test(**a)
有 3 个参数
它们分别是: {'three': 3, 'one': 1, 'two': 2}
```

7.2 集合：在我的世界里，你就是唯一

视频讲解

Python 的字典是对数学中映射概念支持的直接体现，然而今天我们请来了字典的"表亲"：集合。

难道它们长得很像？来，大家看下代码：

```
>>> num1 = {}
>>> type(num1)
```

```
<class 'dict'>
>>> num2 = {1, 2, 3, 4, 5}
>>> type(num2)
<class 'set'>
```

在 Python 3 里，如果用大括号括起一堆数字但没有体现出映射关系，那么 Python 就会认为这堆数据是一个集合而不是映射。

集合在 Python 中的最大特点就是两个字：唯一。

举个例子：

```
>>> num = {1, 2, 3, 4 ,5, 4, 3, 2, 1}
>>> num
{1, 2, 3, 4, 5}
```

大家看到，根本不需要额外做些什么，集合就会自动地将重复的数据删除，这样是不是很方便呢？但要注意的是，集合是无序的，也就是不能试图去索引集合中的某一个元素：

```
>>> num[2]
Traceback (most recent call last):
  File "<pyshell#57>", line 1, in <module>
    num[2]
TypeError: 'set' object does not support indexing
```

7.2.1 创建集合

创建集合有两种方法：一种是直接把一堆元素用大括号（{}）括起来；另一种是用 set()内置函数。

```
>>> set1 = {"小甲鱼", "小鱿鱼", "小鲤鱼", "小甲鱼"}
>>> set2 = set(["小甲鱼", "小鱿鱼", "小鲤鱼", "小甲鱼"])
>>> set1 == set2
True
```

现在要求去除列表 [1, 2, 3, 4, 5, 5, 3, 1, 0] 中重复的元素，如果还没有学习过集合，可能代码要这么写：

```
>>> list1 = [1, 2, 3, 4, 5, 5, 3, 1, 0]
>>> temp = list1[:]
>>> list1.clear()
>>> for each in temp:
        if each not in list1:
            list1.append(each)

>>> list1
[1, 2, 3, 4, 5, 0]
```

学习了集合之后，就可以这么写：

```
>>> list1 = [1, 2, 3, 4, 5, 5, 3, 1, 0]
>>> list1 = list(set(list1))
>>> list1
[0, 1, 2, 3, 4, 5]
```

看，知识才是第一生产力！不过大家发现没有，由于 set() 创造的集合内部是无序的，所以再调用 list() 将无序的集合转换成列表就不能保证原来的列表顺序了（这里 Python 好心办坏事儿，把 0 放到最前面了），所以如果关注列表中元素的排序问题，那么在使用 set() 函数时就要提高警惕。

7.2.2　访问集合

由于集合中的元素是无序的，所以并不能像序列那样用下标来进行访问，但是可以使用迭代把集合中的数据一个个读取出来：

```
>>> set1 = {1, 2, 3, 4, 5, 4, 3, 2, 1, 0}
>>> for each in set1:
        print(each, end=' ')

0 1 2 3 4 5
```

当然也可以使用 in 和 not in 判断一个元素是否在集合中已经存在：

```
>>> 0 in set1
True
>>> 'oo' in set1
False
>>> 'xx' not in set1
True
```

使用 add() 方法可以为集合添加元素，使用 remove() 方法可以删除集合中已知的元素：

```
>>> set1.add(6)
>>> set1
{0, 1, 2, 3, 4, 5, 6}
>>> set1.remove(5)
>>> set1
{0, 1, 2, 3, 4, 6}
```

7.2.3　不可变集合

有时候希望集合中的数据具有稳定性，也就是说，像元组一样，不能随意地增加或删除集合中的元素。那么可以定义成不可变集合，这里使用的是 frozenset()函数，就是把元素给 frozen（冰冻）起来：

```
>>> set1 = frozenset({1, 2, 3, 4, 5})
>>> set1.add(6)
Traceback (most recent call last):
  File "<pyshell#67>", line 1, in <module>
    set1.add(6)
AttributeError: 'frozenset' object has no attribute 'add'
```

第8章

永久存储

8.1 文件：因为懂你，所以永恒

视频讲解

大多数的程序都遵循着"输入→处理→输出"的模型，首先接收输入数据，然后按照要求进行处理，最后输出数据。到目前为止，我们已经很好地了解了如何处理数据，然后打印出需要的结果。不过你可能已经"胃口大开"，不再只满足于使用 input 接收用户输入，使用 print 输出处理结果了。你迫切想要关注到系统的方方面面，需要自己的代码可以自动分析系统的日志，需要分析的结果可以保存为一个新的日志，甚至需要与外面的世界进行交流。

相信大家都曾经有这样的经历：在编写代码正起劲儿的时候，系统突然蓝屏崩溃了，重启之后发现刚才写入的代码都不见了，这时候你就会吐槽这破系统怎么这么不稳定。

在编写代码的时候，操作系统为了更快地做出响应，把所有当前的数据都放在内存中，因为内存和 CPU 数据传输的速度要比在硬盘和 CPU 之间传输的速度快很多倍。但内存有一个天生的不足，就是一旦断电就"没戏"，所以小甲鱼在这里再一次呼吁广大未来即将成为伟大程序员的读者们：请养成一个优雅的习惯，随时使用 Ctrl+S 快捷键保存数据。

Windows 以扩展名来指出文件是什么类型，所以相信很多习惯使用 Windows 的朋友很快就反应过来了，.exe 是可执行文件格式，.txt 是文本文件，.ppt 是 PowerPoint 的专用格式等，所有这些都称为文件。

8.1.1 打开文件

在 Python 中，使用 open()这个内置函数来打开文件并返回文件对象：

```
open(file, mode='r', buffering=-1, encoding=None, errors=None, newline=
None, closefd=True, opener=None)
```

open()这个函数有很多参数，但作为初学者，只需要先关注第一个和第二个参数即可。第一个参数是传入的文件名，如果只有文件名，不带路径的话，那么 Python 会在当前文件夹中去找到该文件并打开；第二个参数指定文件打开模式，如表 8-1 所示。

表 8-1　文件的打开模式

打　开　模　式	执　行　操　作
'r'	以只读方式打开文件（默认）
'w'	以写入的方式打开文件，会覆盖已存在的文件
'x'	如果文件已经存在，使用此模式打开将引发异常
'a'	以写入模式打开，如果文件存在，则在末尾追加写入
'b'	以二进制模式打开文件
't'	以文本模式打开（默认）
'+'	可读写模式（可添加到其他模式中使用）
'U'	通用换行符支持

使用 open()成功打开一个文件之后，它会返回一个文件对象，拿到这个文件对象，就可以对这个文件"为所欲为"：

```
>>> # 先在桌面创建一个 record.txt 的文本文件，内容随意
>>> f = open(r"C:\Users\goodb\Desktop\record.txt")
>>>
```

没有消息就是好消息，说明文件被成功打开了。如果出错了也不要急，是不是直接将上面的路径给代入了呢？记得要替换为自己桌面的路径，Python 才能成功找到文件。

8.1.2　文件对象的方法

打开文件并取得文件对象之后，就可以利用文件对象的一些方法对文件进行读取、修改等操作。表 8-2 列举了平时常用的一些文件对象方法。

表 8-2　文件对象方法

文件对象的方法	执　行　操　作
close()	关闭文件
read(size=-1)	从文件读取 size 个字符,当未给定 size 或给定负值的时候，读取剩余的所有字符，然后作为字符串返回
readline()	从文件中读取一整行字符串
write(str)	将字符串 str 写入文件
writelines(seq)	向文件写入字符串序列 seq，seq 应该是一个返回字符串的可迭代对象
seek(offset, from)	在文件中移动文件指针，从 from（0 代表文件起始位置，1 代表当前位置，2 代表文件末尾）偏移 offset 个字节
tell()	返回当前文件中的位置

8.1.3　文件的关闭

close()方法用于关闭文件。如果是讲 C 语言编程教学，小甲鱼一定会一万次地强调文件的关闭非常重要。而 Python 拥有垃圾收集机制，会在文件对象的引用计数降至零的时候自动关闭文件，所以在 Python 编程里，如果忘记关闭文件并不会造成内存泄漏那么危险的结果。

但并不是说就可以不要关闭文件，如果对文件进行了写入操作，那么应该在完成写入之后关闭文件。因为 Python 可能会缓存写入的数据，如果中途发生类似断电之类的事故，那些缓存的数据根本就不会写入到文件中。所以，为了安全起见，要养成使用完文件后立刻关闭的好习惯。

8.1.4　文件的读取和定位

文件的读取方法很多，可以使用文件对象的 read()和 readline()方法，也可以直接 list(f)或者直接使用迭代来读取。read()是以字节为单位读取，如果不设置参数，那么会全部读取出来，文件指针指向文件末尾。tell()方法可以告诉你当前文件指针的位置：

```
>>> f.read()
'小客服:小甲鱼，有个好评很好笑哈。\n 小甲鱼:哦？\n 小客服:"有了小甲鱼，以后妈妈再也
不用担心我的学习了~"\n 小甲鱼:哈哈哈，我看到丫，我还发微博了呢~\n 小客服:嗯嗯，我看了你
的微博丫~\n 小甲鱼:哟西~\n 小客服:那个有条回复"左手拿着小甲鱼，右手拿着打火机，哪里不会
点哪里，so easy ^_^"\n 小甲鱼:T_T'
>>> f.tell()
284
```

刚才提到的文件指针是啥？可以认为它是一个"书签"，起到定位的作用。使用 seek()方法可以调整文件指针的位置。seek(offset, from)方法有两个参数，表示从 from(0 代表文件起始位置，1 代表当前位置，2 代表文件末尾)偏移 offset 字节。因此将文件指针设置到文件起始位置，使用 seek(0, 0)即可：

```
>>> f.tell()
284
>>> f.seek(0, 0)
0
>>> f.read(5)
'小客服:小'
>>> f.tell()
9
```

注意：

因为 1 个中文字符占用 2 字节的空间，所以 4 个中文加 1 个英文冒号刚好到位置 9。

readline()方法用于在文件中读取一整行，就是从文件指针的位置向后读取，直到遇

到换行符（\n）结束：

```
>>> f.readline()
'甲鱼，有个好评很好笑哈。\n'
```

此前介绍过列表的强大，什么都可以往里放，这不，也可以把整个文件的内容放到列表中：

```
>>> list(f)
['小甲鱼：哦？\n', '小客服："有了小甲鱼，以后妈妈再也不用担心我的学习了~"\n', '小甲
鱼：哈哈哈，我看到丫，我还发微博了呢~\n', '小客服：嗯嗯，我看了你的微博丫~\n', '小甲鱼：
哟西~\n', '小客服：那个有条回复"左手拿着小甲鱼，右手拿着打火机，哪里不会点哪里，so easy
^_^"\n', '小甲鱼：T_T']
```

对于迭代读取文本文件中的每一行，有些读者可能会这么写：

```
>>> f.seek(0, 0)
0
>>> lines = list(f)
>>> for each_line in lines:
    print(each_line)
```

这样写并没有错，但给人的感觉就像是你拿酒精灯去烧开水，水是烧得开，不过效率不是很高。因为文件对象自身是支持迭代的，所以没必要绕圈子，直接使用 for 语句把内容迭代读取出来即可：

```
>>> f.seek(0, 0)
0
>>> for each_line in f:
    print(each_line)
```

8.1.5 文件的写入

如果需要写入文件，请确保之前的打开模式有'w'或'a'，否则会出错：

```
>>> f = open(r"C:\Users\goodb\Desktop\record.txt")
>>> f.write("这是一段待写入的数据")
Traceback (most recent call last):
  File "<pyshell#88>", line 1, in <module>
    f.write("这是一段待写入的数据")
io.UnsupportedOperation: not writable
>>> f.close()
>>> f = open(r"C:\Users\goodb\Desktop\record.txt", 'w')
>>> f.write("这是一段待写入的数据")
10
>>> f.close()
```

然而一定要小心的是：使用'w'模式写入文件，此前的文件内容会被全部删除，如

图 8-1 所示，小甲鱼和小客服的对话备份已经不在了。

图 8-1 'w'打开模式会删除原来的文件内容

如果要在原来的内容上追加，一定要使用'a'模式打开文件。这是血淋淋的教训，不要问我为什么（想想都是泪啊）！

8.1.6 一个任务

视频讲解

本节要求读者独立来完成一个任务，将文件（record2.txt）中的数据进行分割并按照以下规则保存起来：

（1）将小甲鱼的对话单独保存为 boy_*.txt 文件（去掉"小甲鱼:"）。

（2）将小客服的对话单独保存为 girl_*.txt 文件（去掉"小客服:"）。

（3）文件中总共有三段对话，分别保存为 boy_1.txt、girl_1.txt、boy_2.txt、girl_2.txt、boy_3.txt、girl_3.txt 这 6 个文件（提示：文件中不同的对话间已经使用"====================================="分割）。

大家一定要自己先动手再参考答案哦。

```python
# p8_1.py
count = 1
boy = []
girl = []

f = open(r"C:\Users\goodb\Desktop\record.txt")

for each_line in f:
    if each_line[:6] != '======':
        (role, line_spoken) = each_line.split(':', 1)
        if role == '小甲鱼':
            boy.append(line_spoken)
        if role == '小客服':
            girl.append(line_spoken)
    else:
        file_name_boy = 'boy_' + str(count) + '.txt'
        file_name_girl = 'girl_' + str(count) + '.txt'

        boy_file = open(file_name_boy, 'w')
```

```
        girl_file = open(file_name_girl, 'w')

        boy_file.writelines(boy)
        girl_file.writelines(girl)

        boy = []
        girl = []
        count += 1

file_name_boy = 'boy_' + str(count) + '.txt'
file_name_girl = 'girl_' + str(count) + '.txt'

boy_file = open((r"C:\Users\goodb\Desktop\%s" % file_name_boy), 'w')
girl_file = open((r"C:\Users\goodb\Desktop\%s" % file_name_girl), 'w')

boy_file.writelines(boy)
girl_file.writelines(girl)

boy_file.close()
girl_file.close()
f.close()
```

事实上可以利用函数封装得更好看一些：

```
# p8_2.py
def save_file(boy, girl, count):
    file_name_boy = 'boy_' + str(count) + '.txt'
    file_name_girl = 'girl_' + str(count) + '.txt'

    boy_file = open((r"C:\Users\goodb\Desktop\%s" % file_name_boy), 'w')
    girl_file = open((r"C:\Users\goodb\Desktop\%s" % file_name_girl), 'w')

    boy_file.writelines(boy)
    girl_file.writelines(girl)

    boy_file.close()
    girl_file.close()

def split_file(file_name):
    count = 1
    boy = []
    girl = []

    f = open(file_name)

    for each_line in f:
        if each_line[:6] != '======':
```

```
            (role, line_spoken) = each_line.split(':', 1)
            if role == '小甲鱼':
                boy.append(line_spoken)
            if role == '小客服':
                girl.append(line_spoken)
        else:
            save_file(boy, girl, count)

            boy = []
            girl = []
            count += 1

    save_file(boy, girl, count)
    f.close()

split_file(r"C:\Users\goodb\Desktop\record.txt")
```

8.2　文件系统：介绍一个高大上的东西

视频讲解

　　接下来会介绍与 Python 文件相关的一些十分有用的模块。模块是什么？其实我们写的每一个源代码文件（*.py）都是一个模块。Python 自身带有非常多实用的模块，在日常编程中，如果能够熟练地掌握它们，必将事半功倍。

　　例如 3.8 节介绍的文字小游戏，里边就用 random 模块的 randint() 函数来生成随机数。然而要使用这个 randint() 函数，直接就调用可不行：

```
>>> random.randint(0, 9)
Traceback (most recent call last):
  File "<pyshell#0>", line 1, in <module>
    random.randint(0, 9)
NameError: name 'random' is not defined
```

正确的做法应该是先使用 import 语句导入模块，然后再使用：

```
>>> import random
>>> random.randint(0, 9)
3
>>> random.randint(0, 9)
1
>>> random.randint(0, 9)
8
```

1. OS 模块

　　首先要介绍的是高大上的 OS 模块，OS 就是 Operating System 的缩写，意思是操作系统，而平时经常说的 iOS 就是 iPhone OS 的意思，即苹果手机的操作系统。但这里小甲鱼说 OS 模块高大上，并不是因为与"苹果"或"土豪金"沾边才这么说，而是因为对于文件系统的访问，Python 一般是通过 OS 模块来实现的。我们所知道的常用的操作系统有 Windows、Mac OS、Linux、UNIX 等，这些操作系统底层对于文件系统访问的工作原理是不一样的，因此可能就要针对不同的系统来考虑使用哪些文件系统模块。这样的做法是非常不友好且麻烦的，因为这意味着当程序运行环境一旦改变，就要相应地去修改大量的代码来应付。

但是 Python 是跨平台的语言，也就是说，同样的源代码在不同的操作系统不需要修改就可以同样实现。有了 OS 模块，不需要关心什么操作系统下使用什么模块，OS 模块会帮你选择正确的模块并调用。

表 8-3 列举了 OS 模块中关于文件/目录常用的函数使用方法。

表 8-3　OS 模块中关于文件/目录常用的函数使用方法

函 数 名	使 用 方 法
getcwd()	返回当前工作目录
chdir(path)	改变工作目录
listdir(path='.')	列举指定目录中的文件名（'.'表示当前目录，'..'表示上一级目录）
mkdir(path)	创建单层目录，如该目录已存在抛出异常
makedirs(path)	递归创建多层目录，如该目录已存在抛出异常，注意：'E:\\a\\b'和'E:\\a\\c'并不会冲突
remove(path)	删除文件
rmdir(path)	删除单层目录，如该目录非空则抛出异常
removedirs(path)	递归删除目录，从子目录到父目录逐层尝试删除，遇到目录非空则抛出异常
rename(old, new)	将文件 old 重命名为 new
system(command)	运行系统的 shell 命令
以下是支持路径操作中常用到的一些定义，支持所有平台	
os.curdir	指代当前目录（'.'）
os.pardir	指代上一级目录（'..'）
os.sep	输出操作系统特定的路径分隔符（Win 下为'\\'，Linux 下为'/'）
os.linesep	当前平台使用的行终止符（Win 下为'\r\n'，Linux 下为'\n'）
os.name	指代当前使用的操作系统（包括'posix', 'nt', 'mac', 'os2', 'ce', 'java'）

1）getcwd()

在有些情况下需要获得应用程序当前的工作目录（如保存临时文件），那么可以使用 getcwd()函数获得：

```
>>> import os
>>> os.getcwd()
'C:\\Users\\goodb\\AppData\\Local\\Programs\\Python\\Python36'
```

2）chdir(path)

用 chdir()函数可以改变当前工作目录，如可以切换到 E 盘：

```
>>> os.chdir("E:\\")
>>> os.getcwd()
'E:\\'
```

3）listdir(path='.')

有时候可能需要知道当前目录下有哪些文件和子目录，那么 listdir()函数可以帮助列举出来。path 参数用于指定列举的目录，默认值是'.'，代表当前目录，也可以使用'..'代表上一层目录：

```
>>> os.listdir()
['$RECYCLE.BIN', 'Arduino', 'System Volume Information', '工作室', '工具箱', '鱼 C 光盘', '鱼 C 工作室编程教学']
>>> os.listdir("C:\\")
['$RECYCLE.BIN', 'Documents and Settings', 'hiberfil.sys', 'Intel', 'pagefile.sys', 'PerfLogs', 'Program Files', 'Program Files (x86)', 'ProgramData', 'Recovery', 'swapfile.sys', 'System Volume Information', 'Users', 'Windows']
```

4）mkdir(path)

mkdir()函数用于创建文件夹，如果该文件夹存在，则抛出 FileExistsError 异常：

```
>>> os.mkdir("test")
>>> os.listdir()
['$RECYCLE.BIN', 'Arduino', 'System Volume Information', 'test', '工作室', '工具箱', '鱼 C 光盘', '鱼 C 工作室编程教学']
>>> os.mkdir("test")
Traceback (most recent call last):
  File "<pyshell#9>", line 1, in <module>
    os.mkdir("test")
FileExistsError: [WinError 183] 当文件已存在时，无法创建该文件。: 'test'
```

5）makedirs(path)

makedirs()函数则可以用于创建多层目录，效果如图 8-2 所示。

```
>>> os.makedirs(r".\a\b\c")
```

图 8-2　makedirs()函数

6）remove(path)、rmdir(path)和 removedirs(path)

remove()函数用于删除指定的文件，注意是删除文件，不是删除目录。如果要删除目录，则用 rmdir()函数；如果要删除多层目录，则用 removedirs()函数。

```
>>> os.listdir()
['a', 'b', 'test.txt']
>>> # 当前工作目录结构为 a\b\c, b\, test.txt
>>> os.remove("test.txt")
>>> os.rmdir("b")
>>> os.removedirs(r"a\b\c")
>>> os.listdir()
[]
```

7）rename(old, new)

rename()函数用于重命名文件或文件夹：

```
>>> os.listdir()
['a', 'a.txt']
>>> os.rename("a", "b")
>>> os.rename("a.txt", "b.txt")
>>> os.listdir()
['b', 'b.txt']
```

8）system(command)

几乎每个操作系统都会提供一些小工具，system()函数用于使用这些小工具：

```
>>> os.system("calc")  # calc 是 Windows 系统自带的计算器
```

按 Enter 键后即弹出计算器，效果如图 8-3 所示。

图 8-3　system()函数

9）walk(top)

最后是 walk()函数，这个函数在有些时候确实非常有用，可以省去很多麻烦。该函数的作用是遍历 top 参数指定路径下的所有子目录，并将结果返回一个三元组(路径，[包含目录]，[包含文件]）。

看下面的例子：

```
>>> for i in os.walk("test"):
        print(i)


('test', ['a', 'b', 'c'], [])
('test\\a', [], ['a.txt'])
('test\\b', ['b1', 'b2'], ['b.txt'])
('test\\b\\b1', [], ['b1.txt'])
('test\\b\\b2', [], ['b2.txt'])
('test\\c', ['c1'], [])
('test\\c\\c1', ['c11'], [])
('test\\c\\c1\\c11', [], ['c11.txt'])
```

怕大家看不懂，画个实际的文件夹分布图给大家对比一下，如图 8-4 所示。

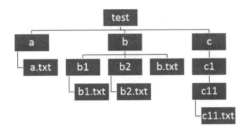

图 8-4   walk()函数

另外 OS 模块还提供了一些很实用的定义，分别是：os.curdir 表示当前目录；os.pardir 表示上一级目录('..')；os.sep 表示路径的分隔符，如 Windows 系统下为'\\'，Linux 下为'/'；os.linesep 表示当前平台使用的行终止符（在 Windows 下为'\r\n'，Linux 下为'\n'）；os.name 表示当前使用的操作系统。

2．OS.path 模块

OS.path 模块可以完成一些针对路径名的操作。表 8-4 列举了 OS.path 中常用到的函数使用方法。

表 8-4   OS.path 模块中关于路径常用的函数使用方法

函 数 名	使 用 方 法
basename(path)	去掉目录路径，单独返回文件名
dirname(path)	去掉文件名，单独返回目录路径
join(path1[, path2[, ...]])	将 path1, path2 各部分组合成一个路径名
split(path)	分割文件名与路径，返回(f_path, f_name)元组。如果完全使用目录，它也会将最后一个目录作为文件名分离，且不会判断文件或者目录是否存在
splitext(path)	分离文件名与扩展名，返回(f_name, f_extension)元组
getsize(file)	返回指定文件的尺寸，单位是字节
getatime(file)	返回指定文件最近的访问时间（浮点型秒数，可用 time 模块的 gmtime()或 localtime()函数换算）

函 数 名	使 用 方 法
getctime(file)	返回指定文件的创建时间（浮点型秒数，可用 time 模块的 gmtime()或 localtime()函数换算）
getmtime(file)	返回指定文件最新的修改时间（浮点型秒数，可用 time 模块的 gmtime() 或 localtime()函数换算）
以下函数返回 True 或 False	
exists(path)	判断指定路径（目录或文件）是否存在
isabs(path)	判断指定路径是否为绝对路径
isdir(path)	判断指定路径是否存在且是一个目录
isfile(path)	判断指定路径是否存在且是一个文件
islink(path)	判断指定路径是否存在且是一个符号链接
ismount(path)	判断指定路径是否存在且是一个挂载点
samefile(path1, paht2)	判断 path1 和 path2 两个路径是否指向同一个文件

1）basename(path)和 dirname(path)

basename()和 dirname()函数分别为用户获得文件名和路径名。

```
>>> os.path.dirname(r"a\b\test.txt")
'a\\b'
>>> os.path.basename(r"a\b\text.txt")
'text.txt'
```

2）join(path1[, path2[, ...]])

join()函数与 BIF 的那个 join()函数不同，os.path.join()用于将路径名和文件名组合成一个完整的路径。

```
>>> os.path.join(r"C:\Users\goodb\Desktop", "FishC.txt")
'C:\\Users\\goodb\\Desktop\\FishC.txt'
```

3）split(path)和 splitext(path)

split()和 splitext()函数都用于分割路径，split()函数分割路径和文件名（如果完全使用目录，它也会将最后一个目录作为文件名分离，且不会判断文件或者目录是否存在）；splitext()函数则用于分割文件名和扩展名。

```
>>> os.path.split(r"a\b\test.txt")
('a\\b', 'test.txt')
>>> os.path.splitext(r"a\b\test.txt")
('a\\b\\test', '.txt')
```

4）getsize(file)

getsize()函数用于获取文件的尺寸，返回值以字节为单位。

```
>>> os.chdir(r"C:\Users\goodb\Desktop")
>>> os.path.getsize("record.txt")
284
```

5）getatime(file)、getctime(file)和 getmtime(file)

getatime()、getctime()和 getmtime()分别用于获得文件的最近访问时间、创建时间和修改时间。不过返回值是浮点型秒数，可用 time 模块的 gmtime()或 localtime()函数换算：

```
>>> import time
>>> temp = time.localtime(os.path.getatime("python.exe"))
>>> print("python.exe 被访问的时间是: ", time.strftime("%d %b %Y %H:%M:%S",
temp))
python.exe 被访问的时间是:  27 May 2015 21:16:59
>>> temp = time.localtime(os.path.getctime("python.exe"))
>>> print("python.exe 被创建的时间是: ", time.strftime("%d %b %Y %H:%M:%S",
temp))
python.exe 被创建的时间是:  24 Feb 2015 22:44:44
>>> temp = time.localtime(os.path.getmtime("python.exe"))
>>> print("python.exe 被修改的时间是: ", time.strftime("%d %b %Y %H:%M:%S",
temp))
python.exe 被修改的时间是:  24 Feb 2015 22:44:44
```

还有一些函数返回布尔类型的值，具体的解释见表 8-4，这里就不一一举例了。

8.3 pickle：腌制一缸美味的泡菜

视频讲解

从一个文件里读取字符串非常简单，但如果想要读取出数值，那就需要多费点儿周折。因为无论是 read()方法还是 readline()方法，都是返回一个字符串，如果希望从字符串里提取出数值，可以使用 int()函数或 float()函数把类似'123'或'3.14'这类字符串强制转换为具体的数值。

此前一直在讲保存文本，然而当要保存的数据像列表、字典甚至是类的实例这些更复杂的数据类型时，普通的文件操作就会变得不知所措。也许你会把这些都转换为字符串，再写入到一个文本文件中保存起来，但是很快就会发现要把这个过程反过来，从文本文件恢复数据对象，就变得异常麻烦了。

所幸的是，Python 提供了一个标准模块，使用这个模块，就可以非常容易地将列表、字典这类复杂数据类型存储为文件了。这个模块就是本节要介绍的 pickle 模块。

pickle 就是泡菜、腌菜的意思，相信很多女读者都对韩国泡菜情有独钟。至于 Python 的作者为何把这么一个高大上模块命名为泡菜，我想应该是与韩剧脱不了干系。

好，说回这个泡菜。用官方文档中的话说，这是一个令人惊叹（amazing）的模块，它几乎可以把所有 Python 的对象都转化为二进制的形式存放，这个过程称为 pickling，那么从二进制形式转换回对象的过程称为 unpickling。

说了这么多，还是来点干货吧：

```
# p8_3.py
import pickle
```

```
my_list = [123, 3.14, '小甲鱼', ['another list']]
pickle_file = open('E:\\my_list.pkl', 'wb')
pickle.dump(my_list, pickle_file)
pickle_file.close()
```

分析一下：这里希望把这个列表永久保存起来（保存成文件），打开的文件一定要以二进制的形式打开，后缀名倒是可以随意，不过既然是使用 pickle 保存，为了今后容易记忆，建议还是使用.pkl 或.pickle。使用 dump 方法来保存数据，完成后记得保存，与操作普通文本文件一样。

程序执行之后 E 盘会出现一个 my_list.pkl 文件，用记事本打开之后显示乱码（因为它保存的是二进制形式），如图 8-5 所示。

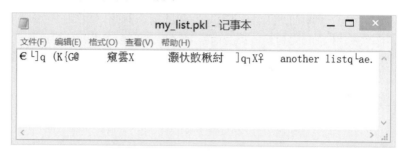

图 8-5　保存为 pickle 文件

那么在使用的时候只需用二进制模式先把文件打开，然后用 load() 把数据加载进来：

```
# p8_4.py
import pickle

pickle_file = open("E:\\my_list.pkl", "rb")
my_list = pickle.load(pickle_file)
print(my_list)
```

程序执行后又取回我们的列表啦：

```
>>>
[123, 3.14, '小甲鱼', ['another list']]
```

利用 pickle 模块，不仅可以保存列表，事实上 pickle 还可以保存任何你能想象得到的东西。

第**9**章

异常处理

9.1 你不可能总是对的

视频讲解

因为我们是人，不是神，所以经常会犯错。当然程序员也不例外，就算是经验丰富的码农，也不能保证写出来的代码百分之百没有任何问题（要不哪来那么多 0Day 漏洞）。另外，作为一个合格的程序员，在编程的时候一定要意识到一点，就是永远不要相信你的用户。要把他们想象成熊孩子，把他们想象成黑客，这样写出来的程序自然会更加安全和稳定。

那么既然程序总会出问题，就应该学会用适当的方法去解决问题。程序出现逻辑错误或者用户输入不合法都会引发异常，但这些异常并不是致命的，不会导致程序崩溃死掉。可以利用 Python 提供的异常处理机制，在异常出现的时候及时捕获，并从内部自我消化掉。

那么什么是异常呢？举个例子：

```
# p9_1.py
file_name = input('请输入要打开的文件名：')
f = open(file_name, 'r')
print('文件的内容是：')

for each_line in f:
    print(each_line)
```

这里当然假设用户的输入是正确的，但只要用户输入一个不存在的文件名，那么上面的代码就不堪一击：

```
>>>
请输入要打开的文件名：我为什么是一个文档.txt
Traceback (most recent call last):
  File "E:\p9_1.py", line 3, in <module>
```

```
        f = open(file_name, 'r')
FileNotFoundError: [Errno 2] No such file or directory: '我为什么是一个文
档.txt'
```

上面的例子就抛出了一个 FileNotFoundError 异常，那 Python 通常还可能抛出哪些异常呢？这里给大家做个总结，今后遇到这样的异常时就不会感觉到陌生了。

1）AssertionError：断言语句（assert）失败

大家还记得断言语句吧？

在第 4 章（了不起的分支和循环）里讲过：当 assert 这个关键字后面的条件为假时，程序将停止并抛出 AssertionError 异常。assert 语句一般是在测试程序的时候用于在代码中置入检查点：

```
>>> my_list = ["小甲鱼"]
>>> assert len(my_list) > 0
>>> my_list.pop()
'小甲鱼'
>>> assert len(my_list) > 0
Traceback (most recent call last):
  File "<pyshell#3>", line 1, in <module>
    assert len(my_list) > 0
AssertionError
```

2）AttributeError：尝试访问未知的对象属性

当试图访问的对象属性不存在时抛出 AttributeError 异常：

```
>>> my_list = []
>>> my_list.fishc
Traceback (most recent call last):
  File "<pyshell#5>", line 1, in <module>
    my_list.fishc
AttributeError: 'list' object has no attribute 'fishc'
```

3）IndexError：索引超出序列的范围

在使用序列的时候就常常会遇到 IndexError 异常，原因是索引超出序列范围的内容：

```
>>> my_list = [1, 2, 3]
>>> my_list[3]
Traceback (most recent call last):
  File "<pyshell#7>", line 1, in <module>
    my_list[3]
IndexError: list index out of range
```

4）KeyError：字典中查找一个不存在的关键字

当试图在字典中查找一个不存在的关键字时就会引发 KeyError 异常，因此建议使用 dict.get()方法：

```
>>> my_dict = {"one":1, "two":2, "three":3}
>>> my_dict["one"]
1
>>> my_dict["four"]
Traceback (most recent call last):
  File "<pyshell#10>", line 1, in <module>
    my_dict["four"]
KeyError: 'four'
```

5）NameError：尝试访问一个不存在的变量

当尝试访问一个不存在的变量时，Python 会抛出 NameError 异常：

```
>>> fishc
Traceback (most recent call last):
  File "<pyshell#11>", line 1, in <module>
    fishc
NameError: name 'fishc' is not defined
```

6）OSError：操作系统产生的异常

OSError，顾名思义就是操作系统产生的异常，像打开一个不存在的文件会引发 FileNotFoundError，而这个 FileNotFoundError 就是 OSError 的子类。

例子在上面已经演示过了，这里就不再赘述。

7）SyntaxError：Python 的语法错误

如果遇到 SyntaxError 是 Python 的语法错误，这时 Python 的代码并不能继续执行，应该先找到并改正错误：

```
>>> print "I love fishc.com"
SyntaxError: Missing parentheses in call to 'print'. Did you mean print("I
love fishc.com")?
```

8）TypeError：不同类型间的无效操作

类型不同的对象是不能相互进行计算的，否则会抛出 TypeError 异常：

```
>>> 1 + "1"
Traceback (most recent call last):
  File "<pyshell#14>", line 1, in <module>
    1 + "1"
TypeError: unsupported operand type(s) for +: 'int' and 'str'
```

9）ZeroDivisionError：除数为零

地球人都知道除数不能为零，所以除以零就会引发 ZeroDivisionError 异常：

```
>>> 5 / 0
Traceback (most recent call last):
  File "<pyshell#15>", line 1, in <module>
    5 / 0
ZeroDivisionError: division by zero
```

好了，知道程序抛出异常就说明这个程序有问题，但问题并不致命，所以可以通过捕获这些异常，并纠正这些错误即可解决。那应该如何捕获和处理异常呢？

异常捕获可以使用 try 语句来实现，任何出现在 try 语句范围内的异常都会被及时捕获到。try 语句有两种实现形式：一种是 try-except；另一种是 try-finally。

视频讲解

9.2 try-except 语句

try-except 语句的语法结构如下：

```
try:
    检测范围
except Exception[as reason]:
    出现异常（Exception）后的处理代码
```

try-except 语句用于检测和处理异常，举个例子来说明这一切是如何工作的：

```
# p9_2.py
f = open('我为什么是一个文档.txt')
print(f.read())
f.close()
```

以上代码在"我为什么是一个文档.txt"这个文档不存在的时候，Python 就会报错说文件不存在：

```
>>>
Traceback (most recent call last):
  File "E:\p9_2.py", line 1, in <module>
    f = open('我为什么是一个文档.txt')
FileNotFoundError: [Errno 2] No such file or directory: '我为什么是一个文档.txt'
```

显然这样的用户体验不好，因此可以这么修改：

```
# p9_3.py
try:
    f = open('我为什么是一个文档.txt')
    print(f.read())
    f.close()
except OSError:
    print('文件打开的过程中出错啦 T_T')
```

上面的例子由于使用了大家习惯的语言来表述错误信息，用户体验当然会好很多：

```
>>>
文件打开的过程中出错啦 T_T
```

但是从程序员的角度来看，导致 OSError 异常的原因有很多（如 FileExistsError、

FileNotFoundError、PermissionError 等），所以可能会更在意错误的具体内容，这里可以使用 as 把具体的错误信息给打印出来：

```
...
except OSError as reason:
    print('文件出错啦 T_T\n 错误原因是：' + str(reason))
```

1. 针对不同异常设置多个 except

一个 try 语句还可以和多个 except 语句搭配，分别对感兴趣的异常进行检测处理：

```
# p9_4.py
try:
    sum = 1 + '1'
    f = open('我是一个不存在的文档.txt')
    print(f.read())
    f.close()
except OSError as reason:
    print('文件出错啦 T_T\n错误原因是：' + str(reason))
except TypeError as reason:
    print('类型出错啦 T_T\n错误原因是：' + str(reason))
```

2. 对多个异常统一处理

except 后面还可以跟着多个异常，然后对这些异常进行统一的处理：

```
# p9_5.py
try:
    int('abc')
    sum = 1 + '1'
    f = open('我是一个不存在的文档.txt')
    print(f.read())
    f.close()
except (ValueError, TypeError, OSError) as reason:
    print('出错啦 T_T\n错误原因是：' + str(reason))
```

3. 捕获所有异常

如果无法确定要对哪一类异常进行处理，只是希望在 try 语句块里一旦出现任何异常，可以给用户一个"看得懂"的提醒，那么可以这么做：

```
...
except:
    print('出错啦~')
...
```

不过通常不建议这么做，因为它会隐藏所有程序员未想到并且未做好处理准备的错误，例如，当用户通过 Ctrl+C 快捷键强制终止程序，却会被解释为 KeyboardInterrupt 异常。另外要注意的是，try 语句检测范围内一旦出现异常，剩下的语句将不会被执行。

9.3　try-finally 语句

如果确实存在一个名为"我是一个不存在的文档.txt"的文件，open()函数正常返回文件对象，但异常却发生在成功打开文件后的 sum = 1 + '1'语句上。此时 Python 将直接跳到 except 语句，也就是说，文件打开了，但关闭文件的命令却被跳过了。

```
# p9_6.py
try:
    f = open('我是一个不存在的文档.txt')
print(f.read())
    sum = 1 + '1'
    f.close()
except:
    print('出错啦')
```

为了实现像这种"就算出现异常，但也不得不执行的收尾工作（如在程序崩溃前保存用户文档）"，引入了 finally 来扩展 try：

```
# p9_7.py
try:
    f = open('我是一个不存在的文档.txt')
print(f.read())
    sum = 1 + '1'
except:
    print('出错啦')
finally:
    f.close()
```

如果 try 语句块中没有出现任何运行时错误，会跳过 except 语句块执行 finally 语句块的内容。如果出现异常，则会先执行 except 语句块的内容再执行 finally 语句块的内容。总之，finally 语句块中的内容就是确保无论如何都将被执行的内容。

9.4　raise 语句

有读者可能会问，我的代码能不能自己抛出一个异常呢？答案是可以的，可以使用 raise 语句抛出一个异常：

```
>>> raise ZeroDivisionError
Traceback (most recent call last):
  File "<pyshell#0>", line 1, in <module>
```

```
    raise ZeroDivisionError
ZeroDivisionError
```

抛出的异常还可以带参数，表示异常的解释：

```
>>> raise ZeroDivisionError("除数不能为零！")
Traceback (most recent call last):
  File "<pyshell#1>", line 1, in <module>
    raise ZeroDivisionError("除数不能为零！")
ZeroDivisionError: 除数不能为零！
```

9.5 丰富的 else 语句

视频讲解

有读者可能会说，else 语句还有啥好讲的，经常与 if 语句进行搭配用于条件判断嘛。没错，对于大多数编程语言来说，else 语句都只能与 if 语句搭配。但在 Python 里，else 语句的功能更加丰富。

在 Python 中，else 语句不仅能与 if 语句搭配，构成"要么怎样，要么不怎样"的句式；它还能与循环语句（for 语句或者 while 语句），构成"干完了能怎样，干不完就别想怎样"的句式；其实 else 语句还能够与异常处理进行搭配，构成"没有问题？那就干吧"的句式，下面逐一给大家解释。

1. 要么怎样，要么不怎样

```
if 条件：
    条件为真执行
else:
    条件为假执行
```

2. 干完了能怎样，干不完就别想怎样

else 可以与 for 和 while 循环语句配合使用，但 else 语句块只在循环完成后执行，也就是说，如果循环中间使用 break 语句跳出循环，那么 else 里边的内容就不会被执行了。举个例子：

```
# p9_8.py
def showMaxFactor(num):
    count = num // 2
    while count > 1:
        if num % count == 0:
            print('%d 最大的约数是%d' % (num, count))
            break
        count -= 1
    else:
        print('%d 是素数！' % num)
```

```
num = int(input('请输入一个数: '))
showMaxFactor(num)
```

这个小程序主要是求用户输入的数的最大约数，如果是素数的话就顺便提醒"这是一个素数"。注意要使用地板除法（count = num // 2），否则结果会出错。使用"暴力"的方法一个个尝试（num % count == 0），如果符合条件则打印出最大的约数，并 break，同时不会执行 else 语句块的内容了。但如果一直没有遇到合适的条件，则会执行 else 语句块内容。

for 语句的用法与 while 一样，这里就不重复举例了。

3. 没有问题？那就干吧

else 语句还能与刚刚学的异常处理进行搭配，实现方法与循环语句搭配差不多：只要 try 语句块里没有出现任何异常，那么就会执行 else 语句块里的内容。

举个例子：

```
# p9_9.py
try:
    int('abc')
except ValueError as reason:
    print('出错啦: ' + str(reason))
else:
    print('没有任何异常!')
```

9.6　简洁的 with 语句

有读者可能觉得，即要打开文件又要关闭文件，还要关注异常处理，有点烦琐，所以 Python 提供了一个 with 语句，利用这个语句抽象出文件操作中频繁使用的 try/except/finally 相关的细节。对文件操作使用 with 语句，将大大减少代码量，而且再也不用担心出现文件打开了忘记关闭的问题了（with 会自动帮助关闭文件）。

举个例子：

```
# p9_10.py
try:
    f = open('data.txt', 'w')
    for each_line in f:
        print(each_line)
except OSError as reason:
    print('出错啦: ' + str(reason))
finally:
    f.close()
```

使用 with 语句，可以改成这样：

```
# p9_11.py
try:
    with open('data.txt', 'w') as f:
        for each_line in f:
            print(each_line)
except OSError as reason:
print('出错啦: ' + str(reason))
```

是不是很方便呢？有了 with 语句，就再也不用担心忘记关闭文件了。

第10章
图形用户界面入门

视频讲解

10.1 安装 EasyGui

本章给大家介绍图形用户界面编程，也就是平时常说的 GUI（Graphical User Interface，读作[gu:i]）编程，那些带有按钮、文本、输入框的窗口的编程，相信大家都不会陌生。

目前有很多 Python 的 GUI 工具包可供选择，它们功能强大，但对于新手来说都不是特别友好。不过，最后还是让小甲鱼在 Python 社区发现了一个非常简单的 GUI 模块：EasyGUI。和它的名字一样，一旦导入 EasyGUI 模块，Python 实现界面开发就只是简单地调用 EasyGUI 函数并附上几个参数的事情了。

EasyGui 官网目前已经迁移到 GitHub 上：https://github.com/robertlugg/easygui。

现在可以使用 pip 工具直接安装 EasyGui 了（pip 是 Python 的包管理工具，提供了对 Python 包的查找、下载、安装、卸载的功能），打开 CMD 命令行窗口，输入 pip install easygui 即可自动下载并安装 EasyGui 模块，如图 10-1 所示。

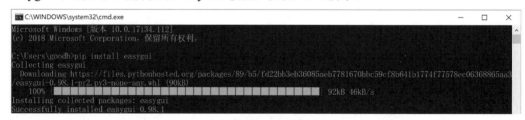

图 10-1　EasyGui 的安装

升级 EasyGui 版本可以使用 pip install --upgrade easygui 命令。

 注意：

由于模块、Python 版本或系统环境的差异，书中涉及的演示截图与实际环境可能会有出入，但函数的用法及行为均一致。

10.1.1　导入 EasyGui

为了使用 EasyGui 这个模块，应该先导入它，最简单的导入语句是 import easygui。如果使用这种形式导入的话，那么在使用 EasyGui 函数时，必须在函数的前面加上前缀 easygui：

```
>>> import easygui
>>> easygui.msgbox("嗨，大家好~")
```

按下回车键后即弹出消息框，如图 10-2 所示。

另一种选择是导入整个 EasyGui 包：from easygui import *，这样使得我们可以更容易地调用 EasyGui 的函数，可以直接这样编写代码：

```
>>> from easygui import *
>>> msgbox("嗨，小美女~")
```

按下回车键后即弹出消息框，如图 10-3 所示。

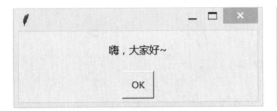

图 10-2　导入 EasyGui 模块（1）　　　　图 10-3　导入 EasyGui 模块（2）

不过这种做法有一个坏处，就是容易污染程序的命名空间。

第三种方法是使用类似下面的 import 语句（建议）：import easygui as eg，这样可以保持 EasyGui 的命名空间，同时减少输入字符的数量：

```
>>> import easygui as eg
>>> eg.msgbox("嗨，鱼 C~")
```

按下回车键后即弹出消息框，如图 10-4 所示。

图 10-4　导入 EasyGui 模块（3）

10.1.2　快速入门

先来编写一个带有 GUI 界面的小程序：

```
# p10_1.py
import easygui as eg
import sys

while 1:
        eg.msgbox("嗨，欢迎进入第一个界面小游戏^_^")

        msg ="请问你希望在鱼 C 工作室学习到什么知识呢？"
        title = "小游戏互动"
        choices = ["谈恋爱", "编程", "游戏", "琴棋书画"]

        choice = eg.choicebox(msg, title, choices)

        # 注意，msgbox 的参数是一个字符串
        # 如果用户选择 Cancel，该函数返回 None
        eg.msgbox("你的选择是：" + str(choice), "结果")

        msg = "你希望重新开始小游戏吗？"
        title = "请选择"

        # 弹出一个 Continue/Cancel 对话框
        if eg.ccbox(msg, title):
                pass            # 如果用户选择 Continue
        else:
                sys.exit(0)     # 如果用户选择 Cancel
```

程序实现如图 10-5～图 10-8 所示。

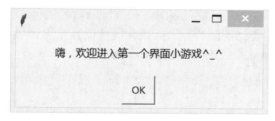

图 10-5　使用 EasyGui 编写第一个界面小游戏（1）

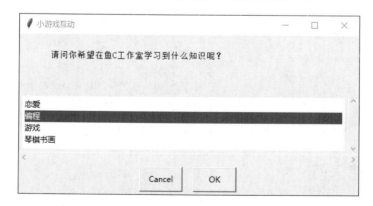

图 10-6　使用 EasyGui 编写第一个界面小游戏（2）

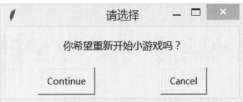

图 10-7　使用 EasyGui 编写第一个界面小游戏（3）　　图 10-8　使用 EasyGui 编写第一个界面小游戏（4）

10.1.3　各种功能演示

要运行 EasyGui 的演示程序，可以在 CMD 命令行中输入以下命令：

```
python easygui.py
```

或者可以从 IDE（如 IDLE、PyCharm、PythonWin、Wing 等）上调用：

```
>>> import easygui
>>> easygui.egdemo()
```

成功调用后将可以尝试 EasyGui 拥有的各种功能，并将结果打印至控制台，如图 10-9
所示。

图 10-9　EasyGui 各种功能演示

10.2 默认参数和关键字参数

对于 EasyGui 的所有对话框而言，前两个参数都是消息主体和对话框标题。

按照这个规律，在某种情况下，这可能不是理想的布局设计（如当对话框在获取目录或文件名的时候会选择忽略消息参数），但保持这种一致性且贯穿所有的窗口部件是更为得体的考虑。

对话框标题默认是一个空字符串，而消息主体通常有一个简单的默认值。

默认参数使得可以尽可能少地去设置参数，例如 msgbox()函数标题部分的参数是可选的，因此调用 msgbox()函数的时候只需要指定一个消息参数即可，例如：

```
>>> import easygui as eg
>>> eg.msgbox('我爱小甲鱼^_^')
```

当然也可以指定标题参数和消息参数，例如：

```
>>> eg.msgbox('我爱小甲鱼^_^', '鱼油心声')
```

程序实现如图 10-10 所示。

图 10-10　修改默认参数

调用 EasyGui 函数还可以使用关键字参数。现在假设需要使用一个按钮组件，但不想指定标题参数（第二个参数），仍可以使用关键字参数的方法指定 choices 参数（第三个参数）的值，像这样：

```
>>> choices = ['愿意', '不愿意', '有钱的时候就愿意']
>>> reply = eg.choicebox('你愿意购买资源打包支持小甲鱼吗？', choices = choices)
```

程序实现如图 10-11 所示。

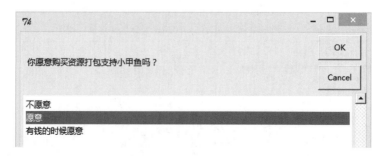

图 10-11　使用关键字参数

10.3　使用按钮组件

根据需求，EasyGui 在 buttonbox()上建立了一系列的函数供调用。

1）msgbox()

```
msgbox(msg='(Your message goes here)', title=' ', ok_button='OK',
image=None, root=None)
```

msgbox()函数显示一个消息和提供一个 OK 按钮，可以指定任意的消息和标题，甚至可以重写 OK 按钮的内容：

```
>>> eg.msgbox("我一定要学会编程!", ok_button="加油!")
```

程序实现如图 10-12 所示。

图 10-12　msgbox()函数

2）ccbox()

```
ccbox(msg='Shall I continue?', title=' ', choices=('C[o]ntinue',
'C[a]ncel'), image=None, default_choice='C[o]ntinue', cancel_choice=
'C[a]ncel')
```

ccbox()函数提供一个选择：C[o]ntinue 或者 C[a]ncel，并相应返回 True 或者 False。

注意：

C[o]ntinue 中的[o]表示快捷键，也就是说当用户在键盘上敲一下 o 字符，就相当于单击 C[o]ntinue 按键。

3）ynbox()

```
ynbox(msg='Shall I continue?',title='',choices=('[<F1>]Yes', '[<F2>]No'),
image=None, default_choice='[<F1>]Yes', cancel_choice='[<F2>]No')
```

与 ccbox()函数一样，只不过这里默认的 choices 参数值不同而已，[<F1>]表示将键盘上的 F1 功能按键作为 Yes 的快捷键使用。

4）buttonbox()

```
buttonbox(msg='', title=' ', choices=('Button[1]', 'Button[2]', 'Button[3]'),
image=None, images=None, default_choice=None, cancel_choice=None, callback=
None, run=True)
```

可以使用 buttonbox()函数定义自己的一组按钮，当用户单击任意一个按钮的时候，buttonbox()函数返回按钮的文本内容。如果用户取消或者关闭窗口，那么会返回默认选项（第一个选项）。

举个例子：

```
>>> eg.buttonbox(choices=('草莓', '西瓜', '芒果'))
```

程序实现如图 10-13 所示。

图 10-13　buttonbox()函数

5）indexbox()

```
indexbox(msg='Shall I continue?', title=' ', choices=('Yes', 'No'),
image=None, default_choice='Yes', cancel_choice='No')
```

基本与 buttonbox()函数一样，区别就是当用户选择第一个按钮的时候返回索引值 0，选择第二个按钮的时候返回索引值 1。

6）boolbox()

```
boolbox(msg='Shall I continue?', title=' ', choices=('[Y]es', '[N]o'),
image=None, default_choice='Yes', cancel_choice='No')
```

如果第一个按钮被选中则返回 True，否则返回 False。

10.4　如何在 buttonbox 里边显示图片

当调用一个 buttonbox()函数（如 msgbox()，ynbox()，indexbox()等）的时候，还可以为关键字参数 image 赋值，可以设置一个.gif 或.png 格式的图像：

```
buttonbox('大家说我长得帅吗？', image='turtle.gif', choices=('帅', '不帅',
'!@#$%'))
```

程序实现如图 10-14 所示。

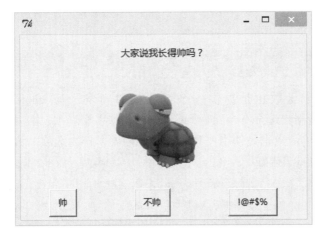

图 10-14　在 buttonbox()中添加图片

10.5　为用户提供一系列选项

buttonbox()的几个函数为用户提供了一个简单的按钮选项，但如果有很多选项，或者选项的内容特别长的话，更好的策略是为它们提供一个可选择的列表。

1）choicebox()

```
choicebox(msg='Pick an item', title='', choices=[], preselect=0, callback
=None, run=True)
```

choicebox()函数为用户提供了一个可选择的列表，使用序列（元组或列表）作为选项，这些选项会按照字母进行排序。

举个例子：

```
eg.choicebox(msg='你最喜欢小甲鱼的哪个课程？', title='', choices=["《带你学 C
带你飞》", "《零基础入门学习 Pyhon》", "《极客 Python 之效率革命》", "《零基础入
门学习 Web 开发》"])
```

程序实现如图 10-15 所示。

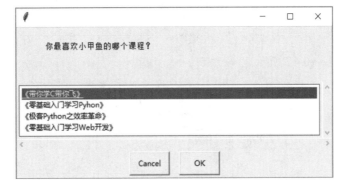

图 10-15　choicebox()函数

2）multchoicebox()

```
multchoicebox(msg='Pick an item', title='', choices=[], preselect=0,
callback=None, run=True)
```

multchoicebox()函数也是提供一个可选择的列表，与 choicebox()不同的是，multchoicebox 支持用户选择 0 个、1 个或者同时选择多个选项。

multchoicebox()函数也是使用序列（元组或列表）作为选项，这些选项显示前会按照不区分大小写的方法排好序：

```
>>> eg.multchoicebox(msg='你最喜欢小甲鱼的哪个课程？', title='', choices=["
《带你学 C 带你飞》", "《零基础入门学习 Pyhon》", "《极客 Python 之效率革命》",
"《零基础入门学习 Web 开发》"])
```

程序实现如图 10-16 所示。

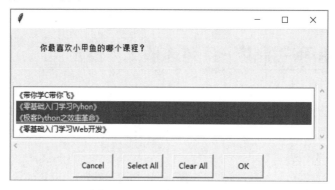

图 10-16 multchoicebox()函数

10.6 让用户输入消息

1）enterbox()

```
enterbox(msg='Enter something.', title='', default='', strip=True, image=
None, root=None)
```

enterbox()函数为用户提供一个最简单的输入框，返回值为用户输入的字符串：

```
eg.enterbox(msg='请输入一句你最想对小甲鱼说的话：')
```

程序实现如图 10-17 所示。

图 10-17 enterbox()函数

默认返回的值会自动去除首尾的空格，如果需要保留首尾空格的话请设置参数 strip=False。

2）integerbox()

```
integerbox(msg='', title=' ', default=None, lowerbound=0, upperbound=99,
image=None, root=None)
```

integerbox()函数为用户提供一个简单的输入框，用户只能输入范围内（lowerbound 参数设置最小值，upperbound 参数设置最大值）的整型数值，否则会要求用户重新输入。

那么，本书最开始的小游戏就可以这么改：

```
# p10_2.py
import random
import easygui as eg

eg.msgbox("嗨，欢迎进入第一个界面小游戏^_^")
secret = random.randint(1,10)

msg = "不妨猜一下小甲鱼现在心里想的是哪个数字（1~10）："
title = "数字小游戏"
guess = eg.integerbox(msg, title, lowerbound=1, upperbound=10)

while True:
    if guess == secret:
        eg.msgbox("我草，你是小甲鱼心里的蛔虫吗？！")
        eg.msgbox("哼，猜中了也没有奖励！")
        break
    else:
        if guess > secret:
            eg.msgbox("哥，大了大了~~~")
        else:
            eg.msgbox("嘿，小了小了~~~")
        guess = eg.integerbox(msg, title, lowerbound=1, upperbound=10)

eg.msgbox("游戏结束，不玩啦^_^")
```

程序实现如图 10-18 所示。

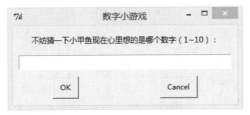

图 10-18　integerbox()函数

3）multenterbox()

```
multenterbox(msg='Fill in values for the fields.', title=' ', fields=[],
values=[], callback=None, run=True)
```

multenterbox()函数为用户提供多个简单的输入框，要注意以下几点：

- 如果用户输入的值比选项少的话，则返回列表中的值用空字符串填充为用户输入的选项。
- 如果用户输入的值比选项多的话，则返回的列表中的值将截断为选项的数量。
- 如果用户取消操作，则返回域中列表的值或者 None 值。

下面实现一个账号资料登记程序：

```python
# p10_3.py
import easygui as eg

msg = "请填写以下联系方式"
title = "账号中心"
fieldNames = [" *用户名", " *真实姓名", "  固定电话", " *手机号码", "  QQ",
" *E-mail"]
fieldValues = []
fieldValues = eg.multenterbox(msg,title, fieldNames)

while 1:
    if fieldValues == None:
        break
    errmsg = ""
    for i in range(len(fieldNames)):
        option = fieldNames[i].strip()
        if fieldValues[i].strip() == "" and option[0] == "*":
            errmsg += ('【%s】为必填项。\n\n' % fieldNames[i])
    if errmsg == "":
        break
    fieldValues = eg.multenterbox(errmsg, title, fieldNames, fieldValues)

print("用户资料如下：%s" % str(fieldValues))
```

程序实现如图 10-19 所示。

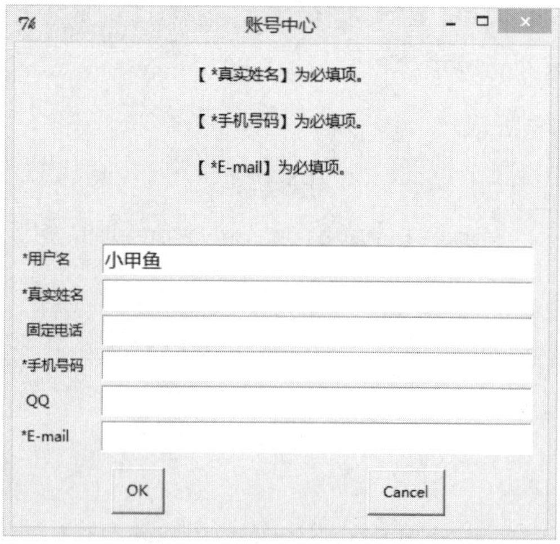

图 10-19　账号资料登记程序

10.7 让用户输入密码

有时候可能需要让用户输入密码等敏感信息，那么界面看上去应该是这样的：
*******。

1）passwordbox()

```
passwordbox(msg='Enter your password.', title='', default='', image=None,
root=None)
```

passwordbox()函数与 enterbox()函数样式一样，不同的是用户输入的内容用星号（*）
显示出来，该函数返回用户输入的字符串：

```
>>> eg.passwordbox(msg='请输入密码：')
```

程序实现如图 10-20 所示。

图 10-20　passwordbox()函数

2）multpasswordbox()

```
multpasswordbox(msg='Fill in values for the fields.', title='', fields=(),
values=(), callback=None, run=True)
```

multpasswordbox()函数与 multenterbox()函数使用相同的接口，但当它显示的时候，
最后一个输入框显示为密码的形式（*）：

```
eg.multpasswordbox(msg='请输入用户名和密码：', title='登录', fields=("用户
名：", "密码："))
```

程序实现如图 10-21 所示。

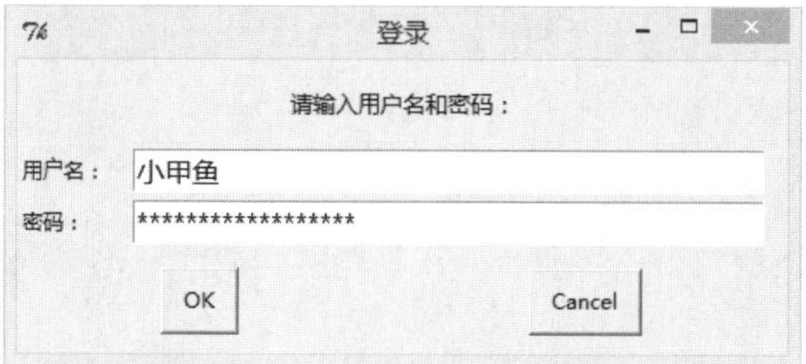

图 10-21　multpasswordbox()函数

10.8 显示文本

EasyGui 还提供了一些用于显示文本的函数。

1) textbox()

```
textbox(msg='', title=' ', text='', codebox=False, callback=None, run=
True)
```

textbox()函数默认会以比例字体（参数 codebox=True 设置为等宽字体）来显示文本内容（自动换行），这个函数适合用于显示一般的书面文字。

举个例子：

```
# p10_4.py
import easygui as eg


file = open("record2.txt")
eg.textbox(msg='文件【record.txt】的内容如下：',title='',text=file.read())
```

程序实现如图 10-22 所示。

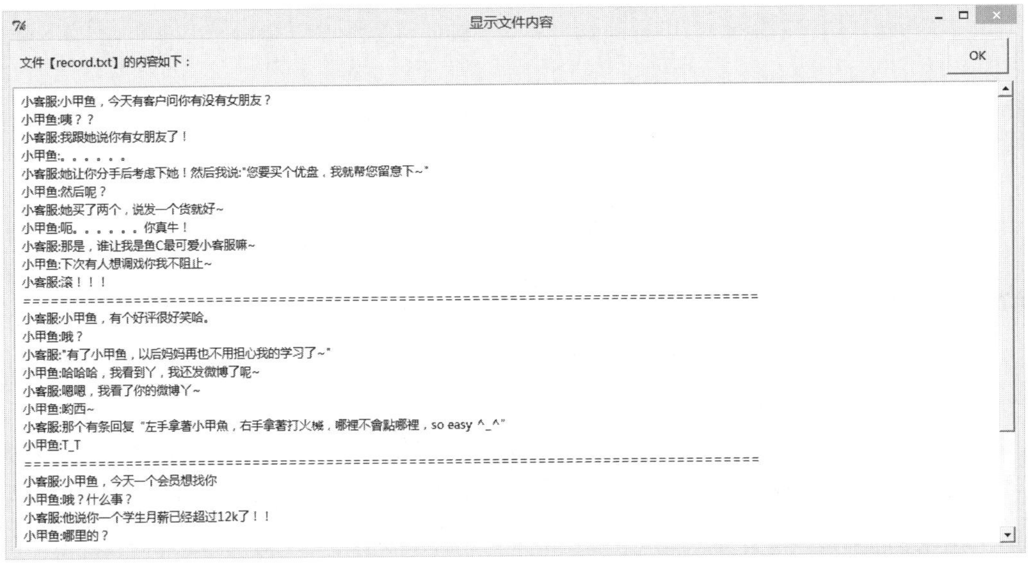

图 10-22　textbox()函数

注意：

text 参数设置可编辑文本区域的内容，可以是字符串、列表或者元组类型。

2) codebox()

```
codebox(msg='', title=' ', text='')
```

codebox()函数以等宽字体显示文本内容（不自动换行），相当于 textbox(codebox= True)。

提示：

等宽字体虽然"很丑"，但却适合代码的显示。

10.9　目录与文件

GUI 编程中一个常见的场景是要求用户输入目录及文件名，EasyGui 提供了一些基本函数让用户来浏览文件系统，选择一个目录或文件。

1）diropenbox()

```
diropenbox(msg=None, title=None, default=None)
```

diropenbox()函数用于提供一个对话框，返回用户选择的目录名（带完整路径），如果用户选择 Cancel 则返回 None。

default 参数用于设置默认的打开目录（请确保设置的目录已存在）。

2）fileopenbox()

```
fileopenbox(msg=None, title=None, default='*', filetypes=None, multiple=
False)
```

fileopenbox()函数用于提供一个对话框，返回用户选择的文件名（带完整路径），如果用户选择 Cancel 则返回 None。

关于 default 参数的设置方法：

（1）default 参数指定一个默认路径，通常包含一个或多个通配符。

（2）如果设置了 default 参数，fileopenbox()显示默认的文件路径和格式。

（3）default 默认的参数是'*'，即匹配所有格式的文件。例如：

- default="c:/fishc/*.py"即显示 C:\fishc 文件夹下所有的 Python 源文件。
- default="c:/fishc/test*.py"即显示 C:\fishc 文件夹下所有的名字以 test 开头的 Python 源文件。

关于 filetypes 参数的设置方法：

（1）可以是包含文件掩码的字符串列表，例如：filetypes = ["*.txt"]。

（2）可以是字符串列表，列表的最后一项字符串是文件类型的描述，例如：filetypes = ["*.css", ["*.htm", "*.html", "HTML files"]]。

（3）multiple 参数如果为 True，则表示可以同时选择多个文件：

```
eg.fileopenbox(msg=None, title=None, default='C:/Users/goodb/AppData/
Local/ Programs/Python/Python37/Lib/*.py',filetypes=["*.py"],multiple=
False)
```

程序实现如图 10-23 所示。

图 10-23 fileopenbox()函数

3）filesavebox()

```
filesavebox(msg=None, title=None, default='', filetypes=None)
```

filesavebox()函数提供一个对话框，用于选择文件需要保存的路径（带完整路径哦），如果用户选择 Cancel 则返回 None。

default 参数应该包含一个文件名（如当前需要保存的文件名），当然也可以设置为空，或者包含一个文件格式掩码的通配符。

filetypes 参数的设置方法请参考 fileopenbox()函数。

10.10　捕获异常

使用 EasyGui 编写 GUI 程序，有时候难免会产生异常。当然这取决于如何运行应用程序，当应用程序崩溃的时候，堆栈追踪可能会被抛出，或者被写入 stdout 标准输出函数中。

EasyGui 通过 exceptionbox()函数提供了更好的方式去处理异常。

当异常出现的时候，exceptionbox()函数会将堆栈追踪显示在一个 codebox()中，并且允许做进一步的处理。

举个例子：

```
try:
    print('I Love FishC.com!')
    int('FISHC') # 这里会产生异常
except:
    exceptionbox()
```

程序实现如图 10-24 所示。

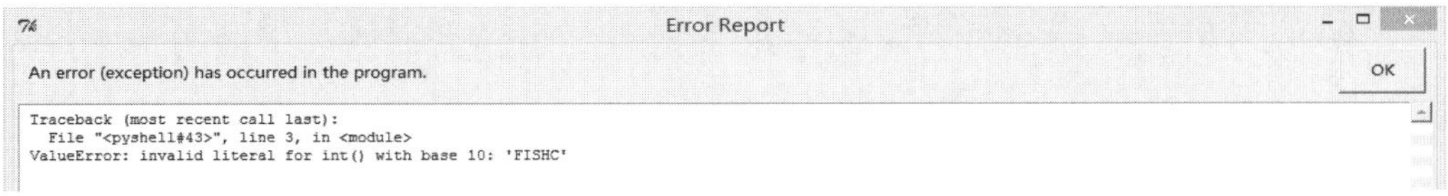

74	Error Report	_ □ ✕

An error (exception) has occurred in the program.　　　　　　　　　　　　　　　　　　　　　　　　　　OK

```
Traceback (most recent call last):
  File "<pyshell#43>", line 3, in <module>
ValueError: invalid literal for int() with base 10: 'FISHC'
```

图 10-24　捕获异常

10.11　记住用户的设置

注意：

本节涉及类和对象的知识点，现在阅读可能会产生不可抗拒的抵制情绪，如若是此，请先学习第 11 和 12 章的内容。

GUI 编程中一个常见的场景就是要求用户设置一下参数，然后保存下来，以便下次用户使用程序的时候可以记住它的设置。

为了实现对用户的设置进行存储和恢复这一过程，EasyGui 提供了一个名为 EgStore 的类。应用程序必须定义一个类继承自 EgStore 类，并创建一个该类的实例化对象。

设置类的构造函数（__init__方法）必须初始化所有想要它记住的那些值。一旦这样做了，就可以在对象中通过设定值去实例化变量，从而很简单地记住设置，之后使用 settings.store()方法在硬盘上持久化存储。

下面代码定义了一个名为 Settings 的类用于进行持久化存储：

```python
# p10_5.py
from easygui import EgStore

# 定义一个名为 Settings 的类，继承自 EgStore 类
class Settings(EgStore):

    def __init__(self, filename):  # 需要指定文件名
        # 指定要记住的属性名称
        self.author = ""
        self.book = ""

        # 必须执行下面两个语句
        self.filename = filename
        self.restore()

# 创建 Settings 的实例化对象 settings
settingsFilename = "settings.txt"
settings = Settings(settingsFilename)
```

```
author = "小甲鱼"
book = "《零基础入门学习 Pyhon》"

# 将上面两个变量的值保存到 settings 对象中
settings.author = author
settings.book = book
settings.store()
print("\n 保存完毕\n")
```

将数据取回也很简单，只需要再次实例化该对象即可：

```
settingsFilename = "settings.txt"
settings = Settings(settingsFilename)
print(settings.author)
```

第11章

类和对象

11.1　给大家介绍对象

视频讲解

　　很多读者此前肯定听说过 Python 无处不对象，然而他们并不知道对象到底是什么，只是在学习的时候听说过有面向对象编程，这就像学开车，并不用理解汽车为什么会跑，但作为赛车手，这些原理就必须要懂，因为这有助于他把车开得更好。因此，本章就向大家隆重地介绍对象。

　　大家之前已经听说过封装的概念，把"乱七八糟"的数据扔进列表里边，这是一种封装，是数据层面的封装；把常用的代码段打包成一个函数，这也是一种封装，是语句层面的封装；本章学习的对象，也是一种封装的思想，不过这种思想显然要更先进一些：面向对象的灵感来源是模拟真实的世界，把数据和代码都封装在了一起。

　　打个比方，乌龟就是真实世界的一个对象，那么通常应该如何来描述这个对象呢？是不是把它分为两部分来说？

　　（1）可以从静态的特征来描述，例如绿色的，有四条腿，重 10kg，有外壳，还有个大嘴巴。

　　（2）还可以从动态的行为来描述，例如它会爬，你如果追它，它就会跑，然后你把它逼急了，它就会咬人，被它咬到了，据说要打雷才会松开嘴巴。

　　那如果把一个人作为对象，你会从哪两方面来描述这个人？

　　从外观方面找特征，例如眼睛大、头发长、鼻梁高等，这些都是静态的特征；另一方面就是描述他的行为，例如唱歌、跳舞、打篮球等。

11.2　对象=属性+方法

　　Python 中的对象也是如此，一个对象的特征称为"属性"，一个对象的行为称为"方法"。

如果把"乌龟"写成代码，将会是下面这样：

```
# p11_1.py
class Turtle:
    # Python 中的类名约定以大写字母开头
    # 特征的描述称为属性，在代码层面来看其实就是变量
    color = 'green'
    weight = 10
    legs = 4
    shell = True
    mouth = '大嘴'

    # 方法实际就是函数，通过调用这些函数来完成某些工作
    def climb(self):
        print("我正在很努力的向前爬...")

    def run(self):
        print("我正在飞快的向前跑...")

    def bite(self):
        print("咬死你咬死你!! ")

    def eat(self):
        print("有得吃，真满足^_^")

    def sleep(self):
        print("困了，睡了，晚安，Zzzz")
```

以上代码定义了对象的特征（属性）和行为（方法），但还不是一个完整的对象，将定义的这些称为类（class）。需要使用类来创建一个真正的对象，这个对象就称为这个类的一个实例（instance），也叫实例对象（instance objects）。

有些读者可能还不大理解，不妨换个角度思考：这就好比工厂的流水线要生产一系列玩具，就要先做出这个玩具的模具，然后根据这个模具才能进行批量生产，而这个模具就是类。

再打个比方：盖房子事先要有张图纸，但光有这张图纸显然是不够的，图纸只能告诉你这个房子长什么样，但图纸并不是真正的房子，根据图纸用钢筋水泥建造出来的房子才能住人。另外，根据一张图纸就能盖出很多的房子。所以，图纸就好比是类，而根据图纸造出来的房子就好比是实例对象。

好，说了这么多，那真正的实例对象怎么创建？

创建一个对象，也叫类的实例化，其实非常简单：

```
>>> # 这里先运行 p11_1.py
>>> tt = Turtle()
>>>
```

注意：

类名后面跟着小括号，这与调用函数是一样的，所以在 Python 中，类名约定用大写字母开头，函数用小写字母开头，这样更容易区分。另外赋值操作并不是必需的，但如果没有把创建好的实例对象赋值给一个变量，那这个对象就没办法使用，因为没有任何引用指向这个实例，最终会被 Python 的垃圾收集机制自动回收。

OK，如果要调用对象里的方法，使用点操作符（.）即可：

```
>>> tt.climb()
我正在很努力的向前爬...
>>> tt.bite()
咬死你咬死你!!
>>> tt.sleep()
困了，睡了，晚安，Zzzz
```

11.3 面向对象编程

视频讲解

经过前面的热身，相信大家对类和对象已经有了初步的认识，但似乎还是懵懵懂懂：好像面向对象编程很厉害，但不知道具体怎么用？下面通过几个主题，尝试给大家进一步剖析 Python 的类和对象。

11.3.1 self 是什么

细心的读者会发现对象的方法都会有一个 self 参数，那这个 self 到底是个什么东西呢？如果此前接触过其他面向对象的编程语言，例如 C++，那么应该很容易对号入座，Python 的 self 其实就相当于 C++的 this 指针。

这里为了照顾大部分初学编程的读者，讲解一下 self 到底是个什么东西。如果把类比作图纸，那么由类实例化后的对象才是真正可以住的房子。根据一张图纸就可以设计出成千上万的房子，它们长得都差不多，但它们都有不同的主人。每个人都只能回自己的家里，陪伴自己的孩子，所以 self 就相当于每个房子的门牌号，有了 self，就可以轻松地找到自己的房子。

Python 的 self 参数就是同一个道理，由同一个类可以生成无数对象，当一个对象的方法被调用的时候，对象会将自身的引用作为第一个参数传给该方法，那么 Python 就知道需要操作哪个对象的方法了。

通过一个例子稍微感受一下：

```
>>> class Ball:
        def setName(self, name):
            self.name = name
        def kick(self):
```

```
                    print("我叫%s，噢~谁踢我？！" % self.name)

>>> a = Ball()
>>> a.setName("飞火流星")
>>> b = Ball()
>>> b.setName("团队之星")
>>> c = Ball()
>>> c.setName("土豆")   # 乱入...
>>> a.kick()
我叫飞火流星，噢~谁踢我？！
>>> b.kick()
我叫团队之星，噢~谁踢我？！
>>> c.kick()
我叫土豆，噢~谁踢我？！
```

11.3.2　听说过 Python 的魔法方法吗

据说，Python 的对象天生拥有一些神奇的方法，它们是面向对象的 Python 的一切。它们是可以给类增加魔力的特殊方法，如果对象实现了这些方法中的某一个，那么这个方法就会在特殊的情况下被 Python 调用，而这一切都是自动发生的。

Python 的这些具有魔力的方法，总是被左右各两个下画线所包围，这里就讲其中一个最基本的特殊方法：__init__()，Python 的其他魔法方法，接下来在第 12 章会详细讲解。

通常把__init__()方法称为构造方法，__init__()方法的魔力体现在只要实例化一个对象，这个方法就会在对象被创建时自动调用（在 C++里也可以看到类似的东西，叫"构造函数"）。其实，实例化对象时是可以传入参数的，这些参数会自动传入__init__()方法中，可以通过重写这个方法来自定义对象的初始化操作。

举个例子：

```
>>> class Potato:
        def __init__(self, name):
            self.name = name
        def kick(self):
            print("我叫%s，噢~谁踢我？！" % self.name)

>>> p = Potato("土豆")
>>> p.kick()
我叫土豆，噢~谁踢我？！
```

11.3.3　公有和私有

一般面向对象的编程语言都会区分公有和私有的数据类型，像 C++和 Java，它们使用 public 和 private 关键字，用于声明数据是公有的还是私有的，但在 Python 中并没有用类似的关键字来修饰。

难道 Python 中所有东西都是透明的？也不全是，默认对象的属性和方法都是公开的，可以直接通过点操作符（.）进行访问：

```
>>> class Person:
        name = "小甲鱼"


>>> p = Person()
>>> p.name
'小甲鱼'
```

为了实现类似私有变量的特征，Python 内部采用了一种叫 Name Mangling（名字改编）的技术，在 Python 中定义私有变量只需要在变量名或函数名前加上"__"两个下画线，那么这个函数或变量就会成为私有的了：

```
>>> class Person:
        __name = "小甲鱼"


>>> p = Person()
>>> p.__name
Traceback (most recent call last):
  File "<pyshell#4>", line 1, in <module>
    p.__name
AttributeError: 'Person' object has no attribute '__name'
```

这样在外部将变量名"隐藏"起来了，理论上如果要访问，就需要从内部进行：

```
>>> class Person:
        def __init__(self, name):
            self.__name = name
        def getName(self):
            return self.__name


>>> p = Person("小甲鱼")
>>> p.__name
Traceback (most recent call last):
  File "<pyshell#12>", line 1, in <module>
    p.__name
AttributeError: 'Person' object has no attribute '__name'
>>> p.getName()
'小甲鱼'
```

但是认真琢磨一下这个技术的名字：name mangling（名字改编），那就不难发现其实 Python 只是动了一下手脚，把两个下画线开头的变量进行了改名而已。实际上在外部使用"_类名__变量名"即可访问两个下画线开头的私有变量了：

```
>>> p._Person__name
'小甲鱼'
```

注意：

Python 目前的私有机制其实是伪私有，Python 的类是没有权限控制的，所有变量都是可以被外部调用的。最后这部分有些读者（尤其是没有接触过面向对象编程的读者）可能看不懂，想不明白有什么用？没事，先放着，学完下一节的继承机制就会豁然开朗了。

11.4　继承

视频讲解

现在需要扩展游戏，对鱼类进行细分，有金鱼（Goldfish）、鲤鱼（Carp）、鲨鱼（Shark），还有好吃的三文鱼（Salmo）。那么再思考一个问题：能不能不要每次都从头到尾去重新定义一个新的鱼类呢？因为大部分鱼的属性和方法是相似的，如果有一种机制可以让这些相似的东西得以自动传递，那就方便、快捷多了。没错，这种机制就是本节要讲的：继承。

类继承的语法很简单：

```
class 类名（被继承的类）：
    ...
```

被继承的类称为基类、父类或超类；继承者称为子类，一个子类可以继承它的父类的任何属性和方法。

举个例子：

```
>>> class Parent:
        def hello(self):
            print("正在调用父类的方法…")


>>> class Child(Parent):
        pass


>>> p = Parent()
>>> p.hello()
正在调用父类的方法…
>>> c = Child()
>>> c.hello()
正在调用父类的方法…
```

需要注意的是，如果子类中定义与父类同名的方法或属性，则会自动覆盖父类对应的方法或属性：

```
>>> class Child(Parent):
        def hello(self):
            print("正在调用子类的方法…")


>>> c = Child()
```

```
>>> c.hello()
正在调用子类的方法...
```

好，尝试来写一下刚才提到的金鱼（Goldfish）、鲤鱼（Carp）、鲨鱼（Shark），还有三文鱼（Salmon）的例子：

```python
# p11_2.py
import random as r

class Fish:
    def __init__(self):
        self.x = r.randint(0, 10)
        self.y = r.randint(0, 10)

    def move(self):
        # 这里主要演示类的继承机制，就不考虑检查场景边界和移动方向的问题
        # 假设所有鱼都是一路向西游
        self.x -= 1
        print("我的位置是：", self.x, self.y)

class Goldfish(Fish):
    pass

class Carp(Fish):
    pass

class Salmon(Fish):
    pass

# 上面几个都是食物，食物不需要有个性，所以直接继承 Fish 类的全部属性和方法即可
# 下面定义鲨鱼类，这个是吃货，除了继承 Fish 类的属性和方法，还要添加一个吃的方法

class Shark(Fish):
    def __init__(self):
        self.hungry = True

    def eat(self):
        if self.hungry:
            print("吃货的梦想就是天天有得吃^_^")
            self.hungry = False
        else:
            print("太撑了，吃不下！")
```

程序实现如下：

```
>>> # 先运行 p11-2.py
>>> fish = Fish()
>>> # 试试小鱼能不能移动
```

```
>>> fish.move()
我的位置是: 5 10
>>> goldfish = Goldfish()
>>> goldfish.move()
我的位置是: 9 10
>>> goldfish.move()
我的位置是: 8 10
>>> goldfish.move()
我的位置是: 7 10
>>> # 可见金鱼确实在一路向西...
>>> # 下面尝试生成鲨鱼
>>> shark = Shark()
>>> # 试试这货能不能吃东西?
>>> shark.eat()
吃货的梦想就是天天有得吃^_^
>>> shark.eat()
太撑了，吃不下!
>>> shark.move()
Traceback (most recent call last):
  File "<pyshell#4>", line 1, in <module>
    shark.move()
  File "E:\p11_2.py", line 14, in move
    self.x -= 1
AttributeError: 'Shark' object has no attribute 'x'
```

奇怪！同样是继承于 Fish 类，为什么金鱼（Goldfish）可以移动，而鲨鱼（Shark）一移动就报错呢？

其实这里抛出的异常说得很清楚了，Shark 对象没有 x 属性。原因其实是这样的：在 Shark 类中，重写了魔法方法__init__，但新的__init__方法里边没有初始化鲨鱼的 x 坐标和 y 坐标，因此调用 move 方法就会出错。那么解决这个问题的方案就很明显了，应该在鲨鱼类中重写__init__方法的时候先调用基类 Fish 的__init__方法。

下面介绍两种可以实现的技术：
- 调用未绑定的父类方法。
- 使用 super 函数。

11.4.1 调用未绑定的父类方法

调用未绑定的父类方法，看起来有些高深，但大家参考下面改写的代码就能心领神会了：

```
# 将 p11-2.py 鲨鱼的代码进行如下修改
class Shark(Fish):
    def __init__(self):
        Fish.__init__(self)
```

```
        self.hungry = True
```

再运行后发现鲨鱼也可以成功移动了：

```
>>> # 先运行修改后的 p11-2.py
>>> shark = Shark()
>>> shark.move()
我的位置是: 7 9
>>> shark.move()
我的位置是: 6 9
```

这里需要注意的是，这个 self 并不是父类 Fish 的实例对象，而是子类 Shark 的实例对象，所以，这里说的未绑定是指并不需要绑定父类的实例对象，使用子类的实例对象代替即可。

有些读者可能不大理解，没关系，这一点都不重要！因为在 Python 中，有一个更好的方案可以取代它，就是使用 super 函数。

11.4.2   使用 super 函数

super 函数能够自动找到基类的方法，而且还传入了 self 参数：

```
# 将 p11-2.py 鲨鱼的代码进行如下修改
class Shark(Fish):
    def __init__(self):
        super().__init__()
        self.hungry = True
```

运行后得到同样的结果：

```
>>> # 先运行修改后的 p11-2.py
>>> shark = Shark()
>>> shark.move()
我的位置是: 6 1
>>> shark.move()
我的位置是: 5 1
```

super 函数的“超级”之处在于：不需要明确给出任何基类的名字，它会自动找出所有基类以及对应的方法。由于不用给出基类的名字，这就意味着如果需要改变类继承关系，只要改变 class 语句里的父类即可，而不必在大量代码中去修改所有被继承的方法。

11.5   多重继承

除此之外，Python 还支持多继承，就是可以同时继承多个父类的属性和方法。多重继承的语法如下：

```
class 类名（父类1，父类2，父类3，…）：
    …
```

举个例子：

```
>>> class Base1:
        def foo1(self):
            print("我是 foo1，我在 Base1 中…")

>>> class Base2:
        def foo2(self):
            print("我是 foo2，我在 Base2 中…")

>>> class C(Base1, Base2):
        pass

>>> c = C()
>>> c.foo1()
我是 foo1，我在 Base1 中…
>>> c.foo2()
我是 foo2，我在 Base2 中…
```

扩展阅读

但多重继承很容易导致代码混乱，所以当不确定是否必须使用多重继承的时候，请尽量避免使用它，因为有些时候会出现不可预见的 BUG。

【扩展阅读】 多重继承的陷阱：钻石继承（菱形继承）问题，可访问 http://bbs.fishc.com/thread-48759-1-1.html 或扫描此处二维码获取。

视频讲解

11.6　组合

前面先是学习了继承的概念，然后又学习了多重继承，但听到"大牛们"强调说，不到必要的时候不使用多重继承。哎呀，这可让大家烦恼死了，就像我们有了乌龟类、鱼类，现在要求定义一个类，叫水池，水池里要有乌龟和鱼。用多重继承就显得很奇怪，因为水池和乌龟、鱼是不同物种，那要怎样才能把它们组合成一个水池的类呢？

在 Python 里其实很简单，直接把需要的类放进去实例化就可以了，这就叫组合：

```
# p11_3.py
class Turtle:
    def __init__(self, x):
        self.num = x

class Fish:
    def __init__(self, x):
        self.num = x

class Pool:
    def __init__(self, x, y):
```

```
        self.turtle = Turtle(x)
        self.fish = Fish(y)

    def print_num(self):
        print("水池里总共有乌龟 %d只，小鱼 %d条！"%(self.turtle.num,self.fish.num))
```

程序实现如下：

```
>>> # 先运行 p11_3.py
>>> pool = Pool(1, 10)
>>> pool.print_num()
水池里总共有乌龟 1 只，小鱼 10 条！
```

扩展阅读

【扩展阅读】 Python 的特性其实还支持另外一种很流行的编程模式：Mixin，可访问 http://bbs.fishc.com/thread-48888-1-1.html 或扫描此处二维码获取。

11.7 类、类对象和实例对象

先来分析一段代码：

```
>>> class C:
        count = 0

>>> a = C()
>>> b = C()
>>> c = C()
>>> print(a.count, b.count, c.count)
0 0 0
>>> c.count += 10
>>> print(a.count, b.count, c.count)
0 0 10
>>> C.count += 100
>>> print(a.count, b.count, c.count)
100 100 10
```

从上面的例子可以看出，对实例对象 c 的 count 属性进行赋值后，就相当于覆盖了类对象 C 的 count 属性，如图 11-1 所示，如果没有赋值覆盖，那么引用的是类对象的 count 属性。

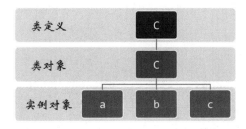

图 11-1 类、类对象和实例对象

153

需要注意的是，类中定义的属性是静态变量，也就是相当于 C 语言中加上 static 关键字声明的变量，类的属性是与类对象进行绑定，并不会依赖任何它的实例对象。这点待会儿继续讲解。

另外，如果属性的名字与方法名相同，属性会覆盖方法：

```
>>> class C:
        def x(self):
            print('X-man')


>>> c = C()
>>> c.x()
X-man
>>> c.x = 1
>>> c.x
1
>>> c.x()
Traceback (most recent call last):
  File "<pyshell#8>", line 1, in <module>
    c.x()
TypeError: 'int' object is not callable
```

为了避免名字上的冲突，编写代码时应该遵守一些约定俗成的规矩：

- 类的定义要"少吃多餐"，不要试图在一个类里边定义出所有能想到的特性和方法，应该利用继承和组合机制来进行扩展。
- 用不同的词性命名，如属性名用名词、方法名用动词，并使用骆驼命名法。骆驼式命名法（CamelCase）又称驼峰命名法，是电脑程式编写时的一套命名规则（惯例）。正如它的名称 CamelCase 所表示的那样，是指混合使用大小写字母来构成变量和函数的名字，程序员为了自己的代码能更容易在同行之间交流，所以多采取统一的可读性比较好的命名方式。

11.8 到底什么是绑定

Python 严格要求方法需要有实例才能被调用，这种限制其实就是 Python 所谓的绑定概念。前面也粗略地解释了一下绑定，但有些读者可能会这么尝试，然后发现也可以调用：

```
>>> class BB:
        def printBB():
            print("no zuo no die")


>>> BB.printBB()
```

```
no zuo no die
```

但这样做会有一个问题，就是根据类实例化后的对象根本无法调用里边的函数：

```
>>> bb = BB()
>>> bb.printBB()
Traceback (most recent call last):
  File "<pyshell#8>", line 1, in <module>
    bb.printBB()
TypeError: printBB() takes 0 positional arguments but 1 was given
```

实际上由于 Python 的绑定机制，这里自动把 bb 对象作为第一个参数传入，所以才会出现 TypeError。

为了让大家更好理解，我们再深入挖一挖：

```
>>> class CC:
        def setXY(self, x, y):
            self.x = x
            self.y = y
        def printXY(self):
            print(self.x, self.y)


>>> dd = CC()
>>> # 可以使用__dict__查看对象所拥有的属性:
>>> dd.__dict__
{}
>>> CC.__dict__
mappingproxy({'__module__': '__main__', 'setXY': <function CC.setXY at
0x00000166C7E2A378>,    'printXY':    <function    CC.printXY    at
0x00000166C7E2A400>, '__dict__':<attribute '__dict__' of 'CC' objects>,
'__weakref__':<attribute '__weakref__' of 'CC' objects>,'__doc__':None})
```

__dict__属性由一个字典组成，字典中仅有实例对象的属性，不显示类属性和特殊属性，键表示的是属性名，值表示属性相应的数据值。

```
>>> dd.setXY(4, 5)
>>> dd.__dict__
{'x': 4, 'y': 5}
```

现在实例对象 dd 有了两个新属性，而且这两个属性仅属于实例对象：

```
>>> CC.__dict__
mappingproxy({'__doc__': None, '__dict__': <attribute '__dict__' of 'CC'
objects>, '__weakref__': <attribute '__weakref__' of 'CC' objects>,
'printXY': <function CC.printXY at 0x0370D2B8>,'__module__': '__main__',
'setXY': <function CC.setXY at 0x034A1420>})
```

为什么会这样呢？完全归功于 self 参数：当实例对象 dd 去调用 setXY 方法的时候，它传入的第一个参数就是 dd，那么 self.x = 4，self.y = 5 也就相当于 dd.x = 4, dd.y = 5,

所以在实例对象甚至类对象中，都看不到 x 和 y，因为这两个属性是只属于实例对象 dd 的。

接着继续深入，请思考：如果把类实例删除掉，实例对象 dd 还能否调用 printXY 方法？

```
>>> del CC
```

答案是可以的：

```
>>> dd.printXY()
4 5
```

视频讲解

11.9　一些相关的 BIF

下面介绍与类和对象相关的一些 BIF（内置函数）。

1）issubclass(class, classinfo)

如果第一个参数（class）是第二个参数（classinfo）的一个子类，则返回 True，否则返回 False。

（1）一个类被认为是其自身的子类。

（2）classinfo 可以是类对象组成的元组，只要 class 是其中任何一个候选类的子类，则返回 True。

（3）在其他情况下，会抛出一个 TypeError 异常。

```
>>> class A:
        pass

>>> class B(A):
        pass

>>> issubclass(B, A)
True
>>> issubclass(B, B)
True
>>> issubclass(B, object)  # object 是所有类的基类
True
>>> class C:
        pass

>>> issubclass(B, C)
False
```

2）isinstance(object, classinfo)

如果第一个参数（object）是第二个参数（classinfo）的实例对象，则返回 True，否则返回 False。

（1）如果 object 是 classinfo 的子类的一个实例，也符合条件。

（2）如果第一个参数不是对象，则永远返回 False。

（3）classinfo 可以是类对象组成的元组，只要 object 是其中任何一个候选类的子类，则返回 True。

（4）如果第二个参数不是类或者由类对象组成的元组，会抛出一个 TypeError 异常。

```
>>> issubclass(B, C)
False
>>> b1 = B()
>>> isinstance(b1, B)
True
>>> isinstance(b1, C)
False
>>> isinstance(b1, A)
True
>>> isinstance(b1, (A, B, C))
True
```

Python 提供了以下几个 BIF 用于访问对象的属性。

3）hasattr(object, name)

attr 即 attribute 的缩写，属性的意思。接下来将要介绍的几个 BIF 都是与对象的属性有关系的，例如 hasattr()函数的作用就是测试一个对象里是否有指定的属性。

第一个参数（object）是对象，第二个参数（name）是属性名（属性的字符串名字）。

举个例子：

```
class C:
    def __init__(self, x=0):
        self.x = x

>>> c1 = C()
>>> hasattr(c1, 'x')   # 注意，属性名要用引号括起来
True
```

4）getattr(object, name[, default])

返回对象指定的属性值，如果指定的属性不存在，则返回 default（可选参数）的值；若没有设置 default 参数，则抛出 ArttributeError 异常。

```
>>> getattr(c1, 'x')
0
>>> getattr(c1, 'y')
Traceback (most recent call last):
  File "<pyshell#32>", line 1, in <module>
    getattr(c1, 'y')
AttributeError: 'C' object has no attribute 'y'
>>> getattr(c1, 'y', '您所访问的属性不存在...')
'您所访问的属性不存在...'
```

5）setattr(object, name, value)

与 getattr()对应，setattr()可以设置对象中指定属性的值，如果指定的属性不存在，则会新建属性并赋值。

```
>>> setattr(c1, 'y', 'FishC')
>>> getattr(c1, 'y')
'FishC'
```

6）delattr(object, name)

与 setattr()相反，delattr()用于删除对象中指定的属性，如果属性不存在，则抛出 AttributeError 异常。

```
>>> delattr(c1, 'y')
>>> delattr(c1, 'z')
Traceback (most recent call last):
  File "<pyshell#33>", line 1, in <module>
    delattr(c1, 'z')
AttributeError: z
```

7）property(fget=None, fset=None, fdel=None, doc=None)

俗话说条条大路通罗马，同样是完成一件事，Python 其实提供了几种方式供选择。property()是一个比较"奇葩"的 BIF，它的作用是通过属性来设置属性。

说起来有点绕，看一个例子：

```
# p11_4.py
class C:
    def __init__(self, size=10):
        self.size = size

    def getSize(self):
        return self.size

    def setSize(self, value):
        self.size = value

    def delSize(self):
        del self.size

    x = property(getSize, setSize, delSize)
```

程序实现如下：

```
>>> # 先运行 p11_4.py
>>> c = C()
>>> c.x
10
>>> c.x = 12
>>> c.x
```

```
12
>>> c.size
12
>>> del c.x
>>> c.size
Traceback (most recent call last):
  File "<pyshell#6>", line 1, in <module>
    c.size
AttributeError: 'C' object has no attribute 'size'
```

property()返回一个可以设置属性的属性，当然如何设置属性还是需要人为来写代码。第一个参数是获得属性的方法名（例子中是 getSize），第二个参数是设置属性的方法名（例子中是 setSize），第三个参数是删除属性的方法名（例子中是 delSize）。

property()有什么作用呢？举个例子，在上面的例子中，为用户提供 setSize 方法名来设置 size 属性，并提供 getSize 方法名来获取属性。但是有一天你心血来潮，突然想对程序进行大改，就可能需要把 setSize 和 getSize 修改为 setXSize 和 getXSize，那就不得不修改用户调用的接口，这样的体验非常不好。

有了 property()，所有问题就迎刃而解了，因为像上面例子中一样，为用户访问 size 属性只提供了 x 属性。无论内部怎么改动，只需要相应地修改 property()的参数，用户仍然只需要去操作 x 属性即可，没有任何影响。

很神奇是吧？想知道它是如何工作的？学完第 12 章就明白了。

第*12*章
魔法方法

视频讲解

12.1　构造和析构

在此之前，已经接触过 Python 最常用的魔法方法，小甲鱼也把魔法方法说得神乎其神，似乎用了就可以化腐朽为神奇，化干戈为玉帛，化不可能为可能！

说得这么厉害，那什么是魔法方法呢？

- 魔法方法总是被左右各两个下画线包围，例如__init__()。
- 魔法方法是面向对象的 Python 的一切，如果不知道魔法方法，说明你还没能意识到面向对象的 Python 的强大。
- 魔法方法的"魔力"体现在它们总能够在适当的时候助你一臂之力。

12.1.1　__init__(self[, ...])

之前讨论过__init__()方法，说它相当于其他面向对象编程语言的构造方法，也就是类在实例化成对象的时候首先会调用的一个方法。

小甲鱼在论坛（http://bbs.fishc.com）中看到一个问题："有时候在类定义时写__init__()方法，有时候却没有，这是为什么呢？"

我想应该不少朋友会有相同的疑惑，所以在这里解释一下：在现实生活中，有一种东西迫使人们去努力拼搏，从而获得创造力和生产力，不惜背井离乡来到一个陌生的城市承受孤独和寂寞，这个东西就叫需求。嗯，我想已经很好地回答了这个问题。

好吧，还是举个例子：

```
# p12_1.py
class Rectangle:
    """
    我们定义一个矩形类，
    需要长和宽两个参数，
```

拥有计算周长和面积两个方法。
我们需要对象在初始化的时候拥有 "长" 和 "宽" 两个参数，
因此需要重写 __init__() 方法，因为我们说过，
__init__() 方法是类在实例化成对象的时候首先会调用的一个方法，
大家可以理解吗？
```
"""
def __init__(self, x, y):
    self.x = x
    self.y = y

def getPeri(self):
    return (self.x + self.y) * 2

def getArea(self):
    return self.x * self.y
```

程序实现如下：

```
>>> # 先运行 p12_1.py
>>> rect = Rectangle(3, 4)
>>> rect.getPeri()
14
>>> rect.getArea()
12
```

这里需要注意的是，__init__() 方法的返回值一定是 None，不能是其他：

```
>>> class A:
        def __init__(self):
            return "A for Airport"


>>> a = A()
Traceback (most recent call last):
  File "<pyshell#1>", line 1, in <module>
    a = A()
TypeError: __init__() should return None, not 'str'
```

所以，只有在需要进行初始化的时候才重写 __init__() 方法，现在大家应该就可以理解造物者的逻辑了。

但是你要知道，神之所以是神，是因为他做什么事都留有一手。其实，这个 __init__() 并不是实例化对象时第一个被调用的魔法方法。

12.1.2 __new__(cls[, ...])

事实上，__new__() 才是在一个对象实例化的时候调用的第一个方法。它与其他魔法方法不同，它的第一个参数不是 self 而是这个类(cls)，而其他的参数会直接传递给

__init__()方法。

    __new__()方法需要返回一个实例对象，通常是 cls 这个类实例化的对象，当然也可以返回其他对象。

    __new__()方法平时很少去重写它，一般让 Python 用默认的方案执行就可以了。但是有一种情况需要重写这个魔法方法，就是当继承一个不可变的类型的时候，它的特性就显得尤为重要了。

```
class CapStr(str):
    def __new__(cls, string):
        string = string.upper()
        return str.__new__(cls, string)


>>> a = CapStr("I love FishC.com")
>>> a
'I LOVE FISHC.COM'
```

这里返回 str.__new__(cls, string)这种做法是值得推崇的，只需要重写我们关注的那部分内容，然后其他的琐碎东西交给 Python 的默认机制去完成就可以了，毕竟它们出错的概率要比我们自己写小得多。

12.1.3　__del__(self)

如果说__init__()和__new__()方法是对象的构造器的话，那么 Python 也提供了一个析构器，称为__del__()方法。当对象将要被销毁的时候，这个方法就会被调用。但一定要注意的是，并非 del x 就相当于自动调用 x.__del__()，__del__()方法是当垃圾回收机制回收这个对象的时候调用的。

举个例子：

```
>>> class C:
        def __init__(self):
            print("我是__init__方法，我被调用了...")
        def __del__(self):
            print("我是__del__方法，我被调用了...")


>>> c1 = C()
我是__init__方法，我被调用了...
>>> c2 = c1
>>> c3 = c2
>>> del c1
>>> del c2
>>> del c3
我是__del__方法，我被调用了...
```

视频讲解

12.2　算术运算

现在来讲一个新的名词：工厂函数，不知道大家有没有听过？其实我们一直在使用它，但由于那时候还没有学习类和对象，所以就没有说。但现在来告诉大家，理解起来就不再是问题了。

Python 2.2 以后，对类和类型进行了统一，做法就是将 int()、float()、str()、list()、tuple() 这些 BIF 转换为工厂函数：

```
>>> type(len)
<class 'builtin_function_or_method'>
>>> type(int)
<class 'type'>
>>> type(dir)
<class 'builtin_function_or_method'>
>>> type(list)
<class 'type'>
```

看到没有，普通的 BIF 应该是<class 'builtin_function_or_method'>，而工厂函数则是<class 'type'>。大家有没有觉得这个<class 'type'>很眼熟，在哪里看过？没错，其实就是一个类：

```
>>> class C:
        pass

>>> type(C)
<class 'type'>
```

它的类型也是 type 类型，也就是类对象，所谓的工厂函数，其实就是一个类对象。当调用它们的时候，事实上就是创建一个相应的实例对象：

```
>>> a = int('123')
>>> b = int('345')
>>> a + b
468
```

现在是不是豁然发现：原来对象是可以进行计算的。其实早该发现这个问题了，Python 中无处不对象，当在求 a + b 等于多少的时候，事实上 Python 就是将两个对象进行相加操作。

Python 的魔法方法还提供了自定义对象的数值处理，通过对下面这些魔法方法的重写，可以自定义任何对象间的算术运算。

12.2.1　常见的算术运算

表 12-1 列举了算术运算相关的魔法方法。

表 12-1　算术运算相关的魔法方法

魔 法 方 法	含 　 义
__add__(self, other)	定义加法的行为：+
__sub__(self, other)	定义减法的行为：−
__mul__(self, other)	定义乘法的行为：*
__truediv__(self, other)	定义真除法的行为：/
__floordiv__(self, other)	定义整数除法的行为：//
__mod__(self, other)	定义取模算法的行为：%
__divmod__(self, other)	定义当被 divmod() 调用时的行为
__pow__(self, other[, modulo])	定义当被 power() 调用或 ** 运算时的行为
__lshift__(self, other)	定义按位左移位的行为：<<
__rshift__(self, other)	定义按位右移位的行为：>>
__and__(self, other)	定义按位与操作的行为：&
__xor__(self, other)	定义按位异或操作的行为：^
__or__(self, other)	定义按位或操作的行为：|

举个例子，下面定义一个比较特立独行的类：

```
>>> class New_int(int):
        def __add__(self, other):
            return int.__sub__(self, other)
        def __sub__(self, other):
            return int.__add__(self, other)

>>> a = New_int(3)
>>> b = New_int(5)
>>> a + b
-2
>>> a - b
8
```

有些读者可能会问：我想自己写代码，不想通过调用 Python 默认的方案行不行？答案是肯定的，但要格外小心！

```
>>> class Try_int(int):
        def __add__(self, other):
            return self + other
        def __sub__(self, other):
            return self - other

>>> a = Try_int(1)
>>> b = Try_int(3)
>>> a + b
Traceback (most recent call last):
  File "<pyshell#3>", line 1, in <module>
    a + b
  File "<pyshell#0>", line 3, in __add__
```

```
    return self + other
  File "<pyshell#0>", line 3, in __add__
    return self + other
  File "<pyshell#0>", line 3, in __add__
    return self + other
  [Previous line repeated 990 more times]
RecursionError: maximum recursion depth exceeded
```

为什么会陷入无限递归呢？问题就出在这：

```
def __add__(self, other):
    return self + other
```

当对象涉及加法操作时，自动调用魔法方法__add__()，但看看上面的魔法方法写的是什么？写的是 return self + other，也就是返回对象本身加另外一个对象，这不就又自动触发调用__add__()方法了吗？这样就形成了无限递归。

下面这么写就不会触发无限递归了：

```
>>> class New_int(int):
        def __add__(self, other):
            return int(self) + int(other)
        def __sub__(self, other):
            return int(self) - int(other)


>>> a = New_int(1)
>>> b = New_int(3)
>>> a + b
4
```

上面介绍了很多有关算术运算的魔法方法，意思是当对象进行了相关的算术运算，自然而然就会自动触发对应的魔法方法。

Python 的设计理念正是如此：对于初学者，刚入门不知道魔法方法，使用默认的魔法方法会让代码以合乎逻辑的形式运行。但随着学习的逐步深入，慢慢有了沉淀以后，突然发现如果可以有更多的灵活性就能把程序写得更好，Python 正是如此。

通过对指定魔法方法的重写，完全可以让 Python 根据我们的意愿去执行：

```
>>> class int(int):
        def __add__(self, other):
            return int.__sub__(self, other)


>>> a = int('5')
>>> b = int('3')
>>> a + b
2
```

当然，上面代码这么写从道理上是说不过去的，只是想告诉大家，随着学习的足够深入，Python 允许做的事情就会更多，也更灵活。

12.2.2　反运算

表 12-2 列举了反运算相关的魔法方法。

表 12-2　反运算相关的魔法方法

魔 法 方 法	含 　义
__radd__(self, other)	定义加法的行为：+（当左操作数不支持相应的操作时被调用）
__rsub__(self, other)	定义减法的行为：−（当左操作数不支持相应的操作时被调用）
__rmul__(self, other)	定义乘法的行为：*（当左操作数不支持相应的操作时被调用）
__rtruediv__(self, other)	定义真除法的行为：/（当左操作数不支持相应的操作时被调用）
__rfloordiv__(self, other)	定义整数除法的行为：//（当左操作数不支持相应的操作时被调用）
__rmod__(self, other)	定义取模算法的行为：%（当左操作数不支持相应的操作时被调用）
__rdivmod__(self, other)	定义当被 divmod() 调用时的行为（当左操作数不支持相应的操作时被调用）
__rpow__(self, other)	定义当被 power() 调用或 ** 运算时的行为（当左操作数不支持相应的操作时被调用）
__rlshift__(self, other)	定义按位左移位的行为：<<（当左操作数不支持相应的操作时被调用）
__rrshift__(self, other)	定义按位右移位的行为：>>（当左操作数不支持相应的操作时被调用）
__rand__(self, other)	定义按位与操作的行为：&（当左操作数不支持相应的操作时被调用）
__rxor__(self, other)	定义按位异或操作的行为：^（当左操作数不支持相应的操作时被调用）
__ror__(self, other)	定义按位或操作的行为：|（当左操作数不支持相应的操作时被调用）

不难发现，这里的反运算相关的魔法方法与上一节介绍的算术运算相关的魔法方法保持一一对应的关系，不同之处就是反运算的魔法方法多了一个"r"，例如，__add__()就对应__radd__()。

例如 a + b，这里加数是 a，被加数是 b，请问大家：这里是 a 主动还是 b 主动？

肯定是 a 主动，对不对？这就好比"我请你吃饭"这句话，"我"肯定是主动的，所以吃完饭理应由"我"来买单。如果那天我刚好没带钱，但饭钱是一定要给的，那应该由谁来给？肯定就只能由 b 来给了。

反运算是同样一个道理，如果 a 对象的__add__()方法没有实现或者不支持相应的操作，那么 Python 就会自动调用 b 的__radd__()方法。

举个例子：

```
>>> class Nint(int):
        def __radd__(self, other):
            return int.__sub__(other, self)


>>> a = Nint(5)
>>> b = Nint(3)
>>> a + b
8
# 由于 a 对象默认有__add__()方法，所以 b 的__radd__()没有执行
```

```
# 这样就有了：
>>> 1 + b
-2
```

关于反运算，这里还要注意一点：对于 a+b 来说，b 的__radd__(self, other)中的 self 是 b 对象，other 是 a 对象。

所以不能这么写：

```
>>> class Nint(int):
        def __rsub__(self, other):
            return int.__sub__(self, other)


>>> a = Nint(5)
>>> 3 - a
2
```

因此，对于注重操作数顺序的运算符（如减法、除法、移位），在重写反运算魔法方法的时候，就一定要注意顺序问题了。

12.2.3　一元操作符

Python 支持的一元操作符：__neg__()表示正号行为；__pos__()表示定义负号行为；而__abs__()表示定义 abs()函数（取绝对值）被调用时的行为；__invert__()表示定义按位取反的行为。

12.3　简单定制

视频讲解

下面一起来做一个案例。

基本要求：

- 定制一个计时器的类。
- start 和 stop 方法代表启动计时和停止计时。
- 假设计时器对象 t1，print(t1)和直接调用 t1 均显示结果。
- 当计时器未启动或已经停止计时时，调用 stop 方法会给予温馨的提示。
- 两个计时器对象可以相加：t1+t2。
- 只能使用提供的有限资源完成。

程序实现如下：

```
>>> t1 = MyTimer()
>>> t1
未开始计时！
>>> t1.stop()
提示：请先调用 start() 开始计时！
```

```
>>> t1.start()
计时开始...
>>> t1
提示：请先调用 stop() 开始计时！
>>> t1.stop()
计时结束！
>>> t1
总共运行了 5 秒
>>> t2 = MyTimer()
>>> t2.start()
计时开始...
>>> t2.stop()
计时结束！
>>> t2
总共运行了 6 秒
>>> t1 + t2
'总共运行了 11 秒'
```

需要用到下面这些资源：

- 使用 time 模块的 localtime 方法获取时间（有关 time 模块可参考 http://bbs.fishc.com/thread-51326-1-1.html）。
- time.localtime 返回 struct_time 的时间格式。
- __str__()和__repr__()魔法方法。

其中，__str__()和__repr__()魔法方法的用法很简单：

```
>>> class A:
        def __str__(self):
            return "小甲鱼是帅哥"


>>> a = A()
>>> print(a)
小甲鱼是帅哥
>>> a
<__main__.A object at 0x03260F30>
>>> class B:
        def __repr__(self):
            return "小甲鱼是帅哥"


>>> b = B()
>>> b
小甲鱼是帅哥
```

有了这些知识，我们可以开始来编写代码了：

```
import time as t
```

```
class MyTimer:
    # 开始计时
    def start(self):
        self.start = t.localtime()
        print("计时开始...")

    # 停止计时
    def stop(slef):
        self.stop = t.localtime()
        print("计时结束！")
```

万丈高楼平地起，把地基写好后，应该考虑怎么进行计算了。localtime()函数返回的是一个时间元组的结构，只需要前面 6 个元素，然后将 stop 的元素依次减去 start 对应的元素，将差值存放在一个新的列表里：

```
    # 停止计时
    def stop(self):
        self.stop = t.localtime()
        self._calc()
        print("计时结束！")

    # 内部方法，计算运行时间
    def _calc(self):
        self.lasted = []
        self.prompt = "总共运行了"
        for index in range(6):
            self.lasted.append(self.stop[index] - self.start[index])
            self.prompt += str(self.lasted[index])

        print(self.prompt)
```

程序实现如下：

```
>>> t1 = MyTimer()
>>> t1.start()
计时开始...
>>> t1.stop()
总共运行了 000003
计时结束！
```

已经基本实现计时功能了，接下来需要完成"print(t1)和直接调用 t1 均显示结果"，那就要通过重写__str__()和__repr__()魔法方法来实现：

```
def __str__(self):
    return self.prompt
__repr__ = __str__
```

程序实现如下：

```
>>> t1 = MyTimer()
>>> t1.start()
计时开始...
>>> t1.stop()
计时结束!
>>> t1
总共运行了 000002
```

似乎做得不错了，但这里还有一些问题。假设用户不按常理出牌：

```
>>> t1 = MyTimer()
>>> t1
Traceback (most recent call last):
  File "<pyshell#8>", line 1, in <module>
    t1
  File "C:\Users\goodb\AppData\Local\Programs\Python\Python37\lib\idlelib\
  rpc.py", line 617, in displayhook
    text = repr(value)
  File "C:\Users\goodb\Desktop\test.py", line 26, in __str__
    return self.prompt
AttributeError: 'MyTimer' object has no attribute 'prompt'
```

当直接执行 t1 的时候，Python 会调用__str__()魔法方法，但它却说这个类没有 prompt 属性。prompt 属性在哪里定义？在_calc()方法里定义的，但是没有执行 stop()方法，_calc() 方法就没有被调用到，所以也就没有 prompt 属性的定义了。

要解决这个问题也很简单，大家应该还记得在类里边，用得最多的一个魔法方法是 什么？是__init__()，所有属于实例对象的变量只要在这里先定义，就不会出现这样的问 题了：

```
…
    def __init__(self):
        self.prompt = "未开始计时！"
        self.lasted = []
        self.start = 0
        self.stop = 0
…
```

程序实现如下：

```
>>> t1 = MyTimer()
>>> t1
未开始计时！
>>> t1.start()
Traceback (most recent call last):
  File "<pyshell#11>", line 1, in <module>
    t1.start()
TypeError: 'int' object is not callable
```

这里又出错了（当然我是故意的），大家先检查一下是什么问题？

其实，产生这个问题，是因为犯了一个微小的错误，这样的错误通常很容易疏忽，而且很难排查。Python 这里抛出了一个异常：TypeError: 'int' object is not callable。

仔细瞧，在调用 start()方法的时候报错，也就是说，Python 认为 start 是一个整型变量，而不是一个方法。为什么呢？大家看__init__()方法里，是不是也命名了一个名为 self.start 的变量？如果类中的方法名和属性同名，属性会覆盖方法。

好了，把所有的 self.start 和 self.stop 都改为 self.begin 和 self.end。

现在程序没问题了，但显示时间是 000003，这样不太人性化，还是希望可以按照"年、月、日、小时、分钟、秒"显示，然后值为 0 就不显示了。所以这里添加一个列表用来存放对应的单位：

```
…
    def __init__(self):
        self.unit = ['年', '月', '天', '小时', '分钟', '秒']
        self.prompt = "未开始计时！"
        self.lasted = []
        self.begin = 0
        self.end = 0


    # 计算运行时间
    def _calc(self):
        self.lasted = []
        self.prompt = "总共运行了"
        for index in range(6):
            self.lasted.append(self.end[index] - self.begin[index])
            if self.lasted[index]:
                self.prompt += (str(self.lasted[index]) + self.unit[index])
…
```

程序实现如下：

```
>>> t1 = MyTimer()
>>> t1.start()
计时开始...
>>> t1.stop()
计时结束！
>>> t1
总共运行了 2 秒
```

然后在适当的地方增加温馨的友情提示：

```
…
    # 开始计时
    def start(self):
        self.begin = t.localtime()
        self.prompt = "提示：请先调用 stop() 开始计时！"
```

```
      print("计时开始...")

   # 停止计时
   def stop(self):
      if not self.begin:
          print("提示：请先调用 start() 开始计时！")
      else:
          self.end = t.localtime()
          self._calc()
          print("计时结束！")

   # 计算运行时间
   def _calc(self):
      self.lasted = []
      self.prompt = "总共运行了"
      for index in range(6):
          self.lasted.append(self.end[index] - self.begin[index])
          if self.lasted[index]:
              self.prompt += (str(self.lasted[index]) + self.unit[index])
      # 为下一轮计算初始化变量
      self.begin = 0
      self.end = 0
...
```

最后，再重写一个魔法方法__add__()，让两个计时器对象相加会自动返回时间的和：

```
...
   def __add__(self, other):
      prompt = "总共运行了"
      result = []
      for index in range(6):
          result.append(self.lasted[index] + other.lasted[index])
          if result[index]:
              prompt += (str(result[index]) + self.unit[index])
      return prompt
...
```

程序实现如下：

```
>>> t1 = MyTimer()
>>> t1
未开始计时！
>>> t1.stop()
提示：请先调用 start() 开始计时！
>>> t1.start()
计时开始...
>>> t1
提示：请先调用 stop() 结束计时！
```

```
>>> t1.stop()
计时结束!
>>> t1
总共运行了 8 秒
>>> t2 = MyTimer()
>>> t2.start()
计时开始...
>>> t2.stop()
计时结束!
>>> t2
总共运行了 4 秒
>>> t1 + t2
'总共运行了 12 秒'
```

完整程序见 p12_2.py。

看上去代码是不错，也能正常计算了。但是，这个程序有几点不足还需要大家来思考一下如何修改：

（1）如果开始计时的时间是 2022 年 2 月 22 日 16:30:30，停止时间是 2025 年 1 月 23 日 15:30:30，那么按照用停止时间减开始时间的计算方式就会出现负数，故应该对此做一些转换。

（2）现在的计算机速度都非常快，而这个程序最小的计算单位却只是秒，精度是远远不够的。

12.4　属性访问

视频讲解

通常可以通过点（.）操作符的形式去访问对象的属性，在 11.9 节中也谈到了如何通过几个 BIF 适当地去访问属性：

```
>>> class C:
        def __init__(self):
            self.x = 'X-man'


>>> c = C()
>>> c.x
'X-man'
>>> getattr(c, 'x', '木有这个属性')
'X-man'
>>> getattr(c, 'y', '木有这个属性')
'木有这个属性'
>>> setattr(c, 'y', 'Yellow')
>>> getattr(c, 'y', '木有这个属性')
'Yellow'
>>> delattr(c, 'x')
```

```
>>> c.x
Traceback (most recent call last):
  File "<pyshell#27>", line 1, in <module>
    c.x
AttributeError: 'C' object has no attribute 'x'
```

然后还介绍了一个名为 property()函数的用法，这个 property()使得我们可以用属性去访问属性：

```
# p12_3.py
class C:
    def __init__(self, size=10):
        self.size = size

    def getSize(self):
        return self.size

    def setSize(self, value):
        self.size = value

    def delSize(self):
        del self.size

    x = property(getSize, setSize, delSize)
```

程序实现如下：

```
>>> # 先运行 p12_3.py
>>> c = C()
>>> c.x
10
>>> c.x = 12
>>> c.x
12
>>> c.size
12
>>> del c.x
>>> c.size
Traceback (most recent call last):
  File "<pyshell#27>", line 1, in <module>
    c.size
AttributeError: 'C' object has no attribute 'size'
```

那么关于属性访问，肯定也有相应的魔法方法来管理。通过对这些魔法方法的重写，可以随心所欲地控制对象的属性访问。大家是不是想想就有点小激动了呢？来吧，让我们开始吧！

表 12-3 列举了属性相关的魔法方法。

表 12-3　属性相关的魔法方法

魔 法 方 法	含　义
__getattr__ (self, name)	定义当用户试图获取一个不存在的属性时的行为
__getattribute__ (self, name)	定义当该类的属性被访问时的行为
__setattr__ (self, name, value)	定义当一个属性被设置时的行为
__delattr__ (self, name)	定义当一个属性被删除时的行为

做个小测试:

```python
# p12_4.py
class C:
    def __getattribute__(self, name):
        print('getattribute')
        # 使用 super()调用 object 基类的__getattribute__()方法
        return super().__getattribute__(name)

    def __setattr__(self, name, value):
        print('setattr')
        super().__setattr__(name, value)

    def __delattr__(self, name):
        print('delattr')
        super().__delattr__(name)

    def __getattr__(self, name):
        print('getattr')
```

程序实现如下:

```python
>>> # 先运行 p12_4.py
>>> c = C()
>>> c.x
getattribute
getattr
>>> c.x = 1
setattr
>>> c.x
getattribute
1
>>> del c.x
delattr
>>> setattr(c, 'y', 'Yellow')
setattr
```

这几个魔法方法在使用上需要注意的是,有一个死循环的陷阱,初学者比较容易中招,还是通过一个实例来讲解。写一个矩形类(Rectangle),默认有宽(width)和高(height)两个属性;如果为一个叫 square 的属性赋值,那么说明这是一个正方形,值就是正方形的边长，此时宽和高都应该等于边长。

```
# p12_5.py
class Rectangle:
    def __init__(self, width=0, height=0):
        self.width = width
        self.height = height

    def __setattr__(self, name, value):
        if name == 'square':
            self.width = value
            self.height = value
        else:
            self.name = value

    def getArea(self):
        return self.width * self.height
```

程序实现如下：

```
>>> # 先运行 p12_5.py
>>> r1 = Rectangle(4, 5)
Traceback (most recent call last):
  File "<pyshell#0>", line 1, in <module>
    r1 = Rectangle(4, 5)
  File "E:\p12_5.py", line 4, in __init__
    self.width = width
  File " E:\p12_5.py", line 12, in __setattr__
self.name = value
  File " E:\p12_5.py", line 12, in __setattr__
self.name = value
  File " E:\p12_5.py", line 12, in __setattr__
self.name = value
  File " E:\p12_5.py", line 8, in __setattr__
if name == 'square':
RecursionError: maximum recursion depth exceeded in comparison
```

这是为什么呢？

分析一下：实例化对象，调用__init__()方法，在这里给 self.width 和 self.heigth 分别初始化赋值。一发生赋值操作，就会自动触发__setattr__()魔法方法，width 和 height 两个属性被赋值，于是执行 else 下面的语句，就又变成了 self.width=value，那么就相当于又触发了__setattr__()魔法方法了，死循环陷阱就是这么来的。

那怎么解决呢？这里讲两个方法。

第一个就是与刚才一样，用 super()来调用基类的__setattr__()，那么这样就依赖基类的方法来实现赋值：

...

```
else:
    super().__setattr__(name, value)
...
```

程序实现如下：

```
>>> # 先执行修改后的p12_5.py
>>> r1 = Rectangle(4, 5)
>>> r1.getArea()
20
>>> r1.square = 10
>>> r1.getArea()
100
```

另一种方法就是给特殊属性__dict__赋值。对象有一个特殊的属性，称为__dict__，它的作用是以字典的形式显示出当前对象的所有属性以及相对应的值：

```
>>> r1.__dict__
{'height': 10, 'width': 10}
```

代码可以这么改：

```
...
else:
    self.__dict__[name] = value
...
```

程序实现如下：

```
>>> # 先执行修改后的p12_4.py
>>> r1 = Rectangle(4, 5)
>>> r1.getArea()
20
>>> r1.square = 10
>>> r1.getArea()
100
```

12.5　描述符（property 的原理）

视频讲解

此前提到过 property()函数，这不提不要紧，一提不得了，把大家的好奇心都给提起来了。大家都在问："这 property()到底被下了什么药？怎么这么神奇？"

这一节要讲的内容为描述符（descriptor），用一句话来解释，描述符就是将某种特殊类型的类的实例指派给另一个类的属性。那什么是特殊类型的类呢？就是至少要在这个类里边定义__get__()、__set__()或__delete__()三个特殊方法中的任意一个。

表 12-4 列举了描述符相关的魔法方法。

表 12-4　描述符相关的魔法方法

魔 法 方 法	含　　义
__get__(self, instance, owner)	用于访问属性，它返回属性的值
__set__(self, instance, value)	将在属性分配操作中调用，不返回任何内容
__delete__(self, instance)	控制删除操作，不返回任何内容

举个最直观的例子：

```
# p12_6.py
class MyDescriptor:
    def __get__(self, instance, owner):
        print("getting...", self, instance, owner)

    def __set__(self, instance, value):
        print("setting...", self, instance, value)

    def __delete__(self, instance):
        print("deleting...", self, instance)


class Test:
    x = MyDescriptor()
```

由于 MyDescriptor 实现了__get__()、__set__()和__delete__()方法，并且将它的类实例指派给 Test 类的属性，所以 MyDescriptor 就是描述符类。到这里，大家有没有看到 property()的影子？

好，实例化 Test 类，然后尝试对 x 属性进行各种操作，看看描述符类会有怎样的响应：

```
>>> test = Test()
>>> test.x
getting... <__main__.myDescriptor object at 0x02D7FE90> <__main__.Test
object at 0x02FE0930> <class '__main__.Test'>
```

当访问 x 属性的时候，Python 会自动调用描述符的__get__()方法，几个参数的内容分别是：self 是描述符类自身的实例；instance 是这个描述符的拥有者所在的类的实例，在这里也就是 Test 类的实例；owner 是这个描述符的拥有者所在的类本身。

```
>>> test.x = 'X-man'
setting... <__main__.MyDescriptor object at 0x02D7FE90> <__main__.Test
object at 0x02FE0930> X-man
```

对 x 属性进行赋值操作的时候，Python 会自动调用__set__()方法，前两个参数与__get__()方法是一样的，最后一个参数 value 是等号右边的值。

最后一个 del 操作也是同样的道理：

```
>>> del test.x
deleting... <__main__.MyDescriptor object at 0x02D7FE90> <__main__.Test
```

```
object at 0x02FE0930>
```

只要弄清楚描述符，那么 property 的秘密就不再是秘密了。property 事实上就是一个描述符类。

下面就定义一个属于我们自己的 MyProperty：

```
# p12_7.py
class MyProperty:
    def __init__(self, fget=None, fset=None, fdel=None):
        self.fget = fget
        self.fset = fset
        self.fdel = fdel

    def __get__(self, instance, owner):
        return self.fget(instance)

    def __set__(self, instance, value):
        self.fset(instance, value)

    def __delete__(self, instance):
        self.fdel(instance)

class C:
    def __init__(self):
        self._x = None

    def getX(self):
        return self._x

    def setX(self, value):
        self._x = value

    def delX(self):
        del self._x

    x = MyProperty(getX, setX, delX)
```

程序实现如下：

```
>>> # 先执行 p12_7.py
>>> c = C()
>>> c.x = 'X-man'
>>> c.x
'X-man'
>>> c._x
'X-man'
>>> del c.x
```

```
>>> c._x
Traceback (most recent call last):
  File "<pyshell#6>", line 1, in <module>
    c._x
AttributeError: 'C' object has no attribute '_x'
```

看，这不就自己实现 property()函数了嘛，简单吧？

最后讲一个实例：先定义一个温度类，然后定义两个描述符类用于描述摄氏度和华氏度两个属性。两个属性会自动进行转换，也就是说，可以给摄氏度这个属性赋值，然后打印的华氏度属性是自动转换后的结果。

```python
# p12_8.py
class Celsius:
    def __init__(self, value=26.0):
        self.value = float(value)

    def __get__(self, instance, owner):
        return self.value

    def __set__(self, instance, value):
        self.value = float(value)

class Fahrenheit:
    def __get__(self, instance, owner):
        return instance.cel * 1.8 + 32

    def __set__(self, instance, value):
        instance.cel = (float(value) - 32) / 1.8

class Temperature:
    cel = Celsius()
    fah = Fahrenheit()
```

程序实现如下：

```
>>> # 先执行p12_8.py
>>> temp = Temperature()
>>> temp.cel
26.0
>>> temp.fah
78.80000000000001
```

视频讲解

12.6 定制序列

常言道，无规矩不成方圆，讲的是万事万物的发展都是要在一定的规则下进行，只有遵照一定的协议去做了，事情才能往正确的方向上发展。

本节要谈的是定制容器，要想成功地实现容器的定制，便需要先谈一谈协议。协议是什么呢？协议（protocol）与其他编程语言中的接口很相似，它规定哪些方法必须定义。然而，在 Python 中的协议就显得不那么正式。事实上，在 Python 中，协议更像是一种指南。

这有点像 Python 极力推崇的鸭子类型：当看到一只鸟走起来像鸭子、游泳起来像鸭子、叫起来也像鸭子，那么这只鸟就可以被称为鸭子。Python 就是这样，并不会严格地要求一定要怎样去做，而是靠着自觉和经验把事情做好。

【扩展阅读】 鸭子类型，可访问 http://bbs.fishc.com/thread-51471-1-1.html 或扫描此处二维码获取。

扩展阅读

在 Python 中，像序列类型（如列表、元组、字符串）或映射类型（如字典）都属于容器类型。本节来讲定制容器，那就必须知道与定制容器有关的一些协议：

- 如果希望定制的容器不可变，则只需要定义__len__()和__getitem__()方法。
- 如果希望定制的容器是可变的，除了__len__()和__getitem__()方法，还需要定义__setitem__()和__delitem__()两个方法。

表 12-5 列举了与定制容器类型相关的魔法方法及含义。

表 12-5　与定制容器类型相关的魔法方法及含义

魔 法 方 法	含　　义
__len__(self)	定义当被 len()函数调用时的行为（返回容器中元素的个数）
__getitem__(self, key)	定义获取容器中指定元素的行为，相当于 self[key]
__setitem__(self, key, value)	定义设置容器中指定元素的行为，相当于 self[key] = value
__delitem__(self, key)	定义删除容器中指定元素的行为，相当于 del self[key]
__iter__(self)	定义当迭代容器中的元素的行为
__reversed__(self)	定义当被 reversed()函数调用时的行为
__contains__(self, item)	定义当使用成员测试运算符（in 或 not in）时的行为

验证大家学习能力的时候到了。现在动动手，编写一个不可改变的自定义列表，要求记录列表中每个元素被访问的次数。

```
# p12_9.py
class CountList:
    def __init__(self, *args):
        self.values = [x for x in args]
        self.count = {}.fromkeys(range(len(self.values)), 0)
        # 这里使用列表的下标作为字典的键，注意不能用元素作为字典的键
        # 因为列表的不同下标可能有数值相等的元素，但字典不能有两个相同的键
    def __len__(self):
        return len(self.values)

    def __getitem__(self, key):
        self.count[key] += 1
        return self.values[key]
```

程序实现如下：

```
>>> # 先运行 p12_9.py
>>> c1 = CountList(1, 3, 5, 7, 9)
>>> c2 = CountList(2, 4, 6, 8, 10)
>>> c1[1]
3
>>> c2[1]
4
>>> c1[1] + c2[1]
7
>>> c1.count
{0: 0, 1: 2, 2: 0, 3: 0, 4: 0}
>>> c2.count
{0: 0, 1: 2, 2: 0, 3: 0, 4: 0}
```

视频讲解

12.7　迭代器

自始至终，有一个概念一直在用，但却从来没有认真地去深入剖析它。这个概念就是迭代。迭代这个词听得很多了，现在不仅在数学领域使用这个词，我们还会经常听到"这个产品经过多次迭代，质量和品质已经有了大幅度提高，这次事件纯属意外"等的描述。

大家应该听出来了，迭代的意思类似于循环，每一次重复的过程被称为一次迭代的过程，而每一次迭代得到的结果会被用来作为下一次迭代的初始值。提供迭代方法的容器称为可迭代对象，通常接触的可迭代对象有序列（如列表、元组、字符串）、字典等，它们都支持迭代的操作。

举个例子，通常使用 for 语句来进行迭代：

```
>>> for i in "FishC":
        print(i)

F
i
s
h
C
```

字符串就是一个容器，同时也是一个可迭代对象，for 语句的作用就是触发其迭代功能，每次从容器里依次拿出一个数据，这就是迭代操作。

字典和文件也是支持迭代操作的：

```
>>> links = {'鱼C工作室':'http://www.fishc.com', \
    '鱼C论坛':'http://bbs.fishc.com', \
    '鱼C博客':'http://blog.fishc.com', \
```

```
                '支持小甲鱼':'http://fishc.taobao.com'}
>>> for each in links:
        print('%s -> %s' % (each, links[each]))


鱼C博客 -> http://blog.fishc.com
鱼C论坛 -> http://bbs.fishc.com
鱼C工作室 -> http://www.fishc.com
支持小甲鱼 -> http://fishc.taobao.com
```

关于迭代，Python 提供了两个 BIF：iter() 和 next()。

对一个可迭代对象调用 iter() 就得到它的迭代器，调用 next() 迭代器就会返回下一个值，然后怎么样结束呢？如果迭代器没有值可以返回了，Python 会抛出一个名为 StopIteration 的异常：

```
>>> string = "FishC"
>>> it = iter(string)
>>> next(it)
'F'
>>> next(it)
'i'
>>> next(it)
's'
>>> next(it)
'h'
>>> next(it)
'C'
>>> next(it)
Traceback (most recent call last):
  File "<pyshell#8>", line 1, in <module>
    next(it)
StopIteration
```

所以，利用这两个 BIF，可以分析出 for 语句其实是这么工作的：

```
>>> string = "FishC"
>>> it = iter(string)
>>> while True:
        try:
            each = next(it)
        except StopIteration:
            break
        print(each)


F
i
s
h
```

C

关于实现迭代器的魔法方法有两个：__iter__()和__next__()。

一个容器如果是迭代器，那就必须实现__iter__()魔法方法，这个方法实际上就是返回迭代器本身。

接下来重点要实现的是__next__()魔法方法，因为它决定了迭代的规则。简单举个例子大家就清楚了：

```
>>> class Fibs:
        def __init__(self):
            self.a = 0
            self.b = 1
        def __iter__(self):
            return self
        def __next__(self):
            self.a, self.b = self.b, self.a + self.b
            return self.a

>>> fibs = Fibs()
>>> for each in fibs:
        if each < 20:
            print(each)
        else:
            break


1
1
2
3
5
8
13
```

这个迭代器的唯一亮点就是没有终点，所以如果没有跳出循环，它会不断迭代下去。那可不可以加一个参数，用于控制迭代的范围呢？

```
>>> class Fibs:
        def __init__(self, n=20):
            self.a = 0
            self.b = 1
            self.n = n
        def __iter__(self):
            return self
        def __next__(self):
            self.a, self.b = self.b, self.a + self.b
            if self.a > self.n:
                raise StopIteration
```

```
                return self.a
>>> fibs = Fibs()
>>> for each in fibs:
        print(each)


1
1
2
3
5
8
13

>>> fibs = Fibs(10)
>>> for each in fibs:
        print(each)


1
1
2
3
5
8
```

是不是很容易呢？嗯，Python 就是可以这么简简单单的一门语言！

12.8　生成器

视频讲解

由于前面介绍了迭代器，所以这里趁热打铁，给大家讲一讲这个生成器。生成器和迭代器可以说是 Python 近几年来引入的最强大的两个特性，但是生成器的学习，并不涉及魔法方法，甚至它巧妙地避开了类和对象，仅通过普通的函数就可以实现了。

由于生成器的概念比较高级一些，所以在函数章节（第 6 章）就没有提及它，还是那句老话，因为那时候讲了也是白讲。学习就是这么一个渐进的过程，像上节介绍的迭代器，很多人学完之后感叹：哎呀，Python 怎么就这么简单，但如果在讲循环的章节（第 4 章）来讲迭代器的实现原理，那大家势必就会一头雾水了。

正如刚才说的，生成器其实是迭代器的一种实现，那既然迭代可以实现，为何还要生成器呢？有一句话叫"存在即合理"，生成器的发明一方面是为了使得 Python 更为简洁，因为，迭代器需要我们去定义一个类和实现相关的方法，而生成器则只需要在普通的函数中加上一个 yield 语句即可。

另一个更重要的方面，生成器的发明使得 Python 模仿协同程序的概念得以实现。所谓协同程序，就是可以运行的独立函数调用，函数可以暂停或者挂起，并在需要的时候从程序离开的地方继续或者重新开始。

对于调用一个普通的 Python 函数，一般是从函数的第一行代码开始执行，结束于 return 语句、异常或者函数所有语句执行完毕。一旦函数将控制权交还给调用者，就意味着全部结束。函数中做的所有工作以及保存在局部变量中的数据都将丢失。再次调用这个函数时，一切都将从头创建。

Python 是通过生成器来实现类似于协同程序的概念：生成器可以暂时挂起函数，并保留函数的局部变量等数据，然后再次调用它的时候，从上次暂停的位置继续执行下去。

举个例子：

```
>>> def myGen():
        print("生成器被执行！")
        yield 1
        yield 2

        
>>> myG = myGen()
>>> next(myG)
生成器被执行！
1
>>> next(myG)
2
>>> next(myG)
Traceback (most recent call last):
  File "<pyshell#4>", line 1, in <module>
    next(myG)
StopIteration
```

正如大家所看到的，当函数结束时，一个 StopIteration 异常就会被抛出。由于 Python 的 for 循环会自动调用 next()方法和处理 StopIteration 异常，所以 for 循环当然也是可以对生成器产生作用的：

```
>>> for i in myGen():
        print(i)

        
生成器被执行！
1
2
```

像 6.5.3 节介绍的斐波那契数列的例子，也可以用生成器来实现：

```
>>> def fibs():
        a = 0
        b = 1
        while True:
            a, b = b, a + b
            yield a
```

```
>>> for each in fibs():
        if each > 100:
            break
        print(each)


1
1
2
3
5
8
13
21
34
55
89
```

12.9　生成器表达式

事到如今，是时候让大家掌握 Python 的炫技神器——列表推导式了。
看下面代码：

```
>>> [i*i for i in range(10)]
[0, 1, 4, 9, 16, 25, 36, 49, 64, 81]
```

居然只需要一个语句就可以直接计算 0～9 各个数的平方值，然后还放到了列表里面，太神奇了！

其实，列表推导式（list comprehensions）也叫列表解析，灵感取自函数式编程语言 Haskell，它是一个非常有用和灵活的工具，可以用来动态地创建列表。

例如上面求平方值的列表推导式，转换成普通的代码就是：

```
list1 = []
for i in range(10):
    list1.append(i * i)
```

那大家猜猜看下面这个列表推导式是什么意思：

```
>>> [i for i in range(100) if not(i % 2) and i % 3]
```

其实就相当于：

```
list1 = []
for i in range(100):
    if not(i % 2) and i % 3:
        list1.append(i)
```

这个列表推导式求的就是 100 以内，能够被 2 整除，但不能够被 3 整除的所有整数：

```
>>> [2, 4, 8, 10, 14, 16, 20, 22, 26, 28, 32, 34, 38, 40, 44, 46, 50, 52,
56, 58, 62, 64, 68, 70, 74, 76, 80, 82, 86, 88, 92, 94, 98]
```

Python 3 除了有列表推导式之外，还有字典推导式（dictionary comprehension）：

```
>>> {i:i % 2 == 0 for i in range(10)}
{0: True, 1: False, 2: True, 3: False, 4: True, 5: False, 6: True, 7: False,
8: True, 9: False}
```

还有集合推导式（set comprehension）：

```
>>> {i for i in [1, 1, 2, 3, 3, 4, 5, 5, 5, 6, 7, 7, 8]}
{1, 2, 3, 4, 5, 6, 7, 8}
```

难免有些读者就猜想："按照这种剧情发展下去，应该会有字符串推导式和元组推导式吧？"

不妨来试一试：

```
>>> "i for i in 'I love FishC.com!'"
"i for i in 'I love FishC.com!'"
```

噢，不行，因为只要在双引号内，所有的东西都变成了字符串，所以不存在字符串推导式。

那元组推导式呢？

```
>>> (i for i in range(10))
<generator object <genexpr> at 0x03135300>
```

咦？失败了？

似乎这个不是什么推导式，大家看出来什么端倪了吗？generator，多么熟悉的单词啊，就是这节所讲的生成器。没错，用普通的小括号括起来的正是生成器表达式（generator expressions），下面来证明一下：

```
>>> next(e)
0
>>> next(e)
1
>>> next(e)
2
>>> next(e)
3
>>> next(e)
4
```

用 for 语句把剩下的都打印出来：

```
>>> for each in e:
        print(each)
```

```
5
6
7
8
9
```

还有一个特性更"牛"，如果将生成器表达式作为函数的参数使用的话，可以直接写推导式，而不必加小括号：

```
>>> sum(i for i in range(100) if i % 2)
2500
```

【扩展阅读】关于生成器的技术要点，小甲鱼给大家转了一篇不错的文章：解释 yield 和 Generators（生成器），可访问 http://bbs.fishc.com/thread-56023- 1-1.html 或扫描此处二维码获取。

扩展阅读

第*13*章

模块

视频讲解

13.1　模块就是程序

本节将介绍一个新的知识，称为模块。我们说过模块是更高级的封装。说到封装，先来回顾一下前面学过哪些类型的封装。

- 容器（列表、元组、字符串、字典等），是对数据的封装。
- 函数，是对语句的封装。
- 类，是对方法和属性的封装，也就是对函数和数据的封装。

那本节学习的模块，又是怎样一种封装形式呢？

要解答什么是模块这个问题，其实只需要用一句话就可以概括：模块就是程序。

没错，模块就是平时写的任何代码，保存的每一个.py 结尾的文件，都是一个独立的模块。

举个简单的例子，在 Python 的安装路径下创建一个叫 hello.py 的文件，代码如下：

```
def hi():
    print("Hi everyone, I love FishC.com!")
```

当把这个文件保存起来的时候，它就是一个独立的 Python 模块了（注意：为了让默认的 IDLE 可以找到这个模块，需要把文件放在 Python 的安装路径下）。

这时就可以在 IDLE 中导入模块了，模块的名字就是刚刚保存的那个文件名：

```
>>> import hello
```

好，那试试调用一下 hello 模块中的 hi 函数：

```
>>> hi()
Traceback (most recent call last):
  File "<pyshell#12>", line 1, in <module>
    hi()
NameError: name 'hi' is not defined
```

噢？出错了。从这个错误信息可以看出，错误的根源是 Python 找不到 hi()这个函数。为什么会这样呢？明明在 hello 文件中已经定义了 hi()函数，这里 Python 却说未定义？为了研究这个问题，大家需要先知道什么是命名空间。

13.2　命名空间

什么是命名空间呢？命名空间（namespace）表示标识符（identifier）的可见范围。一个标识符可在多个命名空间中定义，它在不同命名空间中的含义是互不相干的。

例如你们班里有个叫小花的同学，隔壁班也恰好有个叫小花的同学，由于她们在两个不同的班级，所以老师上课点名直接叫小花是没有问题的。但如果是期末统考，那么整个年级的成绩排名就分不清到底是哪个班的小花排在前面了。那怎么办呢？解决的方法很简单，就是在名字的前面写上相应的班级就可以了。在这个例子中，班级就是命名空间。

在 Python 中，每个模块都会维护一个独立的命名空间，应该将模块名加上，才能够正常使用模块中的函数：

```
>>> hello.hi()
Hi everyone, I love FishC.com!
```

13.3　导入模块

下面介绍三种导入模块的方法。

第一种：import 模块名

直接使用 import，但是在调用模块中的函数的时候，需要加上模块的命名空间。

重新写一个例子，用于计算摄氏度和华氏度的相互转换：

```
# p13_1.py
def c2f(cel):
    fah = cel * 1.8 + 32
    return fah

def f2c(fah):
    cel = (fah - 32) / 1.8
    return cel
```

再写一个文件来导入刚才的模块：

```
# p13_2.py
import p13_1
```

```
print("32 摄氏度 = %.2f 华氏度" % p13_1.c2f(32))
print("99 华氏度 = %.2f 摄氏度" % p13_1.f2c(99))
```

程序实现如下：

```
>>>
32 摄氏度 = 89.60 华氏度
99 华氏度 = 37.22 摄氏度
```

第二种：from 模块名 import 函数名

第一种方法有些读者可能不是很喜欢，因为这个模块的名字太长了，每次调用模块里的函数都要写这么长的命名空间，真是费力不讨好又容易出错，所以第二种方法应运而生。

这种导入方法会直接将模块的命名空间覆盖进来，所以调用的时候也就不需要再加上命名空间了：

```
# p13_3.py
from p13_1 import c2f, f2c

print("32 摄氏度 = %.2f 华氏度" % c2f(32))
print("99 华氏度 = %.2f 摄氏度" % f2c(99))
```

这里还可以使用通配符星号（*）来导入模块中所有的命名空间：

```
from p13_1 import *
```

提示：

强烈要求大家不要使用这种方法，因为这样做会使得命名空间的优势荡然无存，一不小心还会陷入名字混乱的局面。

第三种：import 模块名 as 新名字

最好的总是留在最后，第三种方法结合了前两种的优势，使用这种方法可以给导入的命名空间起一个新的名字：

```
# p13_4.py
import p13_1 as tc

print("32 摄氏度 = %.2f 华氏度" % tc.c2f(32))
print("99 华氏度 = %.2f 摄氏度" % tc.f2c(99))
```

13.4 __name__='__main__'

视频讲解

前面已经介绍了模块的作用以及模块的用法，来回顾一下模块的主要作用。

首先，无疑就是封装组织 Python 的代码。你想想，当代码量非常大的时候，可以有组织、有纪律地根据不同的功能，将代码分割成不同的模块。这样，每个模块相互之间是独立的。那这代码是分开了容易阅读和测试，还是放在一块更容易？我们肯定是更愿意去阅读和测试一小段代码，而不是每一次都劈头盖脸地将一个程序从头读起。

　　模块的另一个重要的特性就是实现代码的重用。例如写了一段发送邮件的代码，多次优化之后发现已经非常棒了，你就可以将其封装成一个独立的模块，以后在任何程序需要发送邮件的时候，只需要导入这个模块就可以直接使用，而不用在每个需要发送邮件的程序中都重复写同样的代码。

　　相信很多读者已经开始去阅读别人的代码（注：通常通过阅读比你牛的人写的代码，会让你的技术水平飞速提高），在阅读代码时，会发现很多代码中都有 if __name__ == '__main__'这么一行语句，但却不知道有什么用？

　　先举个例子，一般写完代码要先测试一下：

```
# p13_5.py
def c2f(cel):
    fah = cel * 1.8 + 32
    return fah

def f2c(fah):
    cel = (fah - 32) / 1.8
    return cel

def test():
    print("测试, 0 摄氏度 = %.2f 华氏度" % c2f(0))
    print("测试, 0 华氏度 = %.2f 摄氏度" % f2c(0))

test()
```

单独运行这个模块是没问题的：

```
>>>
测试, 0 摄氏度 = 32.00 华氏度
测试, 0 华氏度 = -17.78 摄氏度
```

但是，如果在另一个文件（p13_6.py）导入后再调用：

```
# p13_6.py
import p13_5 as tc

print("32 摄氏度 = %.2f 华氏度" % tc.c2f(32))
print("99 华氏度 = %.2f 摄氏度" % tc.f2c(99))
```

就会出现问题：

```
>>>
测试, 0 摄氏度 = 32.00 华氏度
测试, 0 华氏度 = -17.78 摄氏度
32 摄氏度 = 89.60 华氏度
```

```
99 华氏度 = 37.22 摄氏度
```

Python 把模块（p13_5.py）中的测试函数也一块给执行了，而这并不是想要的结果。

避免这种情况的关键在于：让 Python 知道该模块是作为程序运行还是导入到其他模块中。为了实现这一点，需要使用模块的__name__属性：

```
>>> __name__
'__main__'
>>> tc.__name__
'p13_5'
```

在作为程序运行的时候，__name__属性的值是'__main__'；而作为模块导入的时候，这个值就是该模块的名字了。因此，也就不难理解 if __name__ == '__main__'这句代码的意思了。

```
# p13_7.py
def c2f(cel):
    fah = cel * 1.8 + 32
    return fah

def f2c(fah):
    cel = (fah - 32) / 1.8
    return cel

def test():
    print("测试，0 摄氏度 = %.2f 华氏度" % c2f(0))
    print("测试，0 华氏度 = %.2f 摄氏度" % f2c(0))

if __name__ == '__main__':
    test()
```

上面的代码确保只有单独运行 p13_7.py 时才会执行 test()函数。

13.5 搜索路径

现在遇到一个问题，写好的模块应该放在哪里？

有读者可能会说："不是应该放在和导入这个模块文件的源代码同一个文件夹内吗？"没错，这是一种方案。但有的读者可能不希望把所有的代码都放在一个框里，因为想通过文件夹的方式更好地组织代码。可以做到吗？没问题，但在此之前必须先理解搜索路径这个概念。

Python 模块的导入需要一个路径搜索的过程。例如导入一个名为 hello 的模块，Python 会在预定义好的搜索路径中寻找一个名为 hello.py 的模块文件：如果有，则导入；如果没有，则导入失败。

而这个搜索路径，就是一组目录，可以通过 sys 模块中的 path 变量显示出来（不同机器上显示的路径信息可能不一样）：

```
>>> import sys
>>> sys.path
['', 'C:\\Users\\goodb\\AppData\\Local\\Programs\\Python\\Python37\\
Lib\\idlelib', 'C:\\Users\\goodb\\AppData\\Local\\Programs\\Python\\Python37\\
python37.zip', 'C:\\Users\\goodb\\AppData\\Local\\Programs\\Python\\
Python37\\DLLs', 'C:\\Users\\goodb\\AppData\\Local\\Programs\\Python\\
Python37\\lib', 'C:\\Users\\goodb\\AppData\\Local\\Programs\\Python\\
Python37', 'C:\\Users\\goodb\\AppData\\Local\\Programs\\Python\\Python37\\
lib\\site-packages']
```

列出的这些路径都是 Python 在导入模块操作时会去搜索的,尽管这些模块都可以使用,但是 site-packages 目录是最佳的选择,因为它生来就是做这些事情的。

当然按照这个逻辑,只需要告诉 Python 模块文件在哪里找,Python 在导入模块的时候就能正确地找到它:

```
>>> # 假如存放模块（p13_7.py）的位置是: E:\M1
>>> import p13_7
Traceback (most recent call last):
  File "<pyshell#2>", line 1, in <module>
    import p13_7
ImportError: No module named ' p13_7'
```

直接导入会出错,因为搜索路径并不包含模块所在的位置。

解决这个问题,可以把模块所在的位置添加到搜索路径中:

```
>>> sys.path.append("E:\\M1")
>>> sys.path
['', 'C:\\Users\\goodb\\AppData\\Local\\Programs\\Python\\Python37\\
Lib\\idlelib', 'C:\\Users\\goodb\\AppData\\Local\\Programs\\Python\\
Python37\\python37.zip', 'C:\\Users\\goodb\\AppData\\Local\\Programs
\\Python\\Python37\\DLLs', 'C:\\Users\\goodb\\AppData\\Local\\Programs
\\Python\\Python37\\lib', 'C:\\Users\\goodb\\AppData\\Local\\Programs
\\Python\\Python37', 'C:\\Users\\goodb\\AppData\\Local\\Programs\\Python
\\Python37\\lib\\site-packages', 'E:\\M1']
```

这样就可以了:

```
>>> import p13_7 as tc
>>> print("32 摄氏度 = %.2f 华氏度" % tc.c2f(32))
32 摄氏度 = 89.60 华氏度
```

13.6　包

在实际开发中,一个大型的系统有成千上万的 Python 模块是很正常的事情。单单用模块来定义 Python 的功能显然还不够,如果都放在一起显然不好管理并且有命名冲突的可能,因此 Python 中也出现了包的概念。

什么是包?事实上有点像刚刚所做的,把模块分门别类地存放在不同的文件夹,然后把各个文件夹的位置告诉 Python。

只是包的实现要更为简洁一些。创建一个包的具体操作如下：

（1）创建一个文件夹用于存放相关的模块，文件夹的名字即包的名字。

（2）在文件夹中创建一个 __init__.py 的模块文件，内容可以为空。

（3）将相关的模块放入文件夹中。

 注意：

在第（2）步中，必须在每一个包目录下建立一个 __init__.py 模块，可以是一个空文件，也可以写一些初始化代码。这是 Python 的规定，用来告诉 Python 将该目录当成一个包来处理。

接下来就是在程序中导入包的模块（包名.模块名）：

```
# p13_8.py
# 请先按步骤将 p13_7.py 放在了文件夹 M1 中
import M1.p13_7 as tc

print("32 摄氏度 = %.2f 华氏度" % tc.c2f(32))
print("99 华氏度 = %.2f 摄氏度" % tc.f2c(99))
```

程序实现如下：

```
>>>
32 摄氏度 = 89.60 华氏度
99 华氏度 = 37.22 摄氏度
```

13.7 像个极客一样去思考

视频讲解

Python 社区有句俗语叫"Python 自己带着电池"。什么意思呢？这要从 Python 的设计哲学说起。

Python 的设计哲学是"优雅、明确、简单"，因此，在 Python 开发中，经常会听到"用一种方法，最好是只有一种方法来做一件事"。虽然小甲鱼常常鼓励大家多思考，条条大路通罗马，那是为了训练大家的发散性思维。但是在正式编程中，如果有完善的并且经过严密测试过的模块可以直接实现，那么建议大家最好不要自己"造轮子"了。

随着 Python 附带安装的有 Python 的标准库，前面说"Python 自己带着电池"，指的就是标准库里的模块。这些模块都极其有用，一般常见的任务都有相应的模块可以实现。

不过 Python 标准库里包含的模块有数百个之多，每个模块都单独拿出来讲，那本书可能会"厚"出天际。所以，本节主要是教会大家如何独立自主地来学习使用一个新的模块。

对于 Python 来说，学习资料其实一直都在手边。当遇到不了解的模块时，首先要找的是 Python 的官方文档，打开 IDLE，选择 Help→Python Docs（F1）。

来看一下 Python 的官方帮助文档由几部分构成，如图 13-1 所示。

（1）Parts of the documentation

Python 文档的主要组成部分。

（2）What's new in Python 3.7?or all "What's new" documents since 2.0

Python 3.7 有什么新的特性和改进？或者列举自 2.0 以后的所有新特性。

图 13-1　Python 官方帮助文档

（3）Tutorial

简易教程，言简意赅地介绍 Python 的基本语法。

（4）Library Reference

Python 官方的枕边书，这里详细地列举了 Python 所有的内置函数和标准库的各个模块的用法，非常详细，但是你看不完的，当作字典来查就可以了。

（5）Installing Python Modules

教你如何安装 Python 的第三方模块。

（6）Distributing Python Modules

教你如何发布 Python 的第三方模块。

Python 除了标准库的几百个模块之外，还有 Pypi 社区，收集了全球的 Python 爱好者贡献的模块，自己写了一个模块觉得要分享给世界，你也可以发布上去。

（7）Language Reference

讨论 Python 的语法和设计哲学。

（8）Python Setup and Usage

介绍在各个平台上如何使用 Python。

（9）Python HOWTOs

这里是深入探讨的一些特定主题。

（10）Extending and Embedding

介绍如何用 C 和 C++开发 Python 的扩展模块。

（11）FAQs

常见问题解答。

另外值得一提的是 PEP（如果查看文档经常会看到 PEP 后面加上一些数字编号）。PEP 是 Python Enhancement Proposal 的缩写，翻译过来就是 Python 增强建议书的意思。它用来规范与定义 Python 的各种增强与延伸功能的技术规格，好让 Python 开发社区能有共同遵循的依据。

每个 PEP 都有一个唯一的编号，这个编号一旦给定了就不会再改变。例如，PEP3000 就是用来定义 Python 3 的相关技术规格；而 PEP333 则是 Python 的 Web 应用程序界面 WSGI （Web Server Gateway Interface 1.0）的规范。

关于 PEP 本身的相关规范定义在 PEP1，而 PEP8 则定义了 Python 代码的风格指南。有关 PEP 的列表，大家可以参考 PEP0：https://www.python.org/dev/peps/。

举个例子说说小甲鱼平时遇到问题是怎么"自救"的。

在 12.3 节中我们自己写了一个计时器，但是在实际应用中，不建议大家自己动手写计时器，因为有很多未知的因素会影响数据。因此，建议用现成的模块 timeit 来计时。

那现在假设不知道 timeit 模块怎么用，应该如何下手？

首先，应该先查找帮助文档，可以使用文档的搜索或者索引功能。一般情况下输入关键词之后，文档第一个显示出来的内容就是所需要的，如图 13-2 所示。

图 13-2　如何在帮助文档中找到自己需要的内容

首先出现的是关于这个模块的介绍，如图 13-3 所示。

Python » 3.7.0 Documentation » The Python Standard Library » 28. Debugging and Profiling »

28.5. `timeit` — Measure execution time of small code snippets

Source code: Lib/timeit.py

This module provides a simple way to time small bits of Python code. It has both a Command-Line Interface as well as a callable one. It avoids a number of common traps for measuring execution times. See also Tim Peters' introduction to the "Algorithms" chapter in the *Python Cookbook*, published by O'Reilly.

图 13-3　timeit 模块

帮大家大概翻译下：

timeit 模块详解——准确测量小段代码的执行时间

Source code: Lib/timeit.py（该模块所在的位置）

----

timeit 模块提供了测量 Python 小段代码执行时间的方法。它既可以在命令行界面直接使用，也可以通过导入模块进行调用。该模块灵活地避开了测量执行时间所容易出现的错误。

接下来就是简单的使用方法介绍，如图 13-4 所示。

28.5.1. Basic Examples

The following example shows how the Command-Line Interface can be used to compare three different expressions:

```
$ python3 -m timeit '"-".join(str(n) for n in range(100))'
10000 loops, best of 5: 30.2 usec per loop
$ python3 -m timeit '"-".join([str(n) for n in range(100)])'
10000 loops, best of 5: 27.5 usec per loop
$ python3 -m timeit '"-".join(map(str, range(100)))'
10000 loops, best of 5: 23.2 usec per loop
```

This can be achieved from the Python Interface with:

```
>>> import timeit
>>> timeit.timeit('"-".join(str(n) for n in range(100))', number=10000)
0.3018611848820001
>>> timeit.timeit('"-".join([str(n) for n in range(100)])', number=10000)
0.2727368790656328
>>> timeit.timeit('"-".join(map(str, range(100)))', number=10000)
0.23702679807320237
```

Note however that timeit will automatically determine the number of repetitions only when the command-line interface is used. In the Examples section you can find more advanced examples.

图 13-4　timeit 模块简单的使用方法介绍

接着是指出这个模块里包含哪些类、函数、变量及其功能和用法。最后就是实际应用的例子。基本上所有的模块文档都会遵循这个顺序。如果你认为要快速学习一个模块都得读这么长的文档的话，那你还是"too young, too simple"了。

快速掌握一个模块的用法，还可以利用 IDLE。

先导入模块：

```
>>> import timeit
```

可以调用__doc__属性，查看这个模块的简介，可以用 print 把它带格式地打印出来：

```
>>> print(timeit.__doc__)
Tool for measuring execution time of small code snippets.

This module avoids a number of common traps for measuring execution
times.  See also Tim Peters' introduction to the Algorithms chapter in
the Python Cookbook, published by O'Reilly.
```

```
   Library usage: see the Timer class.

   Command line usage:
      python timeit.py [-n N] [-r N] [-s S] [-p] [-h] [--] [statement]

Options:
  -n/--number N: how many times to execute 'statement' (default: see below)
  -r/--repeat N: how many times to repeat the timer (default 5)
  -s/--setup S: statement to be executed once initially (default 'pass').
              Execution time of this setup statement is NOT timed.
  -p/--process: use time.process_time() (default is time.perf_counter())
  -v/--verbose: print raw timing results; repeat for more digits precision
  -u/--unit: set the output time unit (nsec, usec, msec, or sec)
  -h/--help: print this usage message and exit
  --: separate options from statement, use when statement starts with -
  statement: statement to be timed (default 'pass')


A multi-line statement may be given by specifying each line as a
separate argument; indented lines are possible by enclosing an
argument in quotes and using leading spaces.  Multiple -s options are
treated similarly.

If -n is not given, a suitable number of loops is calculated by trying
successive powers of 10 until the total time is at least 0.2 seconds.

Note: there is a certain baseline overhead associated with executing a
pass statement.  It differs between versions.  The code here doesn't try
to hide it, but you should be aware of it.  The baseline overhead can be
measured by invoking the program without arguments.

Classes:

   Timer

Functions:

   timeit(string, string) -> float
   repeat(string, string) -> list
   default_timer() -> float
```

使用 dir()函数可以查询到该模块定义了哪些变量、函数和类：

```
>>> dir(timeit)
['Timer', '__all__', '__builtins__', '__cached__', '__doc__', '__file__',
'__loader__', '__name__', '__package__', '__spec__', '_globals',
'default_number', 'default_repeat', 'default_timer', 'dummy_src_name',
```

```
'gc','itertools','main','reindent','repeat','sys','template','time',
'timeit']
```

但并不是所有这些名字对我们都有用，所以要过滤掉一些不需要的东西。你可能留意到这里有个__all__属性，事实是它就是帮助我们完成这个过滤的操作：

```
>>> timeit.__all__
['Timer', 'timeit', 'repeat', 'default_timer']
```

timeit 模块其实只有一个类和三个函数供外部调用而已，所以用__all__属性就可以直接获得可供调用接口的信息。

这里有两点需要注意：第一，不是所有的模块都有__all__属性；第二，如果一个模块设置了__all__属性，那么使用 "from timeit import *" 这样的形式导入命名空间，就只有__all__属性这个列表里的名字才会被导入，其他名字不受影响：

```
>>> Timer
<class 'timeit.Timer'>
>>> gc
Traceback (most recent call last):
  File "<pyshell#14>", line 1, in <module>
    gc
NameError: name 'gc' is not defined
```

但如果没有设置__all__属性的话，用 "from 模块名 import *" 就会把所有不以下画线开头的名字都导入到当前的命名空间。所以，建议在编写模块的时候，将对外提供的接口函数和类都设置到__all__属性的列表里。

另外还有一个名为__file__的属性，这个属性指明了该模块的源代码位置：

```
>>> import timeit
>>> timeit.__file__
'C:\\Users\\goodb\\AppData\\Local\\Programs\\Python\\Python37\\lib\\timeit.py'
```

最后，还有一道 "杀手锏"，也是常用的，即 help()函数：

```
>>> help(timeit)
# 太长...省略...
```

【扩展阅读】 由于 timeit 模块实在太有用了（经常用来实现代码计时），所以小甲鱼把对应的文档翻译了一下，可访问http://bbs.fishc.com/thread-55593-1-1.html或扫描此处二维码获取。

扩展阅读

注意:

（扩展阅读中一些原创的内容并不是免费提供的，请读者自行选择进行购买阅读。）

第14章
论一只爬虫的自我修养

视频讲解

14.1 入门

本章教大家编写一只属于你自己的网络爬虫。

什么是网络爬虫呢？网络爬虫，又称网页蜘蛛（WebSpider），非常形象的一个名字。如果把整个互联网想象成类似于蜘蛛网一样的构造，那么这只爬虫，就是要在上面爬来爬去，以便捕获需要的资源。

我们之所以能够通过百度或谷歌这样的搜索引擎检索到需要的网页，靠的就是它们大量的爬虫每天在互联网上爬来爬去，对网页中的每个关键词进行索引，建立索引数据库。在经过复杂的算法进行排序后，这些结果将按照与搜索关键词相关的度高低依次排列。

当然，编写一个搜索引擎，是一件非常艰苦的事情，但千里之行，始于足下，先从编写一个小爬虫代码开始，然后不断地改进它。

使用 Python 编写爬虫代码，要解决的第一个问题是：Python 如何访问互联网？

这是的一个现实问题，好在 Python 为此准备好了"电池"：urllib 模块。

事实上这个 urllib 是 URL 和 lib 两个单词共同构成的：URL 大家都知道，就是平时说的网页的地址；lib 是 library(库)的缩写。像鱼 C 工作室的首页，URL 的地址就是 http://www.fishc.com。

URL 的一般格式为（带方括号[]的为可选项）：

```
protocol :// hostname[:port] / path / [;parameters][?query]#fragment
```

URL 由三部分组成：

（1）协议，常见的有 http、https、ftp、file（访问本地文件夹）、ed2k（电驴的专用链接）等。

（2）存放资源的服务器的域名系统（DNS）主机名或 IP 地址（有时候要包含端口号，各种传输协议都有默认的端口号，如 http 的默认端口为 80）。

（3）主机资源的具体地址，如目录和文件名等。

第一部分和第二部分用 ":// " 符号隔开，第二部分和第三部分用"/"符号隔开。第一部分和第二部分是不可缺少的，第三部分有时可以省略。

说完 URL，可以来谈这个 urllib 模块了。Python 3 其实对这个模块做了较大的改动，以前版本有一个 urllib 模块，还有一个 urllib2 模块（对 urllib 进行补充），Python 3 直接将它们合并在了一起，统一命名为 urllib。这其实也不是一个模块，它是一个包（package）。

打开参考文档看一下，如图 14-1 所示。

Python » 3.7.0 Documentation » The Python Standard Library » 22. Internet Protocols and Support »

22.5. `urllib` — URL handling modules

Source code: Lib/urllib/

`urllib` is a package that collects several modules for working with URLs:

- `urllib.request` for opening and reading URLs
- `urllib.error` containing the exceptions raised by `urllib.request`
- `urllib.parse` for parsing URLs
- `urllib.robotparser` for parsing `robots.txt` files

图 14-1　urllib 模块

其实 urllib 是一个包，里边共有四个模块。第一个模块是最复杂的也是最重要的，因为它包含了对服务器请求的发出、跳转、代理和安全等各个方面。

先来体验一下，通过调用 urllib.request.urlopen()函数就可以访问网页了：

```
>>> import urllib.request
>>> response = urllib.request.urlopen("https://ilovefishc.com")
>>> html = response.read()
>>> print(html)
b'<!DOCTYPE html>\n<html lang="en">\n<head>\n        <meta charset=
"UTF-8">\n    <meta name="viewport" content="width=device-width, initial-
scale=1.0">\n    <meta name="keywords" content="\xe9\xb1\xbcC\xe5\xb7\
xa5\xe4\xbd\x9c\xe5\xae\xa4|\xe5\x85\x8d\xe8\xb4\xb9\xe7\xbc\x96\xe7\
xa8\x8b\xe8\xa7\x86\xe9\xa2\x91\xe6\x95\x99\xe5\xad\xa6|Python\xe6\x9
5\x99\xe5\xad\xa6|Web\xe5\xbc\x80\xe5\x8f\x91\xe6\x95\x99\xe5\xad\xa6
|\xe5\x85\xa8\xe6\xa0\x88\xe5\xbc\x80\xe5\x8f\x91\xe6\x95\x99\xe5\xad
\xa6|C\xe8\xaf\xad\xe8\xa8\x80\xe6\x95\x99\xe5\xad\xa6|\xe6\xb1\x87\x
e7\xbc\x96\xe6\x95\x99\xe5\xad\xa6|Win32\xe5\xbc\x80\xe5\x8f\x91|\xe5
\x8a\xa0\xe5\xaf\x86\xe4\xb8\x8e\xe8\xa7\xa3\xe5\xaf\x86|Linux\xe6\x9
5\x99\xe5\xad\xa6">\n    <meta name="description" content="\xe9\xb1\
xbcC\xe5\xb7\xa5\xe4\xbd\x9c\xe5\xae\xa4\xe4\xb8\xba\xe5\xa4\xa7\xe5\
xae\xb6\xe6\x8f\x90\xe4\xbe\x9b\xe6\x9c\x80\xe6\x9c\x89\xe8\xb6\xa3\x
e7\x9a\x84\xe7\xbc\x96\xe7\xa8\x8b\xe8\xa7\x86\xe9\xa2\x91\xe6\x95\x9
9\xe5\xad\xa6\xe3\x80\x82">\n
…
```

如图 14-2 所示，细心的读者可能会发现，这与在浏览器上使用"审查元素"功能看到的内容不太一样。

图 14-2　审查元素

 注意：

由于小甲鱼的网站时不时会改版一下，所以此时看到的网页效果可能不是这样，不过没关系，原理和思路都是一样的。如果想学会自己设计优美的网页，还可以学习小甲鱼的另外一个系列课程——《零基础入门学习 Web 开发》（http://demo.fishc.com）。

其实 Python 爬取内容是以 utf-8 编码的 bytes 对象（注意：打印的字符串前面有个 b，表示这是一个 bytes 对象，可以理解为字符串的每个字符用于存放 1 字节的二进制数据），要还原为带中文的 html 代码，需要对其进行解码，将它变成 Unicode 编码：

```
<!DOCTYPE html>
<html lang="en">
<head>
    <meta charset="UTF-8">
    <meta name="viewport" content="width=device-width, initial-scale=1.0">
    <meta name="keywords" content="鱼C工作室|免费编程视频教学|Python 教学|Web
开发教学|全栈开发教学|C 语言教学|汇编教学|Win32 开发|加密与解密|Linux 教学">
    <meta name="description" content="鱼 C 工作室为大家提供最有趣的编程视频教
学。">
    <meta name="author" content="鱼 C 工作室">
<title>鱼 C 工作室-免费编程视频教学|Python 教学|Web 开发教学|全栈开发教学|C 语言教
学|汇编教学|Win32 开发|加密与解密|Linux 教学</title>
    ...
```

14.2　什么是编码

事实上计算机只认识 0 和 1，然而却可以通过计算机来显示文本，这就是靠编码实现的。编码其实就是约定的一个协议，例如 ASCII 编码约定了大写字母 A 对应十进制数 65，那么在读取一个字符串的时候，看到 65，计算机就知道这是大写字母 A 的意思。

由于计算机是美国人发明的，所以这个 ASCII 编码设计时只采用 1 字节存储，包含了大小写英文字母、数字和一些符号。但是计算机在全世界普及之后，这就成了 ASCII 编码的一个瓶颈，因为 1 字节是完全不足以表示各国语言的。

大家都知道英文只用 26 个字母就可以组成不同的单词，而汉字光常用字就有好几千个，至少需要 2 字节才足以存放，所以后来中国制定了 GB2312 编码，用于对汉字进行编码。

日本为自己的文字制定了 Shift_JIS 编码，韩国为自己的文字制定了 Euc-kr 编码，一时之间，各国都制定了自己的标准。不难想象，不同的标准放在一起，就难免出现冲突。这也正是为什么最初在计算机上总是容易看到乱码的现象。

为了解决这个问题，Unicode 编码应运而生。Unicode 组织的想法最初也很简单：创建一个足够大的编码，将所有国家的编码都加进来，执行统一标准。

没错，这样问题就解决了。

但新的问题也出现了：如果你写的文本只包含英文和数字，那么用 Unicode 编码就显得特别浪费存储空间（用 ASCII 编码只占用一半的存储空间）。所以本着能省一点是一点的想法，Unicode 还创造出了多种实现方式。例如，常用的 UTF-8 编码就是 Unicode 的一种实现方式，它是可变长编码。

简单地说，就是当文本是 ASCII 编码的字符时，它用 1 字节存放；而当文本是其他 Unicode 字符时，它将按一定算法转换，每个字符使用 1～3 字节存放，这样便实现了有效节省空间的目的。

14.3　下载一只猫

视频讲解

林子大了，什么鸟都有。互联网这么大，当然也有各种不同特色的网站。

请访问 http://placekitten.com 这个网站，这是一个为"猫奴"量身定制的站点。在网址后面直接附上宽度和高度，就可以随机得到一张尺寸对应的猫的图片。

例如，访问的地址是 http://placekitten.com/g/200/300，那么将得到一张宽度为 200 像素，高度为 300 像素的图片，如图 14-3 所示。

图 14-3　获得喵星人的照片

获取的图片是.jpg 格式，可以在浏览器中右击，再选择"图片另存为"将可爱的喵星人保存到本地。

当然也可以利用 Python 来实现：

```
# p14_1.py
import urllib.request

response = urllib.request.urlopen("http://placekitten.com/g/200/300")
cat_img = response.read()

with open('cat_200_300.jpg', 'wb') as f:
    f.write(cat_img)
```

快看一下，代码所在的文件夹中是不是出现了 cat_200_300.jpg 这张图片？

惊不惊喜，意不意外！

既然程序可以顺利执行，那接下来快速地解读一下代码，避免大家有些地方理解不到位：首先，urlopen 的 url 参数既可以是一个字符串也可以是 Request 对象，如果传入一个字符串，那么 Python 会默认先把目标字符串转换成 Request 对象，然后再传给 urlopen 函数。

因此，代码也可以这么写：

```
…
req = urllib.requset.Requset("http://placekitten.com/g/200/300")
response = urllib.request.urlopen(req)
…
```

然后，urlopen 实际上返回的是一个类文件对象，因此可以用 read()方法来读取内容。除此之外，文档还告诉我们以下三个函数可能以后会用到：

- geturl()：返回请求的 url。

- info()：返回一个 httplib.HTTPMessage 对象，包含远程服务器返回的头信息。
- getcode()：返回 HTTP 状态码。

14.4   更好的选择

工欲善其事，必先利其器。

通常情况下，Python 官方提供的"电池"都是最可靠和实用的，除了 urllib。因为在 Python 社区，有一个比 Python "亲儿子" urllib 还好用的 HTTP 库——Requests。

Requests 简化了 urllib 的诸多冗杂且无意义的操作，并提供了更强大的功能。事实证明，Requests 是 Python 所有模块中最受欢迎的一个，全世界最优秀的程序员都在使用它。

14.4.1   没有对比就没有伤害

下面先让大家见识一下 Requests 的强大：

```
>>> import requests
>>> r = requests.get('https://api.github.com/user', auth=('user', 'pass'))
>>> r.status_code
200
>>> r.headers['content-type']
'application/json; charset=utf8'
```

实现类似功能，使用 urllib 就要麻烦许多：

```
>>> import urllib.request
>>> gh_url = 'https://api.github.com'
>>> req = urllib.request.Request(gh_url)
>>> password_manager = urllib.request.HTTPPasswordMgrWithDefaultRealm()
>>> password_manager.add_password(None, gh_url, 'user', 'pass')
>>> auth_manager = urllib.request.HTTPBasicAuthHandler(password_manager)
>>> opener = urllib.request.build_opener(auth_manager)
>>> urllib.request.install_opener(opener)
>>> handler = urllib.request.urlopen(req)
>>> print(handler.getcode())
200
>>> print(handler.headers['content-type'])
application/json; charset=utf-8
```

且不说使用 urllib 模块的代码需要掌握 HTTPPasswordMgrWithDefaultRealm、HTTPBasicAuthHandler、build_opener、install_opener 这些函数的复杂用法，就算已经掌握了，但使用 Requests 模块，可以一个语句就搞定所有操作，根本不需要那么多繁杂的操作。

14.4.2　安装 Requests

与前面安装 EasyGui 一样，安装 Requests 模块也是在命令行窗口使用 pip 命令（pip install requests）即可，如图 14-4 所示。

```
C:\WINDOWS\system32\cmd.exe                                      —    □    ×
Microsoft Windows [版本 10.0.17134.165]
(c) 2018 Microsoft Corporation。保留所有权利。

C:\Users\goodb>pip install requests
Collecting requests
  Using cached https://files.pythonhosted.org/packages/65/47/7e02164a2a3db50ed6d8a6ab1d6d60b69c4c3fd
f57a284257925dfc12bda/requests-2.19.1-py2.py3-none-any.whl
Requirement already satisfied: urllib3<1.24,>=1.21.1 in c:\users\goodb\appdata\local\programs\python
\python37\lib\site-packages (from requests) (1.23)
Requirement already satisfied: idna<2.8,>=2.5 in c:\users\goodb\appdata\local\programs\python\python
37\lib\site-packages (from requests) (2.7)
Requirement already satisfied: chardet<3.1.0,>=3.0.2 in c:\users\goodb\appdata\local\programs\python
\python37\lib\site-packages (from requests) (3.0.4)
Requirement already satisfied: certifi>=2017.4.17 in c:\users\goodb\appdata\local\programs\python\py
thon37\lib\site-packages (from requests) (2018.4.16)
Installing collected packages: requests
Successfully installed requests-2.19.1
```

图 14-4　安装 Requests 模块

Requests 是个开源项目，目前正在热火朝天地不断进化中，因此可以在 Github 上获取该项目（https://github.com/requests/requests）的源代码。

【扩展阅读】　关于 Requests 模块，官方推出了一个快速入门手册，小甲鱼也翻译了一下，可访问 http://bbs.fishc.com/thread-95893-1-1.html 或扫描此处二维码获取。

14.4.3　安装 BeautifulSoup4

有了 Requests 模块，就可以使用它的 get()方法从服务器上下载网页。但正如 14.1 节中的例子那样，下载下来的是网页源代码，非常不利于检索需要的数据。因此，还需要一个强而有力的工具进行解析。

小甲鱼推荐大家使用 BeautifulSoup4（BS4），别误会，这不是一个教你烹饪的模块，而是一个不折不扣的网页解析利器。

安装 BeautifulSoup4 模块也是在命令行窗口使用 pip 命令（pip install bs4）即可，如图 14-5 所示。

```
C:\WINDOWS\system32\cmd.exe                                      —    □    ×
Microsoft Windows [版本 10.0.17134.165]
(c) 2018 Microsoft Corporation。保留所有权利。

C:\Users\goodb>pip install bs4
Collecting bs4
  Downloading https://files.pythonhosted.org/packages/10/ed/7e8b97591f6f456174139ec089c769f89a94a1a4025fe967691de971f314
/bs4-0.0.1.tar.gz
Collecting beautifulsoup4 (from bs4)
  Downloading https://files.pythonhosted.org/packages/9e/d4/10f46e5cfac773e22707237bfcd51bbffeaf0a576b0a847ec7ab15bd7ace
/beautifulsoup4-4.6.0-py3-none-any.whl (86kB)
    100% |████████████████████████████████| 92kB 124kB/s
Installing collected packages: beautifulsoup4, bs4
  Running setup.py install for bs4 ... done
Successfully installed beautifulsoup4-4.6.0 bs4-0.0.1
```

图 14-5　安装 BeautifulSoup4 模块

【扩展阅读】　关于 BeautifulSoup4 模块，官方推出了一个快速入门手册，小甲鱼也翻译了一下，可访问 http://bbs.fishc.com/thread-97807-1-1.html 或扫描此处二维码获取。

扩展阅读

视频讲解

14.5　爬取豆瓣 Top250 电影排行榜

小甲鱼发现很多朋友在看一部电影前都习惯先找一找网友们对该片的评价，再决定是否观看。说到电影评分的网站，除了国外的 IMDB 和烂番茄，国内要数豆瓣最为出名。主要原因还是豆瓣有一套完整的评分和防"水军"机制，在这套机制下，豆瓣评分高的电影不一定是所有人都喜欢的，但是豆瓣评分低的电影，一定是实打实的"烂片"。

虽然每个人的喜好、偏爱不同，但通常豆瓣评分 8 分以上的电影，都是值得一看的。豆瓣还专门提供了一个 Top250 的电影榜单（https://movie.douban.com/top250），如图 14-6 所示。

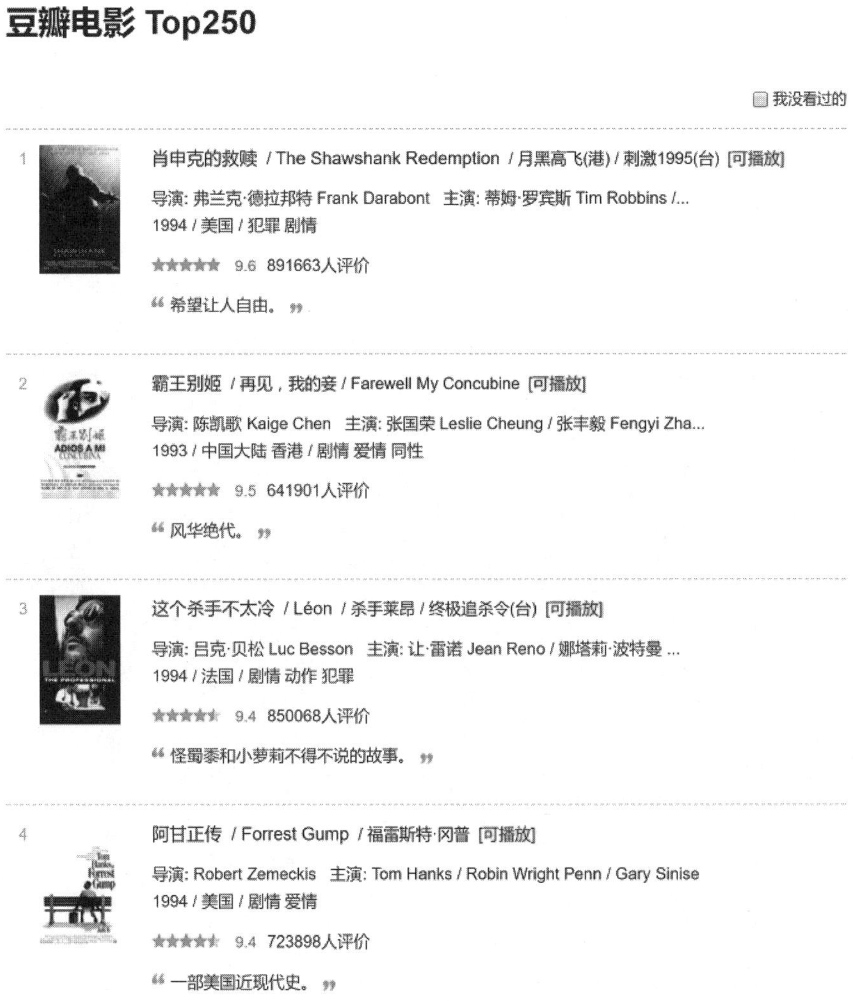

豆瓣电影 Top250

☐ 我没看过的

1　肖申克的救赎 / The Shawshank Redemption / 月黑高飞(港) / 刺激1995(台) [可播放]
导演: 弗兰克·德拉邦特 Frank Darabont   主演: 蒂姆·罗宾斯 Tim Robbins /...
1994 / 美国 / 犯罪 剧情
★★★★★ 9.6 891663人评价
" 希望让人自由。 "

2　霸王别姬 / 再见，我的妾 / Farewell My Concubine [可播放]
导演: 陈凯歌 Kaige Chen   主演: 张国荣 Leslie Cheung / 张丰毅 Fengyi Zha...
1993 / 中国大陆 香港 / 剧情 爱情 同性
★★★★★ 9.5 641901人评价
" 风华绝代。 "

3　这个杀手不太冷 / Léon / 杀手莱昂 / 终极追杀令(台) [可播放]
导演: 吕克·贝松 Luc Besson   主演: 让·雷诺 Jean Reno / 娜塔莉·波特曼 ...
1994 / 法国 / 剧情 动作 犯罪
★★★★☆ 9.4 850068人评价
" 怪蜀黍和小萝莉不得不说的故事。 "

4　阿甘正传 / Forrest Gump / 福雷斯特·冈普 [可播放]
导演: Robert Zemeckis   主演: Tom Hanks / Robin Wright Penn / Gary Sinise
1994 / 美国 / 剧情 爱情
★★★★☆ 9.4 723898人评价
" 一部美国近现代史。 "

图 14-6　豆瓣 Top250 电影排行榜

🔔 **提示：**

别看这些影片都"挺老"的，但很多都是现在很难再超越的经典，建议豆瓣的 Top250 大家都看一遍，相信将会受益匪浅。

使用 Requests 下载这个榜单非常简单：

```
>>> import requests
>>> res = requests.get("https://movie.douban.com/top250")
>>> print(res.text)
<!DOCTYPE html>
<html lang="zh-cmn-Hans" class="">
<head>
    <meta http-equiv="Content-Type" content="text/html; charset=utf-8">
    <meta name="renderer" content="webkit">
    <meta name="referrer" content="always">
    <title>
豆瓣电影 Top 250
</title>
…
```

使用 BeautifulSoup4 模块解析网页内容，可以化腐朽为神奇，将一个复杂的网页结构转化为书籍目录的形式供浏览。

```
>>> import bs4
>>> soup = bs4.BeautifulSoup(res.text, "html.parser")
>>> targets = soup.find_all("div", class_="hd")
>>> for each in targets:
        print(each.a.span.text)

肖申克的救赎
霸王别姬
这个杀手不太冷
阿甘正传
美丽人生
泰坦尼克号
千与千寻
辛德勒的名单
盗梦空间
机器人总动员
三傻大闹宝莱坞
海上钢琴师
忠犬八公的故事
放牛班的春天
大话西游之大圣娶亲
楚门的世界
龙猫
```

教父

星际穿越

熔炉

触不可及

乱世佳人

无间道

当幸福来敲门

怦然心动

这些数据是怎么得来的呢？先来看 HTML 源代码，如图 14-7 所示。

图 14-7　网页源代码分析

可以发现每部电影的标题都位于<div class="hd">...</div>标签中，它的从属关系是：div -> a -> span。

所以上面代码先调用 find_all()方法，找到所有 class="hd"的 div 标签，然后按照从属关系即可直接取出电影名。

怎么样？是不是和翻书查字典一样简单！解决了"最难"的部分，剩下的工作就是将数据整理并保存，代码如下：

```
# p14_2.py
import requests
import bs4
import re


def open_url(url):
    # 使用代理
    # proxies = {"http": "127.0.0.1:1080", "https": "127.0.0.1:1080"}
    headers = {'user-agent': 'Mozilla/5.0 (Windows NT 10.0; WOW64)
```

```
                    AppleWebKit/537.36 (KHTML, like Gecko) Chrome/57.0.2987.98 Safari/537.36'}
    # res = requests.get(url, headers=headers, proxies=proxies)
    res = requests.get(url, headers=headers)
    return res


def find_movies(res):
    soup = bs4.BeautifulSoup(res.text, 'html.parser')
    # 电影名
    movies = []
    targets = soup.find_all("div", class_="hd")
    for each in targets:
        movies.append(each.a.span.text)
    # 评分
    ranks = []
    targets = soup.find_all("span", class_="rating_num")
    for each in targets:
        ranks.append(' 评分：%s ' % each.text)
    # 资料
    messages = []
    targets = soup.find_all("div", class_="bd")
    for each in targets:
        try:
            messages.append(each.p.text.split('\n')[1].strip() + each.p.
            text.split('\n')[2].strip())
        except:
            continue

    result = []
    length = len(movies)
    for i in range(length):
        result.append(movies[i] + ranks[i] + messages[i] + '\n')
    return result


# 找出一共有多少个页面
def find_depth(res):
    soup = bs4.BeautifulSoup(res.text, 'html.parser')
    depth = soup.find('span', class_='next').previous_sibling.previous_
    sibling.text
    return int(depth)


def main():
    host = "https://movie.douban.com/top250"
    res = open_url(host)
    depth = find_depth(res)

    result = []
```

```
for i in range(depth):
    url = host + '/?start=' + str(25 * i)
    res = open_url(url)
    result.extend(find_movies(res))

with open("豆瓣TOP250电影.txt", "w", encoding="utf-8") as f:
    for each in result:
        f.write(each)

if __name__ == "__main__":
    main()
```

14.6　爬取网易云音乐的热门评论

视频讲解

近几年，网易云音乐可谓异军突起，凭借着独具一格的特色评论硬是闯出了自己的一片天地！

小甲鱼平时就算不听歌，也会偶尔打开网易云音乐看看下面的评论，这一节要求编写一个小爬虫，爬取网易云音乐上指定歌曲的精彩评论。

第一步是"踩点"，使用 Firefox 或谷歌浏览器，按下 F12 快捷键来到"检查元素"的界面，如图 14-8 所示。

图 14-8　"踩点"

可以看到所有的评论都包裹在 id 为 auto-id-U5oufq6AaRRd7dr5 的\<div\>标签中，注意名字，既然叫"auto-id-****"，那么说明后面的字符应该是随机生成的。

不管它，先把网页下载下来看看再说：

```python
# p14_3.py
import requests

def get_url(url):
    headers = {'user-agent': 'Mozilla/5.0 (Windows NT 10.0; WOW64) AppleWebKit
/537.36 (KHTML, like Gecko) Chrome/57.0.2987.98 Safari/537.36'}
    res = requests.get(url, headers=headers
    return res


def main():
    url = input("请输入链接地址：")
    res = get_url(url)
    with open("res.txt", "w", encoding="utf-8") as file:
        file.write(res.text)


if __name__ == "__main__":
    main()
```

打开下载下来的 res.txt 文件，搜索其中一个评论内容，如图 14-9 所示。

图 14-9　分析

然而评论并不在这个文件中……

现在网速都很快了，"唰"一声就加载了整个网页。很多时候，一个网页并非只有一个源文件，而是由许许多多的小文件构成。

单击 Network，刷新一下网页，可以发现出现了很多源文件，它们就是组成整个网页的一部分，如图 14-10 所示。

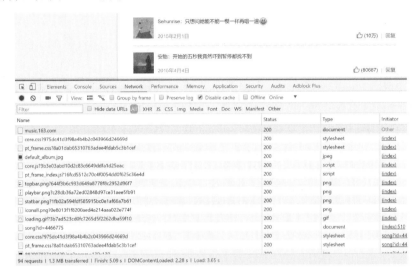

图 14-10　分析

现在的目标就是从里面找到藏有"精彩评论"的文件。摆在眼前的大概有两条路可以走：

- 所有文件逐个翻查，直到发现目标。
- 让浏览器近乎"蜗牛"的速度加载网页，当发现目标的时候，让时间"静止"。

对于动辄几十上百个文件的网页来说，第一种方法实在是太折腾了，直接看看第二种，如图 14-11 所示。

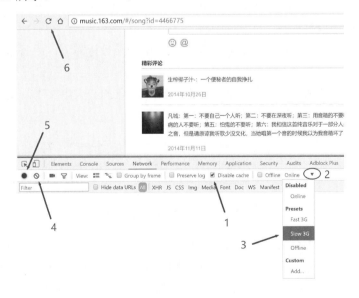

图 14-11　让浏览器缓慢加载网页

照着图 14-11 中 1~6 顺序依次单击，就可以看到网页如你所愿以"蜗牛"般的速度在加载。

此时，可以看到网页从无到有一个个元素的添加过程。但请勿沉迷其中，一旦出现"目标"，立刻单击图 14-12 中指出的两个按钮。

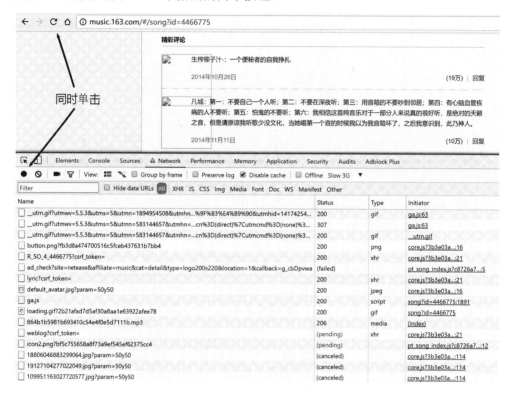

图 14-12　让浏览器停止加载网页

这里看到有几种 Status（状态）：200、307 表示成功加载，failed 则是失败，pending 表示准备加载但还没有加载，而 canceled 则表示已取消。

现在只需要在上面这些已经成功加载的文件中查找目标即可，后面那么多文件都不用去管它了。

既然是评论，那么必定是从服务器的数据库里提取的一大串文本，然后传输给浏览器。所以，可以再过滤一下，如图 14-13 所示。

图 14-13　筛选指定类型的文件

默认的过滤器是所有类型的文件，这里可以单独查看 XHR 类型和 Doc 类型的文件，因为像图片之类的都不会有大串文本。注：XHR 即 XMLHttpRequest，它为客户端提供了在客户端和服务器之间传输数据的功能。它提供了一个通过 URL 来获取数据的简单方式，并且不会使整个页面刷新，而是只更新一部分页面，不会打扰到用户。

经过上面不断地缩小范围，现在可以很容易地发现评论位于 "R_SO_4_4466775?csrf_token=" 这个文件中，如图 14-14 所示。

图 14-14　发现评论所在的文件

直接打开它是行不通的，单击 Headers 发现它原来是一个 POST 文件，如图 14-15 所示。

图 14-15　POST 文件

换句话说，也就是需要向服务器提交一些指定的数据，才能拿到想要的东西。而 params 和 encSecKey 则是服务器想要的数据。这两个看起来像是加密过的内容，不过先不管它怎么来的，直接发给服务器看看：

```python
# p14_4.py
import requests


def get_comments(url):
    # 传给它 referer
    # 当然，有时间的话将 headers 头部填写完整，那样会更好一些
    headers = {
        'user-agent': 'Mozilla/5.0 (Windows NT 10.0; WOW64) AppleWebKit
        /537.36 (KHTML, like Gecko) Chrome/57.0.2987.98 Safari/537.36',
        'referer': 'http://music.163.com/'
        }

    params = "EuIF/+GM1OWmp2iaIwbVdYDaqODiubPSBToe5EdNp6LHTLf+aID/dWGU6
```

```
    bHWXS0jD9pPa/oY67TOwiicLygJ+BhMkOX/J1tZMhq45dcUIr6fLuoHOECYrOU6yS
    wH4CjxxdbW3lpVmksGEdlxbZevVPkTPkwvjNLDZHK238OuNCy0Csma04SXfoVM3iLhaFBT"
    encSecKey = "db26c32e0cd08a11930639deadefda2783c81034be6445ca8f4fb
    edd346e1f9567375083aeb1a85e6ad6d9ae4532a49752c2169db8bcc04d38a79f9
    bed7facea42ee23f1b33538c34f82741318d9b4b846663b53b0b808dd0499dccf
    bc6c61fbf180c6fb24b1c2dd3c2c450ce09917d74be9424dab836fd2e671988ffbc6ae1b"
    data = {
        "params": params,
        "encSecKey": encSecKey
        }

    name_id = url.split('=')[1]
    target_url  =  "http://music.163.com/weapi/v1/resource/comments/R_
    SO_4_{}?csrf_token=".format(name_id)

    res = requests.post(target_url, headers=headers, data=data)
    return res

def main():
    url = input("请输入链接地址：")
    res = get_comments(url)
    with open("data.txt", "w", encoding="utf-8") as file:
        file.write(res.text)

if __name__ == "__main__":
    main()
```

事实证明这样做是行得通的，打开 data.txt 文件，如图 14-16 所示。

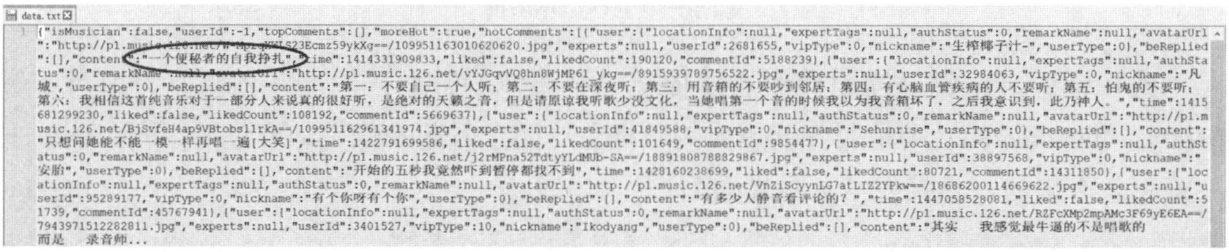
data.txt
{"isMusician":false,"userId":-1,"topComments":[],"moreHot":true,"hotComments":[{"user":{"locationInfo":null,"expertTags":null,"authStatus":0,"remarkName":null,"avatarUrl":"http://p1.music.126.net/W-Mpzq...S23Ecmz59ykXg==/109951163010620620.jpg","experts":null,"userId":2681655,"vipType":0,"nickname":"生榨椰子汁-","userType":0},"beReplied":[],"content":"一个便秘者的自我挣扎","time":1414331909833,"liked":false,"likedCount":190120,"commentId":5188239},{"user":{"locationInfo":null,"expertTags":null,"authStatus":0,"remarkName":null,"avatarUrl":"http://p1.music.126.net/vYJGqvVQ8hn8WjMP61_ykg==/8915939789756522.jpg","experts":null,"userId":32984063,"vipType":0,"nickname":"凡城","userType":0},"beReplied":[],"content":"第一：不要自己一个人听；第二：不要在深夜听；第三：用音箱的不要吵到邻居；第四：有心脑血管疾病的人不要听；第五：怕鬼的不要听；第六：我相信这首纯音乐对于一部分人来说真的很好听，是绝对的天籁之音，但是请原谅我听歌少没文化，当她唱第一个音的时候我以为我音箱坏了，之后我意识到，此乃神人。","time":1415681299230,"liked":false,"likedCount":108192,"commentId":5669637},{"user":{"locationInfo":null,"expertTags":null,"authStatus":0,"remarkName":null,"avatarUrl":"http://p1.music.126.net/BjSvfeH4ap9VBtobs1lrkA==/109951162961341974.jpg","experts":null,"userId":41849588,"vipType":0,"nickname":"Sehunrise","userType":0},"beReplied":[],"content":"只想问她能不能一模一样再唱一遍[大笑]","time":1422791699586,"liked":false,"likedCount":101649,"commentId":9854477},{"user":{"locationInfo":null,"expertTags":null,"authStatus":0,"remarkName":null,"avatarUrl":"http://p1.music.126.net/j2rMPna52TdtyYLdMUb-SA==/18891808788829867.jpg","experts":null,"userId":38897568,"vipType":0,"nickname":"安胎","userType":0},"beReplied":[],"content":"开始的五秒我竟然吓到暂停都找不到","time":1428160238699,"liked":false,"likedCount":80721,"commentId":14311850},{"user":{"locationInfo":null,"expertTags":null,"authStatus":0,"remarkName":null,"avatarUrl":"http://p1.music.126.net/VnZiScyynLG7atLIZ2YPkw==/18686200114669622.jpg","experts":null,"userId":95289177,"vipType":0,"nickname":"有个你呀有个你","userType":0},"beReplied":[],"content":"有多少人静音看评论的？","time":1447058528081,"liked":false,"likedCount":51739,"commentId":45767941},{"user":{"locationInfo":null,"expertTags":null,"authStatus":0,"remarkName":null,"avatarUrl":"http://p1.music.126.net/RZFcXMp2mpAMc3F69yE6EA==/7943971512282811.jpg","experts":null,"userId":3401527,"vipType":10,"nickname":"Ikodyang","userType":0},"beReplied":[],"content":"其实　我感觉最牛逼的不是唱歌的
而是　录音师...

图 14-16　测试

那传递上去的这两个参数，可以用在其他歌曲上吗？不妨换一首《丑八怪》（http://music.163.com/#/song?id=27808044）试试，程序实现如图 14-17 所示。

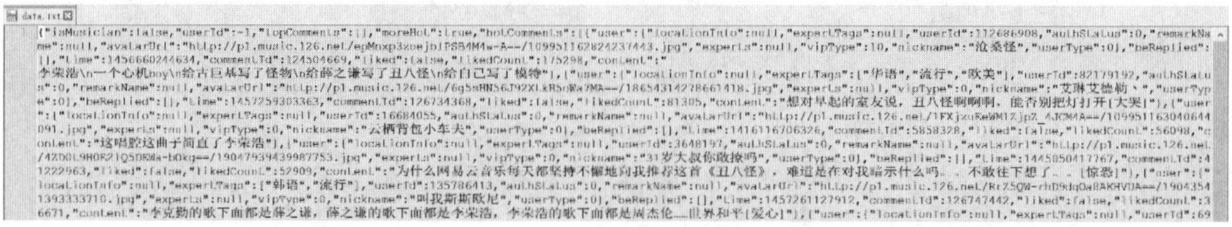
data.txt
{"isMusician":false,"userId":-1,"topComments":[],"moreHot":true,"hotComments":[{"user":{"locationInfo":null,"expertTags":null,"userId":112686908,"authStatus":0,"remarkName":null,"avatarUrl":"http://p1.music.126.net/epMnxp3zoejbIPSB4M4w-A==/109951162824237443.jpg","experts":null,"vipType":10,"nickname":"沧桑怪","userType":0},"beReplied":[],"time":1456660244634,"commentId":124504669,"liked":false,"likedCount":175298,"content":"
李宗浩\n一个心机boy\n给古巨基写了怪物\n给薛之谦写了丑八怪\n给自己写了模特"},{"user":{"locationInfo":null,"expertTags":["华语","流行","欧美"],"userId":82179192,"authStatus":0,"remarkName":null,"avatarUrl":"http://p1.music.126.net/6g5sHN56J92XLkR5oWa7MA==/18654314278661418.jpg","experts":null,"vipType":0,"nickname":"艾琳艾德莉丶","userType":0},"beReplied":[],"time":1457259303363,"commentId":126734368,"liked":false,"likedCount":81305,"content":"想对早起的室友说，丑八怪啊啊啊，能否别把灯打开[大哭]"},{"user":{"locationInfo":null,"expertTags":null,"userId":16684055,"authStatus":0,"remarkName":null,"avatarUrl":"http://p1.music.126.net/1FXjzuKeWM1ZjpZ_4JCMA==/109951163040644091.jpg","experts":null,"vipType":0,"nickname":"云栖背包小车夫","userType":0},"beReplied":[],"time":1416116706326,"commentId":5858328,"liked":false,"likedCount":56098,"content":"这唱腔这曲子简直了李荣浩"},{"user":{"locationInfo":null,"expertTags":null,"userId":3648197,"authStatus":0,"remarkName":null,"avatarUrl":"http://p1.music.126.net/4ZD0L9H0F21Q5DKWa-bOkg==/19047939439987753.jpg","experts":null,"vipType":0,"nickname":"31岁大叔你敢撩吗","userType":0},"beReplied":[],"time":1445850417767,"commentId":41222963,"liked":false,"likedCount":52909,"content":"为什么网易云音乐每天都坚持不懈地向我推荐这首《丑八怪》，难道是在对我暗示什么吗。。不敢往下想了。。[惊恐]"},{"user":{"locationInfo":null,"expertTags":["韩语","流行"],"userId":135786413,"authStatus":0,"remarkName":null,"avatarUrl":"http://p1.music.126.net/Rr75QW-rhD9dqOa8AKHVDA==/19043541393333710.jpg","experts":null,"vipType":0,"nickname":"叫我斯斯欧尼","userType":0},"beReplied":[],"time":1457261127912,"commentId":126747442,"liked":false,"likedCount":36671,"content":"李克勤的歌下面都是薛之谦，薛之谦的歌下面都是李荣浩，李荣浩的歌下面都是周杰伦……世界和平[爱心]"},{"user":{"locationInfo":null,"expertTags":null,"userId":69

图 14-17　测试另一首歌曲

好了，接下来就是提取关键数据的阶段。data.txt 文件中的数据是 JSON 格式，JSON 是一种轻量级的数据交换格式，在网络传输中经常会用到它，JSON 这种格式说白了就是用字符串 Python 的数据结构给封装起来。操作 JSON 格式的数据，通常有 json.loads 和 json.dumps 方法。

下面使用 json.loads()方法可以将字符串还原为 Python 的数据结构：

```
comments_json = json.loads(res.text)
```

这样 comments_json 拿到的是一个大字典，字典中'hotComments'键对应的值就是所有的精彩评论。

完整的程序实现如下：

```
# p14_5.py
import requests
import json


def get_hot_comments(res):
    comments_json = json.loads(res.text)
    hot_comments = comments_json['hotComments']
    with open('hot_comments.txt', 'w', encoding='utf-8') as file:
        for each in hot_comments:
            file.write(each['user']['nickname'] + ': \n\n')
            file.write(each['content'] + '\n')
            file.write("------------------------------------\n")


def get_comments(url):
    # 传给它 referer
    # 当然，有时间的话将 headers 头部填写完整，那样会更好一些
    headers = {
        'user-agent': 'Mozilla/5.0 (Windows NT 10.0; WOW64) AppleWebKit/
        537.36 (KHTML, like Gecko) Chrome/57.0.2987.98 Safari/537.36',
        'referer': 'http://music.163.com/'
        }

    params = "EuIF/+GM1OWmp2iaIwbVdYDaqODiubPSBToe5EdNp6LHTLf+aID/dWGU6b
    HWXS0jD9pPa/oY67TOwiicLygJ+BhMkOX/J1tZMhq45dcUIr6fLuoHOECYrOU6ySw
    H4CjxxdbW3lpVmksGEdlxbZevVPkTPkwvjNLDZHK238OuNCy0Csma04SXfoVM3iLhaFBT"
    encSecKey = "db26c32e0cd08a11930639deadefda2783c81034be6445ca8f4fbe
    dd346e1f9567375083aeb1a85e6ad6d9ae4532a49752c2169db8bcc04d38a79f9b
    ed7facea42ee23f1b33538c34f82741318d9b4b846663b53b0b808dd0499dccf
    bc6c61fbf180c6fb24b1c2dd3c2c450ce09917d74be9424dab836fd2e671988ffbc6ae1b"
    data = {
        "params": params,
        "encSecKey": encSecKey
        }
```

```
name_id = url.split('=')[1]
target_url = "http://music.163.com/weapi/v1/resource/comments/R_
SO_4_{}?csrf_token=".format(name_id)

res = requests.post(target_url, headers=headers, data=data)
return res

def main():
    url = input("请输入链接地址: ")
    res = get_comments(url)
    get_hot_comments(res)

if __name__ == "__main__":
    main()
```

本章节的案例节选自《极客 Python 之效率革命》。

【扩展阅读】 《极客 Python 之效率革命》是一个以案例为导向的系列教程，主要讲解 Python 社区各种热门模块的使用技巧，包括编写爬虫、绘图绘制表格、操作 Word 文档和 Excel 表格、数据处理、邮件收发以及图像编辑等。掌握了它们，就可以让你的工作事半功倍。可访问 http://bbs.fishc. com/forum-319-1.html 或扫描此处二维码获取。

第15章
正则表达式

关于正则表达式，有一个非常经典的美式笑话。有些人面临一个问题的时候会想："我知道，可以使用正则表达式来解决这个问题。"于是，现在他就有两个问题了。有些读者可能没懂，意思就是使用正则表达式，本身就是一个难题。

没错，正则表达式的确很难学，但却非常有用。这么说吧，在编写处理字符串的程序或网页时，经常会有查找符合某些复杂规则的字符串的需要。用 Python 自带的字符串方法，一定会让你恼羞成怒。这时候，如果懂得正则表达式，会发现这真是"灵丹妙药"，因为正则表达式就是用于描述这些复杂规则的工具。

15.1　re 模块

视频讲解

不同的语言均有使用正则表达式的方法，但各不相同。Python 是通过 re 模块来实现的。接下来，边写例子边给大家讲解，这样比较容易理解：

```
>>> import re
>>> re.search(r'FishC', 'I love FishC.com!')
<_sre.SRE_Match object; span=(7, 12), match='FishC'>
```

search()方法用于在字符串中搜索正则表达式模式第一次出现的位置，这里找到了，匹配的位置是(7, 12)。

这里需要注意两点：

- 第一个参数是正则表达式模式，也就是要描述的搜索规则，需要使用原始字符串来写，因为这样可以避免很多不必要的麻烦。
- 找到后返回的范围是以下标为 0 开始的，这与字符串一样。如果找不到，它就返回 None。

15.2　通配符

有些读者可能会产生质疑了："就这个？我用 find()方法一样可以实现！"

```
>>> "I love FishC.com!".find('FishC')
7
```

好，那来一个 find()方法没法实现的内容。

大家都知道通配符，就是*和?，用它来表示任何字符。例如想找到所有 Word 类型的文件时，就输入*.docx，对不对？

正则表达式也有所谓的通配符，在这里是用一个点号（.）来表示，它可以匹配除了换行符之外的任何字符：

```
>>> re.search(r'.', 'I love FishC.com!')
<_sre.SRE_Match object; span=(0, 1), match='I'>

>>> re.search(r'Fish.', 'I love FishC.com!')
<_sre.SRE_Match object; span=(7, 12), match='FishC'>
```

15.3 反斜杠

喜欢思考的读者现在可能会有疑问了："既然点号（.）可以匹配任何字符，那如果现在只想单单匹配点号（.）这个字符本身，该怎么办呢？"

正如 Python 的字符串规则，想要消除一个字符的特殊功能，就在它前面加上反斜杠，这里也一样：

```
>>> re.search(r'.', 'I love FishC.com!')
<_sre.SRE_Match object; span=(0, 1), match='I'>

>>> re.search(r'\.', 'I love FishC.com!')
<_sre.SRE_Match object; span=(12, 13), match='.'>
```

在正则表达式中，反斜杠可以剥夺元字符的特殊能力。元字符就是拥有特殊能力的符号，像刚才的点号（.）就是一个元字符。同时，反斜杠还可以使得普通字符拥有特殊能力。

举个例子，比如想匹配数字，那么可以使用反斜杠加上小写字母 d(\d)：

```
>>> re.search(r'\d', 'I love 123 FishC.com!')
<_sre.SRE_Match object; span=(7, 8), match='1'>
```

有了以上两点知识，想要匹配一个 IP 地址大概就可以这么写：

```
>>>re.search(r'\d\d\d\.\d\d\d\.\d\d\d\.\d\d\d','other192.168.111.253other')
<_sre.SRE_Match object; span=(5, 20), match='192.168.111.253'>
```

当然这么写是有问题的：
- \d 表示匹配 0～9 所有的数字，而 IP 地址约定的范围是 0～255，\d\d\d 表示的范围则是 000～99。
- 这里要求 IP 地址的每个组成部分都需要三个数字，而现实中的 IP 地址经常是像

192.168.1.1 这样。

既然有问题，那就应有解决的方案，下面逐步来寻求解决的方案。

15.4　字符类

为了表示一个字符的范围，可以创建一个字符类。使用中括号将任何内容包起来就是一个字符类，它的含义是只要匹配这个字符类中的任何字符，结果就算作匹配。

举个例子，比如想要匹配到元音字母，可以这么写：

```
>>> re.search(r'[aeiou]', 'I love 123 FishC.com!')
<_sre.SRE_Match object; span=(3, 4), match='o'>
```

有些读者可能会有疑惑："大写字母 I 也是元音字母，怎么不匹配它呢？"

这是因为正则表达式默认是区分大小写的，所以大写的 I 与小写的 i 会区分开。

解决的方案有两种：

- 关闭大小写敏感模式。
- 修改字符类。

关闭大小写敏感模式后面再讲，先谈谈修改字符类：

```
>>> re.search(r'[aeiouAEIOU]', 'I love 123 FishC.com!')
<_sre.SRE_Match object; span=(0, 1), match='I'>
```

字符类中的任何一个字符匹配，就算匹配成功。在中括号中，还可以使用小横杠来表示范围：

```
>>> re.search(r'[a-z]', 'I love 123 FishC.com!')
<_sre.SRE_Match object; span=(2, 3), match='l'>
```

同样可以用来表示数字的范围：

```
>>> re.search(r'[0-2][0-5][0-5]', 'I love 123 FishC.com!')
<_sre.SRE_Match object; span=(7, 10), match='123'>
```

15.5　重复匹配

数字范围的问题解决了。接下来需要处理第二个问题——匹配个数的问题。

使用大括号这对元字符来实现重复匹配的功能：

```
>>> re.search(r'ab{3}c', 'abbbc')
<_sre.SRE_Match object; span=(0, 5), match='abbbc'>
```

可以看到，正好三个可以匹配。

如果有五个呢？看下面代码可知，匹配不了：

```
>>> re.search(r'ab{3}c', 'abbbbbc')
>>>
```

重复的次数也可以取一个范围：

```
>>> re.search(r'ab{3,5}c', 'abbbbbc')
<_sre.SRE_Match object; span=(0, 7), match='abbbbbc'>
>>> re.search(r'ab{3,5}c', 'abbbc')
<_sre.SRE_Match object; span=(0, 5), match='abbbc'>
```

嗯，看到大家似乎已经信心满满、跃跃欲试，我忍不住还是要来打击一下大家：请问如何用正则表达式匹配 0~255 这个范围的数？

我知道有些读者想都不用想就会这么写：

```
>>> re.search(r'[0-255]', '188')
<_sre.SRE_Match object; span=(0, 1), match='1'>
```

或者会这么写：

```
>>> re.search(r'[0-2][0-5][0-5]', '188')
>>>
```

怎么样？果然与你想象的不一样吧。

要记住，正则表达式匹配的是字符串，所以数字对于字符来说只有 0~9，像 123 就是由'1'、'2'、'3'三个字符构成的。[0-255]这个字符类表示 0~2 还有两个 5，所以是匹配'0'、'1'、'2'、'5'四个数字中任何一个。

要匹配 0~255 这个范围的数字，正则表达式应该这么写：

```
>>> re.search(r'[0-1]\d\d|2[0-4]\d|25[0-5]', '188')
<_sre.SRE_Match object; span=(0, 3), match='188'>
```

来试试匹配 ip 地址：

```
>>> re.search(r'([01]\d\d|2[0-4]\d|25[0-5]\.){3}([01]\d\d|2[0-4]\d|25
[0-5])', 'other192.168.1.1other')
>>>
```

小括号是表示分组，这与数学中小括号起到的作用类似。一个小组就是一个整体，后面加上重复次数{3}，表示这个小组的规则需要重复匹配三次才算成功。

那现在问题出在哪儿呢？

眼尖的朋友发现了，这里没有充分考虑数字的位数。

因为数字 1 并不会刻意写成 001 这样的三位数，所以再稍作修改：

```
>>> re.search(r'(([01]{0,1}\d{0,1}\d|2[0-4]\d|25[0-5])\.){3}([01]{0,1}
\d{0,1}\d|2[0-4]\d|25[0-5])', 'other192.168.1.1other')
<_sre.SRE_Match object; span=(5, 16), match='192.168.1.1'>
```

搞定！

大家现在应该可以充分理解"当你发现一个问题可以用正则表达式来解决的时候，

于是你就有两个问题了"这句话了。

15.6　特殊符号及用法

视频讲解

在 Python 中，正则表达式也是以字符串的形式来描述的。

正则表达式的强大之处在于特殊符号的应用，特殊符号定义了字符集合、子组匹配、模式重复次数。正是这些特殊符号使得一个正则表达式可以匹配一个复杂的规则，而不仅仅只是一个字符串。表 15-1 说明了 Python 3 正则表达式特殊符号及用法。

表 15-1　Python 3 正则表达式特殊符号及用法

字　　符	含　　义
.	表示匹配除了换行符外的任何字符。 通过设置 re.DOTALL 标志可以使点 (.) 匹配任何字符（包含换行符）
|	A|B，表示匹配正则表达式 A 或者 B
^	匹配输入字符串的开始位置。 如果设置了 re.MULTILINE 标志，^ 也匹配换行符之后的位置
$	匹配输入字符串的结束位置。 如果设置了 re.MULTILINE 标志，$ 也匹配换行符之前的位置
\	将一个普通字符变成特殊字符，例如，\d 表示匹配所有十进制数字。 解除元字符的特殊功能，例如，\. 表示匹配点号本身。 引用序号对应的子组所匹配的字符串。 表 15-2 列举了由字符 '\' 和另一个字符组成的特殊含义。注意，'\' + 元字符的组合可以解除元字符的特殊功能
[...]	字符类，匹配所包含的任意一个字符。 连字符 (-) 如果出现在字符串中间表示字符范围描述；如果出现在首位则仅作为普通字符。 特殊字符仅有反斜线 (\) 保持特殊含义，用于转义字符；其他特殊字符，如 *、+、? 等均作为普通字符匹配。 脱字符 (^) 如果出现在首位则表示匹配不包含其中的任意字符；如果出现在字符串中间就仅作为普通字符匹配
{M,N}	M 和 N 均为非负整数，其中 M <= N，表示前面的 RE 匹配 M ～ N 次。 注：{M,} 表示至少匹配 M 次；{,N} 等价于 {0,N}；{N} 表示需要匹配 N 次
*	匹配前面的子表达式零次或多次，等价于 {0,}
+	匹配前面的子表达式一次或多次，等价于 {1,}
?	匹配前面的子表达式零次或一次，等价于 {0,1}
*?, +?, ??	默认情况下，*、+ 和 ? 的匹配模式是贪婪模式（即会尽可能多地匹配符合规则的字符串）；*?、+? 和 ?? 表示启用对应的非贪婪模式。 例如：对于字符串 "FishCCC"，正则表达式 FishC+ 会匹配整个字符串，而 FishC+? 则匹配 "FishC"
{M,N}?	启用非贪婪模式，即只匹配 M 次
(...)	匹配小括号中的正则表达式，或者指定一个子组的开始和结束位置。 注：子组的内容可以在匹配之后被 "\数字" 再次引用。 例如：(\w+)\1 会匹配字符串 "FishC FishC.com" 中的 "FishC FishC"（注意有空格）
(?...)	(? 开头的表示为正则表达式的扩展语法，表 15-3 是 Python 支持的所有扩展语法

表 15-2　由字符 '\' 和另一个字符组成的特殊含义

字　　符	含　　义
\序号	引用序号对应的子组所匹配的字符串，子组的序号从 1 开始计算。 如果序号是以 0 开头，或者 3 个数字的长度，那么不会被用于引用对应的子组，而是用于匹配八进制数字所表示的 ASCII 码值对应的字符。 例如：(.+) \1 会匹配 "FishC FishC" 或 "55 55"，但不会匹配 "FishCFishC"（注意，因为子组后面还有一个空格）
\A	匹配输入字符串的开始位置
\Z	匹配输入字符串的结束位置
\b	匹配一个单词边界，单词被定义为 Unidcode 的字母数字或下画线字符。 例如：\bFishC\b 会匹配字符串 "love FishC"、"FishC."或"(FishC)"
\B	匹配非单词边界，其实就是与 \b 相反。 例如：py\B 会匹配字符串 "python"、"py3" 或 "py2"，但不会匹配 "py "、"py." 或"py!"
\d	对于 Unicode（str 类型）模式：匹配任何一个数字，包括 [0-9] 和其他数字字符；如果开启了 re.ASCII 标志，就只匹配 [0-9]。 对于 8 位（bytes 类型）模式：匹配 [0-9] 中任何一个数字
\D	匹配任何非 Unicode 的数字，其实就是与 \d 相反；如果开启了 re.ASCII 标志，则相当于匹配 [^0-9]
\s	对于 Unicode（str 类型）模式：匹配 Unicode 中的空白字符（包括 [\t\n\r\f\v] 以及其他空白字符）；如果开启了 re.ASCII 标志，就只匹配 [\t\n\r\f\v]。 对于 8 位（bytes 类型）模式：匹配 ASCII 中定义的空白字符，即 [\t\n\r\f\v]
\S	匹配任何非 Unicode 中的空白字符，其实就是与 \s 相反；如果开启了 re.ASCII 标志，则相当于匹配 [^ \t\n\r\f\v]
\w	对于 Unicode（str 类型）模式：匹配任何 Unicode 的单词字符，基本上所有语言的字符都可以匹配，当然也包括数字和下画线；如果开启了 re.ASCII 标志，就只匹配 [a-zA-Z0-9_]。 对于 8 位（bytes 类型）模式：匹配 ASCII 中定义的字母数字，即 [a-zA-Z0-9_]
\W	匹配任何非 Unicode 的单词字符，其实就是与 \w 相反；如果开启了 re.ASCII 标志，则相当于 [^a-zA-Z0-9_]

表 15-3　Python 支持的所有扩展语法

字　　符	含　　义
(?aiLmsux)	(? 后可以紧跟'a', 'i', 'L', 'm', 's', 'u', 'x' 中的一个或多个字符，只能在正则表达式的开头使用。 每一个字符对应一种匹配标志：re-A（只匹配 ASCII 字符），re-I（忽略大小写），re-L（区域设置），re-M（多行模式），re-S（. 匹配任何符号），re-X（详细表达式），包含这些字符将会影响整个正则表达式的规则。 当不想通过 re.compile()设置正则表达式标志时，这种方法就非常有用了。 注：由于 (?x) 决定正则表达式如何被解析，所以它应该总是被放在最前面（最多允许前面有空白符）。如果 (?x) 的前面是非空白字符，那么 (?x) 就发挥不了作用了
(?:...)	非捕获组，即该子组匹配的字符串无法从后面获取
(?P<name>...)	命名组，通过组的名字（name）即可访问到子组匹配的字符串
(?P=name)	反向引用一个命名组，它匹配指定命名组匹配的任何内容
(?#...)	注释，括号中的内容将被忽略
(?=...)	前向肯定断言。如果当前包含的正则表达式（这里以 ... 表示）在当前位置成功匹配，则代表成功，否则失败。一旦该部分正则表达式被匹配引擎尝试过，就不会继续进行匹配了；剩下的模式在此断言开始的地方继续尝试。 例如：love(?=FishC) 只匹配后面紧跟"FishC" 的字符串 "love"

续表

字　　符	含　　义
(?!...)	前向否定断言，这与前向肯定断言相反（不匹配则表示成功，匹配表示失败）。 例如：FishC(?!\.com) 只匹配后面不是 ".com" 的字符串 "FishC"
(?<=...)	后向肯定断言，与前向肯定断言一样，只是方向相反。 例如：(?<=love)FishC 只匹配前面紧跟着 "love" 的字符串 "FishC"
(?<!...)	后向否定断言，与前向肯定断言一样，只是方向相反。 例如：(?<!FishC)\.com 只匹配前面不是 "FishC" 的字符串 ".com"
(?(id/name)yes-pattern|no-pattern)	如果子组的序号或名字存在，则尝试 yes-pattern 匹配模式；否则尝试 no-pattern 匹配模式。no-pattern 是可选的。 例如：(<)?(\w+@\w+(?:\.\w+)+)(?(1)>|$) 是一个匹配邮件格式的正则表达式，可以匹配 <user@fishc.com> 和 'user@fishc.com'，但是不会匹配 '<user@fishc.com' 或 'user@fishc.com>'

　　正则表达式还支持大部分 Python 字符串的转义符号：\a, \b, \f, \n, \r, \t, \u, \U, \v, \x, \\。注意：\b 通常用于匹配一个单词边界，只有在字符类中才表示"退格"；\u 和 \U 只有在 Unicode 模式下才会被识别；八进制转义（\数字）是有限制的，如果第一个数字是 0 或者有 3 个八进制数字，那么就被认为是八进制数；其他情况则被认为是子组引用；至于字符串，八进制转义总是最多只能是 3 个数字的长度。

　　这里只是帮大家把 Python 3 所有支持的正则表达式语法给列举出来，实际应用只需要用到这里的一小部分，另外的一大部分主要是为了应对"突发情况"而准备的。表 15-1～表 15-3 大家可以收藏起来，在需要的时候翻出来查一查就可以了，千万不要去死记硬背。

　　我们说的特殊符号其实是由两部分组成：一部分是元字符，另一部分是由反斜杠加上普通符号组成（这有点像 Python 字符串的转义符）。

15.7　元字符

　　以下是正则表达式所有的元字符：

.　^　$　*　+　?　{}　[]　\　|　()

　　它们各自都有特殊的含义，例如点号（.）表示匹配除换行符外的任何字符，管道符（|）则有点类似于逻辑或操作：

```
>>> re.search(r"Fish(C|D)", "FishC")
<_sre.SRE_Match object; span=(0, 5), match='FishC'>
>>> re.search(r"Fish(C|D)", "FishD")
<_sre.SRE_Match object; span=(0, 5), match='FishD'>
```

　　脱字符（^）表示匹配字符串的开始位置，也就是说，只有目标字符串出现在开头才会匹配：

```
>>> re.search(r"^FishC", "I love FishC.com!")
>>> re.search(r"^FishC", "FishC.com!")
<_sre.SRE_Match object; span=(0, 5), match='FishC'>
```

美元符号（$）则表示匹配字符串的结束位置，也就是说，只有目标字符串出现在末尾才会匹配：

```
>>> re.search(r"FishC$", "FishC.com!")
>>> re.search(r"FishC$", "love FishC")
<_sre.SRE_Match object; span=(5, 10), match='FishC'>
```

反斜杠（\）在正则表达式中用处最为广泛，它既可以将一个普通字符变成特殊字符（这个下面将会介绍），它还可以解除元字符的特殊功能。

如果反斜杠后面加上的是数字，那它还有两种用法：

- 如果跟着的数字是 1~99，那么它表示引用序号对应的子组所匹配的字符串。
- 如果跟着的数字是以 0 开头或者是三位数字，那么它是一个八进制数，表示的是这个八进制数对应的 ASCII 字符。

听到这里大家肯定是一头雾水，先别急，逐步来解释。

首先，小括号（()）本身是一对元字符，被它们括起来的正则表达式称为一个子组。子组有什么用呢？变成子组的话，就可以把它当作一个整体，例如在后面对它进行引用：

```
>>> re.search(r"(FishC)\1", "FishC.com")
```

这里的\1 表示引用前面序号为 1 的子组（也就是第一个子组），所以 r"(FishC)\1"相当于 r"FishCFishC"。

因此无法匹配只有一个"FishC"的"FishC.com"，要连续写两个"FishC"才能成功匹配：

```
>>> re.search(r"(FishC)\1", "FishCFishC")
<_sre.SRE_Match object; span=(0, 10), match='FishCFishC'>
```

如果反斜杠后面跟着的数字是以 0 开头或者三位的数字，那么会把这三位数字作为一个八进制数来看待：

```
>>> re.search(r"(FishC)\060", "FishCFishC0")
<_sre.SRE_Match object; span=(5, 11), match='FishC0'>
>>> # 注：八进制 60 对应的 ASCII 码是数字 0
>>> re.search(r"\141FishC", "aFishCFishC")
<_sre.SRE_Match object; span=(0, 6), match='aFishC'>
>>> # 注：八进制 141 对应的 ASCII 码是小写字母 a
```

接下来是中括号（[]）这对元字符，我们说它是生成一个字符类，事实上就是一个字符集合。被它包围在里边的元字符都失去了特殊的功能，就像反斜杠加上元字符的作用是一样的：

```
>>> re.search(r"[.]", "FishC.com")
<_sre.SRE_Match object; span=(5, 6), match='.'>
```

字符类的意思就是在它里边的内容，都把它们当成普通字符类看待，除了几个特殊的字符：

（1）小横杆（-），用它来表示范围：

```
>>> re.findall(r"[a-z]", "FishC.com")
['i', 's', 'h', 'c', 'o', 'm']
>>> # findall()表示找出所有匹配的内容，并将结果返回为一个列表
```

（2）反斜杠（\），这里用于字符串转义，例如\n 表示匹配换行符号：

```
>>> re.search(r"[\n]", "FishC.com\n")
<_sre.SRE_Match object; span=(9, 10), match='\n'>
```

（3）脱字符（^），用于表示取反的意思：

```
>>> re.findall(r"[^a-z]", "FishC.com")
['F', 'C', '.']
```

最后介绍的元字符是用来做重复的事情，如前面讲过的大括号（{}）：

```
>>> re.search(r"FishC{3}", "FishCCC.com")
<_sre.SRE_Match object; span=(0, 7), match='FishCCC'>
```

如果前面是一个子组，那么表示整个子组重复的次数：

```
>>> re.search(r"(FishC){3}", "FishCCC.com")
>>> re.search(r"(FishC){3}", "FishCFishCFishC")
<_sre.SRE_Match object; span=(0, 15), match='FishCFishCFishC'>
```

另外还可以表示一个范围，就是多少次到多少次之间：

```
>>> re.search(r"(FishC){1,3}", "FishCFishCFishC")
<_sre.SRE_Match object; span=(0, 15), match='FishCFishCFishC'>
```

这里有一点需要注意，在正则表达式中，空格不能随便用：

```
>>> re.search(r"(FishC){1, 3}", "FishCFishCFishC")
>>>
```

加上空格它就不匹配了。

另外，表示重复的元字符还有*、+ 和 ?。
- 星号（*）相当于{0,}。
- 加号（+）相当于{1,}。
- 问号（?）相当于{0,1}。

如果条件一样，推荐大家使用*、+和?，因为它们更加简洁，另外就是正则表达式引擎内部对这三个符号进行了优化，所以效率要比使用大括号高一些。

15.8 贪婪和非贪婪

关于重复的操作，有一点需要注意，就是正则表达式默认是启用贪婪的匹配方式。什么是贪婪的匹配方式？就是说，只要在符合的条件下，它会尽量多地去匹配：

```
>>> s = "<html><title>I love FishC.com</title></html>"
>>> re.search('<.+>', s)
<_sre.SRE_Match object; span=(0, 44),match='<html><title>I love FishC.com
</title></html>'>
```

这段代码本来想匹配<html>，但这里由于贪婪模式的原因，它直接匹配了整个字符串。很明显这不是我们想要的。我们希望在遇到第一个">"的时候就停下来，需要使用非贪婪模式。那非贪婪模式怎么启用呢？很简单，在表示重复的元字符后面再加上一个问号（?）即可：

```
>>> re.search('<.+?>', s)
<_sre.SRE_Match object; span=(0, 6), match='<html>'>
```

正则表达式的所有元字符终于全部介绍完毕了。

视频讲解

15.9 反斜杠+普通字母=特殊含义

正则表达式的特殊符号除了元字符外，还有一种就是通过反斜杠加上普通字母构成的特殊符号。

首先是反斜杠加序号（\序号）：

（1）如果这个序号的范围是 1～99，那么表示引用序号对应的子组所匹配的字符串（子组的序号是从 1 开始算起的）。

（2）如果序号是以 0 开头，或者是三位数字的长度，那么不会被用于引用对应的子组，而是用于匹配八进制数字所表示的 ASCII 码值对应的字符。

\A 与脱字符（^）在默认情况下是一样的，都表示匹配字符串的起始位置。也就是说只要前面是\A 或者^符号，那么这个字符就必须出现在字符串的开头才算匹配。

\Z 则与美元符号$在默认情况下是一样的，都表示匹配字符串的结束位置。

 注意：

刚刚说的是在默认情况下一样，并不是说它们完全一样。因为正则表达式还有个标志的设置，如果设置了 re.MULTILINE 标志，那么^和$元字符还可以匹配换行符的位置，而\A 和\Z 则只能匹配字符串的起始和结束位置。

这些匹配位置的字符都有一个名字：零宽断言，言下之意就是它们不会匹配任何字符，它们只用于匹配一个位置。

接下来是\b，它也是一个零宽断言，表示匹配一个单词的边界，单词这里被定义为 Unidcode 的字母数字或下画线字符。

举个例子：

```
>>> re.findall(r"\bFishC\b", "FishC.com!FishC_com!FishC (FishC)")
['FishC', 'FishC', 'FishC']
```

注意，这里下画线被定义为"单词"，所以字符串"FishC_com"是不会被匹配的：

```
>>> re.search(r"\bFishC\b", "FishC_com")
```

与\b 相反，\B 匹配的则是非单词边界。

\d 匹配的是 Unicode 中定义的数字字符，Unicode 是 Python 3 默认的字符串类型。如果开启了 re.ASCII 标志，表示匹配 ASCII 码中定义的数字，也就是 0~9。如果在字符串前面加上 b，说明想将字符串定义为 bytes 类型，那么匹配的就是 0~9。

与\d 相反，\D 匹配的是非 Unicode 定义的数字字符。

同样，\s 表示匹配任何空白字符，例如，\t 表示 tab 键（制表键），\n 表示换行符，\r 表示回车，\f 表示换页符，\v 则表示垂直的 tab 键（\t 是水平制表键）。

同理，\S 是\s 的取反。

\w 表示匹配 Unicode 中定义的单词字符，如果开启了 re.ASCII 标志，只匹配[a-zA-Z0-9_]；否则，像中文的话，每个字都属于单词字符的范围：

```
>>> re.findall(r"\w", "我爱鱼 C 工作室(love_FishC.com!)")
['我', '爱', '鱼', 'C', '工', '作', '室', 'l', 'o', 'v', 'e', '_', 'F', 'i',
's', 'h', 'C', 'c', 'o', 'm']
```

同样，\W 是\w 的取反。

除此之外，正则表达式还支持大部分 Python 字符串的转义符号：\a，\b，\f，\n，\r，\t，\u，\U，\v，\x，\\。

注意：

（1）\b 通常用于匹配一个单词边界，只有在字符类中才表示"退格"。

（2）\u 和\U 只有在 Unicode 模式下才会被识别。

（3）八进制转义（\数字）是有限制的，如果第一个数字是 0，或者如果有三位八进制数字，那么就被认为是八进制数；其他情况则被认为是子组引用；至于字符串，八进制转义最多只能是三位数字的长度。

15.10　编译正则表达式

如果需要重复使用某个正则表达式，那么可以先将该正则表达式编译成模式对象。使用 re.compile()方法来进行编译：

```
>>> p = re.compile("[A-Z]")
>>> p.search("I love FishC.com!")
<_sre.SRE_Match object; span=(0, 1), match='I'>
>>> p.findall("I love FishC.com!")
['I', 'F', 'C']
```

正如大家所见，使用的方法与调用模块级别的方法名是一样的，例如 search()和

findall()。不过第一个参数就不再需要了，只需要传入待匹配的字符串即可。

通过编译标志，可以修改正则表达式的工作方式。表 15-4 列举了可以使用的编译标志。

表 15-4　编译标志

标　　志	含　　义
ASCII, A	使得转义符号（如\w，\b，\s 和\d）只能匹配 ASCII 字符
DOTALL, S	使得（.）匹配任何符号，包括换行符
IGNORECASE, I	匹配的时候不区分大小写
LOCALE, L	支持当前的语言（区域）设置
MULTILINE, M	多行匹配，影响 ^ 和 $
VERBOSE, X (for 'extended')	启用详细的正则表达式

A

ASCII

使得\w，\W，\b，\B，\s 和\S 只匹配 ASCII 字符，而不匹配完整的 Unicode 字符。这个标志仅对 Unicode 模式有意义，并忽略字节模式。

S

DOTALL

使得点号（.）可以匹配任何字符，包括换行符。如果不使用这个标志，点号（.）将匹配除了换行符的所有字符。

I

IGNORECASE

字符类和文本字符串在匹配的时候不区分大小写。例如，正则表达式[A-Z]也将会匹配对应的小写字母，像 FishC 可以匹配 FishC、fishc 或 FISHC 等。如果不设置 LOCALE，则不用考虑语言（区域）设置这方面的大小写问题。

L

LOCALE

使得\w，\W，\b 和\B 依赖当前的语言（区域）环境，而不是 Unicode 数据库。

区域设置是 C 语言的一个功能，主要作用是消除不同语言之间的差异。例如，若正在处理的是法文文本，想使用\w+来匹配单词，但是\w 只是匹配[A-Za-z]中的单词，并不会匹配'é'或'ç'。如果系统正确地设置了法语区域环境，那么 C 语言的函数就会告诉程序'é'或'ç'也应该被认为是一个字符。当编译正则表达式的时候设置了 LOCALE 的标志，\w+就可以识别法文了，但速度多少会受到影响。

M

MULTILINE

通常脱字符（^）只匹配字符串的开头，而美元符号（$）则匹配字符串的结尾。当这个标志被设置的时候，^不仅匹配字符串的开头，还匹配每一行的行首；$不仅匹配字符串的结尾，还匹配每一行的行尾。

X

VERBOSE

这个标志使正则表达式可以写得更好看、更有条理，因为使用了这个标志，空格会被忽略（除了出现在字符类中和使用反斜杠转义的空格）；这个标志同时允许在正则表达式字符串中使用注释，井号（#）后面的内容是注释，不会递交给匹配引擎（除了出现在字符类中和使用反斜杠转义的\#）。

下面是使用 re.VERBOSE 的例子，正则表达式的可读性是被提高了不少：

```
charref = re.compile(r"""
 &[#]                   # 开始数字引用
 (
    0[0-7]+             # 八进制格式
 | [0-9]+              # 十进制格式
 | x[0-9a-fA-F]+       # 十六进制格式
 )
 ;                     # 结尾分号
""", re.VERBOSE)
```

如果没有设置 VERBOSE 标志，那么正则表达式会写成：

```
charref = re.compile("&#(0[0-7]+|[0-9]+|x[0-9a-fA-F]+);")
```

哪个可读性更佳？相信大家已经心里有底了。

15.11　实用的方法

视频讲解

首先说 search() 方法，模块级别的 search() 方法就是直接调用 re.search()，编译后的正则表达式模式对象也同样拥有 search() 方法。

那请问：它们有区别吗？

下面，看看它们的原型：

```
re.search(pattern, string, flags=0)
regex.search(string[, pos[, endpos]])
```

由于 flags 标志是在编译的时候就同时编译进去了，所以模式对象就不需要 flags 了。另外，模式对象的 search() 方法还可以设置搜索的开始和结束位置。

re.search() 方法并不会立刻返回可以使用的字符串，取而代之是返回一个匹配对象。

```
>>> result = re.search(r" (\w+) (\w+)", "I love FishC.com!")
>>> result
<_sre.SRE_Match object; span=(1, 12), match=' love FishC'>
```

这时候需要使用匹配对象的一些方法才能获得需要的内容。例如，使用 group() 才可以获得匹配的字符串：

```
>>> result.group()
' love FishC'
```

值得一提的是，如果正则表达式中存在子组，那么子组会将匹配的内容进行捕获。

通过在 group() 中设置序号，可以提取到对应的子组捕获的内容：

```
>>> result.group(1)
'love'
>>> result.group(2)
'FishC'
```

start()、end()和 span()分别返回匹配的开始位置、结束位置和匹配的范围：

```
>>> result.start()
1
>>> result.end()
12
>>> result.span()
(1, 12)
```

接下来是 findall()方法。这个容易，fandall()方法不就是找到所有匹配的内容，然后把它们组织成列表返回吗？

没错，这是在正则表达式里面没有子组的情况下做的事。如果正则表达式里面包含子组，那么 findall()会更聪明。

下面通过案例给大家讲解，这一次将唯美图片贴吧的一些图片下载下来。

目标 URL：http://tieba.baidu.com/p/3823765471。

国际惯例，先踩点再行动，如图 15-1 所示。

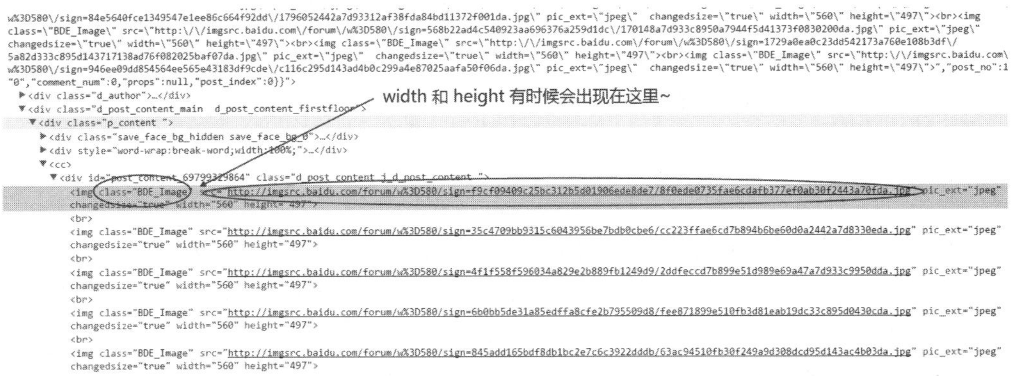

图 15-1　踩点

一轮踩点下来，我们发现该贴吧的图片都包含在<img class="BDE_Image" >标签中，例如：<img class="BDE_Image" src="http://imgsrc.baidu.com/forum/w%3D580/sign=f9cf09409c25bc312b5d01906ede8de7/8f0ede0735fae6cdafb377ef0ab30f2443a70fda.jpg"pic_ext="jpeg" changedsize="true" width="560" height="497">。其中，width 和 height 可能会出现在 class="BDE_Image"以及 src 之间。

因此，可以写出对应的正则表达式应该是：

```
r'<img class="BDE_Image".*?src="[^"]*\.jpg".*?>'
```

不妨先用 IDLE 测试一下：

```
>>> import urllib.request
>>> import re
>>> response = urllib.request.urlopen("http://tieba.baidu.com/p/
3823765471")
>>> html = response.read().decode("utf-8")
>>> p = r'<img class="BDE_Image".*?src="[^"]*\.jpg".*?>'
>>> imglist = re.findall(p, html)
>>> for each in imglist:
    print(each)

<img class="BDE_Image" src="http://imgsrc.baidu.com/forum/w%3D580/sign=
f9cf09409c25bc312b5d01906ede8de7/8f0ede0735fae6cdafb377ef0ab30f2443a7
0fda.jpg" pic_ext="jpeg" changedsize="true" width="560" height="497">
<img    class="BDE_Image"    src="http://imgsrc.baidu.com/forum/w%3D580/
sign=35c4709bb9315c6043956be7bdb0cbe6/cc223ffae6cd7b894b6be60d0a2442a
7d8330eda.jpg" pic_ext="jpeg" changedsize="true" width="560" height="497">
…
```

看起来是成功了，那下一步要解决的问题就是如何把里面的地址提取出来。不少执行力比较强的读者已经开始动手了。

等等，你！慢！着！

这里有更好的方法：

```
p = r'<img class="BDE_Image".*?src="([^"]*\.jpg)".*?>'
```

其实就是将图片的地址用小括号分组，先看看是否能成功实现：

```
>>> p = r'<img class="BDE_Image".*?src="([^"]*\.jpg)".*?>'
>>> imglist = re.findall(p, html)
>>> for each in imglist:
    print(each)

http://imgsrc.baidu.com/forum/w%3D580/sign=f9cf09409c25bc312b5d01906e
de8de7/8f0ede0735fae6cdafb377ef0ab30f2443a70fda.jpg
http://imgsrc.baidu.com/forum/w%3D580/sign=35c4709bb9315c6043956be7bd
b0cbe6/cc223ffae6cd7b894b6be60d0a2442a7d8330eda.jpg
…
```

好了，现在告诉你为什么会如此方便。这是因为在 findall() 方法中，如果给出的正则表达式包含了一个或者多个子组，就会返回子组中匹配的内容。如果存在多个子组，那么它还会将匹配的内容组合成元组的形式再返回。

最后把程序完善起来：

```
# p15_1.py
import urllib.request
import re
import os
```

```python
def open_url(url):
    req = urllib.request.Request(url)
    req.add_header('User-Agent', 'Mozilla/5.0 (Macintosh; Intel Mac OS X
10_10_1) AppleWebKit/537.36 (KHTML, like Gecko) Chrome/39.0.2171.95
Safari/537.36')
    page = urllib.request.urlopen(req)
    html = page.read().decode('utf-8')
    return html

def get_img(html):
    p = r'<img class="BDE_Image".*?src="([^"]*\.jpg)".*?>'
    imglist = re.findall(p, html)

    try:
        os.mkdir("NewPics")
    except FileExistsError:
        # 如果该文件夹已存在则覆盖保存！
        pass

    os.chdir("NewPics")

    for each in imglist:
        filename = each.split("/")[-1]
        urllib.request.urlretrieve(each, filename, None)

if __name__ == '__main__':
    url = "http://tieba.baidu.com/p/3823765471"
    get_img(open_url(url))
```

程序执行效果如图 15-2 所示。

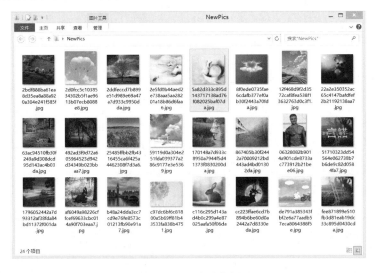

图 15-2 下载唯美图

另外还有一些比较实用的方法，例如，finditer()方法会将结果返回一个迭代器，这样方便以迭代的方式获取；sub()方法是实现字符串的替换。还有一些特殊的语法，例如前向断言和后向断言，这里就不再赘述了。

【扩展阅读】 小甲鱼翻译了 Python 官方的一篇关于正则表达式的 HOWTO 文档，可访问 http://bbs.fishc.com/thread-57073-1-1.html 或扫描此处二维码获取。

扩展阅读

第16章
Scrapy 爬虫框架

提起 Python 的爬虫框架，大牛们都会不约而同地提起"西瓜皮"（Scrapy）。因为 Scrapy 是 Python 开发的一个快速、高层次的屏幕抓取和 Web 抓取框架，用于抓取 Web 站点并从页面中提取结构化的数据。Scrapy 用途广泛，可以用于数据挖掘、监测和自动化测试。

Scrapy 吸引人的地方在于它是一个框架，任何人都可以根据需求方便地修改。它也提供了多种类型爬虫的基类，如 BaseSpider、sitemap 爬虫等，Scrapy 1.5 版本又提供了对 Web 2.0 爬虫的支持。

有些读者可能会有疑惑："既然懂得了 Python 编写爬虫的技巧，那要这个所谓的爬虫框架又有什么用？"

其实懂得用 Python 写爬虫代码，就像你懂武功会打架，但行军打仗你不行，毕竟敌人是千军万马，纵使你再强，也只能是百人敌，要成为万人敌，要学的就是排兵布阵，运筹帷幄。所以，Scrapy 就是 Python 爬虫的"孙子兵法"。

16.1　环境搭建

可以使用 pip install Scrapy 命令来安装 Scrapy，但由于 Scrapy 框架涉及多个模块之间的关联，可能会因与当前系统环境发生冲突而导致安装失败。

所以，小甲鱼强烈推荐使用 Anaconda 或 Miniconda 来安装 Scrapy。Anaconda 是在 conda（一个包管理器和环境管理器）上发展出来的，它附带了 conda、Python 和 150 多个科学包及其依赖项。但我们只需要 Scrapy，所以选择后者 Miniconda，只包括 conda、Python 和它们依赖的包。

16.1.1　安装 Miniconda

Miniconda 官方下载地址：https://conda.io/miniconda.html。
下载当前操作系统对应的版本后按图 16-1～图 16-5 所示默认安装即可。

图 16-1　安装 Miniconda（1）

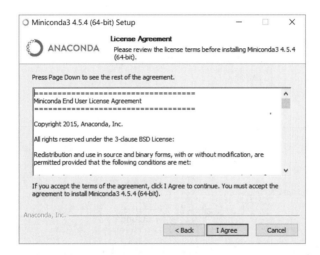

图 16-2　安装 Miniconda（2）

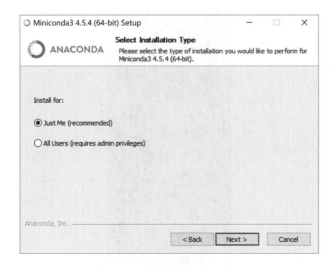

图 16-3　安装 Miniconda（3）

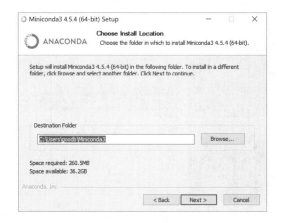

图 16-4　安装 Miniconda（4）

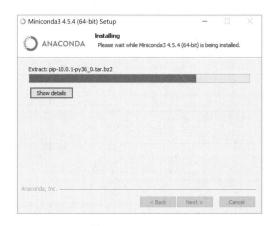

图 16-5　安装 Miniconda（5）

安装完毕之后，打开"开始"菜单，可以找到 Anaconda Prompt 的程序，如图 16-6 所示。

图 16-6　Anaconda Prompt

16.1.2 安装 Scrapy

打开 Anaconda Prompt 可执行程序，输入 conda install -c conda-forge scrapy 命令，conda 就会自动安装 Scrapy 以及对应的依赖包，如图 16-7 所示。

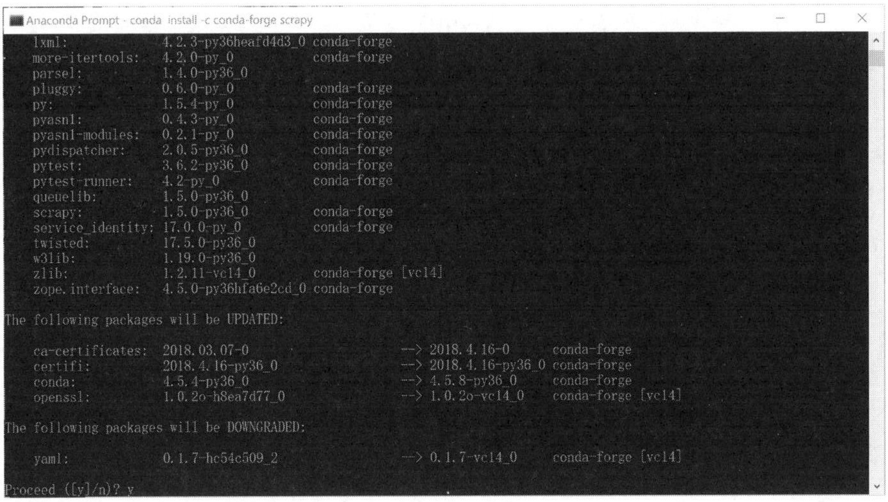

图 16-7 安装 Scrapy

安装完成之后，直接在命令行输入 Scrapy，如果出现如图 16-8 的提示，则说明安装成功。

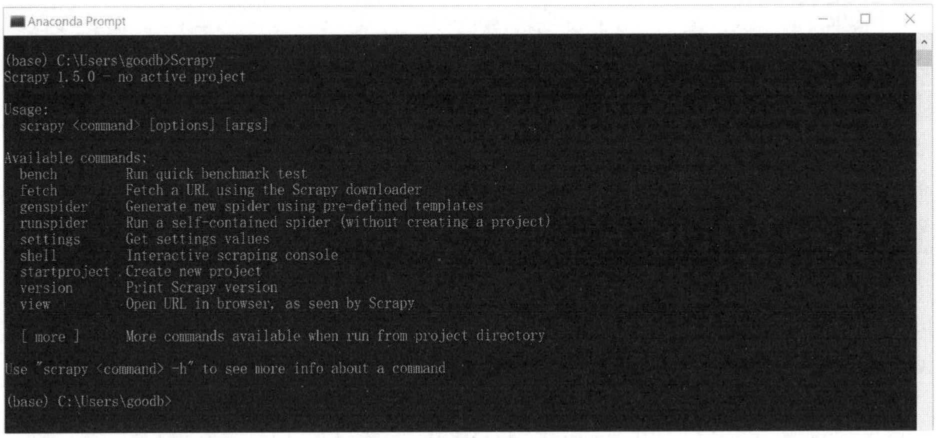

图 16-8 成功安装 Scrapy

16.2 Scrapy 框架架构

学习怎么使用 Scrapy 之前，需要先来了解一下 Scrapy 的架构以及组件之间的交互。

图 16-9 展现的是 Scrapy 的架构，包括组件及在系统中发生的数据流（图中箭头指示）。

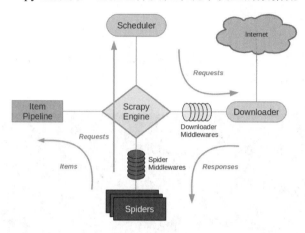

图 16-9　Scrapy 架构

1）Scrapy 引擎

Scrapy 引擎（Engine）是爬虫工作的核心，负责控制数据流在系统中所有组件中流动，并在相应动作发生时触发事件。

2）调度器

调度器（Scheduler）从引擎接收 Request 并将它们入队，以便之后引擎请求它们时提供给引擎。

3）下载器

下载器（Downloader）负责获取页面数据并提供给引擎，而后提供给 Spider。

4）Spiders

Spider 是 Scrapy 用户编写用于分析由下载器返回的 Response，并提取出 item 和额外跟进的 URL 的类。

5）Item Pipeline

Item Pipeline 负责处理被 Spider 提取出来的 Item。典型的处理有清理、验证及持久化（例如存取到数据库中）。

接下来是两个中间件，它们用于提供一个简便的机制，通过插入自定义代码来扩展 Scrapy 的功能。

6）下载器中间件

下载器中间件（Downloader Middlewares）是在引擎及下载器之间的特定钩子（specific hook），处理 Downloader 传递给引擎的 Response。

7）Spider 中间件

Spider 中间件（Spider Middlewares）是在引擎及 Spider 之间的特定钩子（Specific hook），处理 Spider 的输入（就是接收来自下载器的 Response）和输出（就是发送 Items 给 Item Pipeline 以及发送 Requests 给调度器）。

Scrapy 中的数据流是由中间的执行引擎控制的，其过程大致如下。

（1）从 Spiders 中获取第一个需要爬取的 URL。

（2）使用 Scheduler 调度 Requests，并向 Scheduler 请求下一个要爬取的 URL。

（3）Scheduler 返回下一个要爬取的 URL 给执行引擎。

（4）执行引擎将 URL 通过 Downloader Middlewares 转发给 Downloader。

（5）一旦页面下载完毕，下载器生成一个该页面的 Responses，并将其通过 Downloader Middlewares 发送给执行引擎。

（6）引擎从 Downloader 中接收到 Responses 并通过 Spider Middlewares 发送给 Spiders 处理。

（7）Spiders 处理 Responses 并返回爬取到的 Items 及新的 Requests 给执行引擎。

（8）执行引擎将爬取到的 Items 给 Item Pipeline，然后将 Requests 给 Scheduler。

（9）从第一步开始重复这个流程，直到 Scheduler 中没有更多的 URL。

这就是框架的好处，分工细致且井然有序。自己编写爬虫就像小作坊制作，虽然可以针对性地开发，但相对来说效率偏低且容易出错；而使用爬虫框架则好比是大工厂的流水线加工，只要模具做得好，那么产出率是相当惊人的。

下面给大家从头到尾演示一遍。

16.3　创建一个 Scrapy 项目

视频讲解

在开始爬取之前，需要先创建一个新的 Scrapy 项目，执行 scrapy startproject tutorial 命令，如图 16-10 所示。

```
(base) C:\Users\goodb>cd Desktop

(base) C:\Users\goodb\Desktop>scrapy startproject tutorial
New Scrapy project 'tutorial', using template directory 'C:\\Users\\goodb\\Miniconda3\\lib\\site-packages\\scrapy\\templ
ates\project', created in:
    C:\Users\goodb\Desktop\tutorial

You can start your first spider with:
    cd tutorial
    scrapy genspider example example.com

(base) C:\Users\goodb\Desktop>
```

图 16-10　创建一个 Scrapy 项目

该命令将会创建包含下列内容的 tutorial 目录：

```
tutorial/
    scrapy.cfg
    tutorial/
        __init__.py
        items.py
        middlewares.py
        pipelines.py
        settings.py
        spiders/
            __init__.py
            ...
```

这些文件构成 Scrapy 爬虫框架：

- scrapy.cfg: 项目的配置文件。
- tutorial/: 项目的大本营。
- tutorial/items.py: 定义项目中需要获取的字段。
- tutorial/middlewares.py: 项目中的中间件（自定义扩展下载功能的组件）。
- tutorial/pipelines.py: 定义项目中的存储方案。
- tutorial/settings.py: 项目的设置文件。
- tutorial/spiders/: 放置爬虫代码的目录。

16.4 编写爬虫

接下来是编写爬虫类 Spider，Spider 是用户编写的用于从网站上爬取数据的类。
创建一个自定义的 Spider 时，必须继承 scrapy.Spider 类，且定义以下三个属性：

- name：用于区别不同的 Spider。该名字必须是唯一的，不可以为不同的 Spider 设定相同的名字。
- start_requests：包含了 Spider 在启动时进行爬取的 URL 列表。该函数必须返回 Requests 对象或者其生成器。
- parse()：这是 Spider 的一个默认回调函数。当下载器返回 Response 的时候，parse() 函数就会被调用，每个初始 URL 完成下载后生成的 Response 对象将会作为唯一的参数传递给 parse() 函数。该方法负责解析返回的数据（response data），提取数据（生成 item）以及生成需要进一步处理的 URL 的 Request 对象。

以下的 Spider 代码，保存在 tutorial/spiders/目录下的 quotes_spider.py 文件中：

```python
import scrapy

class QuotesSpider(scrapy.Spider):
    name = "quotes"

    def start_requests(self):
        urls = [
            'http://quotes.toscrape.com/page/1/',
            'http://quotes.toscrape.com/page/2/',
        ]
        for url in urls:
            yield scrapy.Request(url=url, callback=self.parse)

    def parse(self, response):
        page = response.url.split("/")[-2]
        filename = 'quotes-%s.html' % page
        with open(filename, 'wb') as f:
            f.write(response.body)
        self.log('Saved file %s' % filename)
```

16.5　爬

在 Anaconda Prompt 中，通过命令行进入 tutorial 项目的根目录，然后执行 scrapy crawl quotes 命令就可以让爬虫"爬"起来了，如图 16-11 所示。

图 16-11　启动 Scrapy 爬虫

注意：

命令中的 quotes 是在 quotes_spider.py 文件中定义的名称，也可以按自己喜好进行修改。

查看命令行的日志反馈，可以看到 Scrapy 先自动抓取网站的 robots.txt 文件（robots.txt 是一种存放于网站根目录下的 ASCII 编码的文本文件，它通常告诉网络搜索引擎的爬虫，此网站中的哪些内容不应该被搜索引擎获取），另外，定义在 start_urls 的初始 URL，并且与 Spider 中是一一对应的。在日志中可以看到其没有指向其他页面(referer:None)。

除此之外，更有趣的事情发生了。就像 parse()函数中指定的那样，有两个包含 URL 所对应的内容的文件被创建了：quotes-1.html 和 quotes-2.html，如图 16-12 所示。

名称	修改日期	类型	大小
tutorial	2018/7/13 15:41	文件夹	
quotes-1.html	2018/7/13 15:50	Chrome HTML Doc...	11 KB
quotes-2.html	2018/7/13 15:50	Chrome HTML Doc...	14 KB
scrapy.cfg	2018/7/13 15:41	CFG 文件	1 KB

图 16-12　Scrapy 爬虫

注意：

如果在爬取其他网页的过程中出现[403]错误，可以尝试在 setting.py 文件中增加 USER_AGENT 配置：

```
USER_AGENT = 'Mozilla/5.0 (Windows NT 6.1; WOW64) AppleWebKit/537.36 (KHTML,
```

```
like Gecko) Chrome/55.0.2883.87 Safari/537.36'
```

16.6 取

将网页爬下来以后，就是取的过程了。

取是一个大浪淘沙的过程，从得到的网页内容提取出所需要的数据。

Scrapy 使用一种基于 XPath 和 CSS 的表达式机制 Scrapy Selector。

Selector 是一个选择器，它有四个基本方法：

（1）xpath()：传入 xpath 表达式，返回该表达式所对应的所有节点的 selector list 列表。

（2）css()：传入 CSS 表达式，返回该表达式所对应的所有节点的 selector list 列表。

（3）extract()：序列化该节点为 Unicode 字符串并返回 list。

（4）re()：根据传入的正则表达式对数据进行提取，返回 Unicode 字符串 list 列表。

16.6.1　在 Shell 中尝试 Selector 选择器

为了介绍 Selector 的使用方法，接下来将要引入 Scrapy Shell 用于辅助理解。

Scrapy Shell 相当于爬虫正式部署前的"单兵演练"，只有经过"演习"通过的爬取方案，才能投入到正式的"战斗"中使用。

先进入项目的根目录，执行下列命令来启动 Scrapy Shell：

```
scrapy shell "http://quotes.toscrape.com/page/1/"
```

 注意：

URL 地址需要加上引号，否则包含参数的 URL（例如，&字符）会导致 Scrapy 运行失败。

Shell 输出如图 16-13 所示。

图 16-13　在 Shell 中尝试 Selector 选择器（1）

在 Shell 载入后，将获得 response 回应，存储在本地变量 response 中。

所以，如果输入 response.body，将会看到 response 的 body 部分，也就是抓取到的页面内容，如图 16-14 所示。

图 16-14 在 Shell 中尝试 Selector 选择器（2）

或者输入 response.headers 来查看网页的 header 部分信息，如图 16-15 所示。

```
>>> response.headers
{b'Server': [b'nginx/1.12.1'], b'Date': [b'Fri, 13 Jul 2018 08:25:44 GMT'], b'Content-Type': [b'text/html; charset=u
tf-8'], b'X-Upstream': [b'spidyquotes-master_web']}
>>>
```

图 16-15 在 Shell 中尝试 Selector 选择器（3）

现在就像是一大堆沙子握在手里，里面有想要的金子，所以下一步就要用筛子把沙子去掉，淘出金子。

Selector 选择器就是这么一个过滤沙子的筛子，正如刚才讲到的，可以使用 response.selector.xpath()、response.selector.css()、response.selector.extract() 和 response. selector.re() 这四个基本方法来过滤。

16.6.2 使用 XPath 选择器

什么是 XPath 选择器？

XPath 其实是一门在网页中查找特定信息的语言。

下面是几个常用的 XPath 表达式例子及对应的含义：

- /html/head/title: 选择 HTML 文档中 head 元素内的 title 元素。
- /html/head/title/text(): 选择上面提到的 title 元素的文本。

- //td: 选择所有的 td 元素。
- //div[@class="mine"]: 选择所有具有 class="mine"属性的 div 元素。

值得一提的是，response.xpath()和 response.css()已经被映射到response.selector.xpath()和 response.selector.css()，所以直接使用 response.xpath()语法即可。

为了筛选出网页的标题（title 元素中的内容），做了如下尝试：

```
>>> response.xpath('//title')
[<Selector xpath='//title' data='<title>Quotes to Scrape</title>'>]
```

extract()方法将 Selector 的内容提取出来：

```
>>> response.xpath('//title').extract()
['<title>Quotes to Scrape</title>']
```

我们要的是 title 元素中的文本，使用//title/text()方法获取 title 元素中的文本：

```
>>> response.xpath('//title/text()').extract()
['Quotes to Scrape']
```

返回的是一个列表，这时可以通过下标索引值[0]获取文本：

```
>>> response.xpath('//title/text()')[0].extract()
'Quotes to Scrape'
```

更优雅一些可以写成这样：

```
>>> response.xpath('//title/text()').extract_first()
'Quotes to Scrape'
```

OK，经过上面的测试，response.xpath('//title/text()').extract_first()就是最终想要的答案。

16.6.3　使用 CSS 选择器

除了 XPath 选择器，还可以使用 CSS 选择器来选择元素：

```
>>> response.css('title')
[<Selector  xpath='descendant-or-self::title'  data='<title>Quotes to Scrape</title>'>]
```

将其中的元素提取出来，同样是使用 extract()方法：

```
>>> response.css('title').extract()
['<title>Quotes to Scrape</title>']
```

如果在元素的后面加上::text，表示只想从元素中将文本提取出来：

```
>>> response.css('title::text').extract()
['Quotes to Scrape']
```

OK，依葫芦画瓢，extract_first()方法仍然适用：

```
>>> response.css('title::text').extract_first()
'Quotes to Scrape'
```

16.6.4 提取数据

现在已经对选择（select）和提取（extract）有一定的了解，让我们通过编写代码从网页提取 quote 来完成爬虫。

http://quotes.toscrape.com 网站中的每个 quote 都由如图 16-16 所示的 HTML 元素表示。

```
▼<div class="quote" itemscope itemtype="http://schema.org/CreativeWork">
  ▼<span class="text" itemprop="text">
    ""The world as we have created it is a process of our thinking. It cannot be changed without changing our thinking.""
  </span>
  ▼<span>
    "by "
    <small class="author" itemprop="author">Albert Einstein</small>
    <a href="/author/Albert-Einstein">(about)</a>
  </span>
  ▼<div class="tags">
    "
             Tags:
    "
    <meta class="keywords" itemprop="keywords" content="change,deep-thoughts,thinking,world">
    <a class="tag" href="/tag/change/page/1/">change</a>
    <a class="tag" href="/tag/deep-thoughts/page/1/">deep-thoughts</a>
    <a class="tag" href="/tag/thinking/page/1/">thinking</a>
    <a class="tag" href="/tag/world/page/1/">world</a>
  </div>
</div>
```

图 16-16 提取数据

打开 Scrapy Shell 模拟一下，找想要的数据：

```
scrapy shell 'http://quotes.toscrape.com'
```

得到一个带有 HTML 元素的 quote 列表：

```
>>> response.css("div.quote")
[<Selector xpath="descendant-or-self::div[@class and contains(concat(' ',
normalize-space(@class), ' '), ' quote ')]" data='<div class="quote"
itemscope itemtype="h'>,<Selector xpath="descendant-or-self::div[@class
and contains(concat(' ', normalize-space(@class), ' '), ' quote ')]"
data='<div class="quote" itemscope itemtype="h'>, <Selector xpath=
"descendant-or-self::div[@class and contains(concat(' ', normalize-
space(@class), ' '), ' quote ')]" data='<div class="quote" itemscope
itemtype="h'>, <Selector xpath="descendant-or-self::div[@class and
contains(concat(' ',normalize-space(@class), ' '), ' quote ')]"data='<div
class="quote" itemscope itemtype="h'>, <Selector xpath="descendant-
or-self::div[@class and contains(concat(' ', normalize-space(@class), ' '),
' quote ')]" data='<div class="quote" itemscope itemtype="h'>, <Selector
xpath="descendant-or-self::div[@class    and    contains(concat('    ',
normalize-space(@class), ' '), ' quote ')]" data='<div class="quote"
itemscope itemtype="h'>, <Selector xpath="descendant-or-self::div[@class
```

```
and contains(concat(' ', normalize-space(@class), ' '), ' quote ')]"
data='<div    class="quote"    itemscope    itemtype="h'>,    <Selector
xpath="descendant-or-self::div[@class    and    contains(concat('    ',
normalize-space(@class), ' '), ' quote ')]" data='<div class="quote"
itemscope itemtype="h'>,<Selector xpath="descendant-or-self::div[@class
and  contains(concat(' ', normalize-space(@class), ' '), ' quote ')]"
data='<div    class="quote"    itemscope    itemtype="h'>,    <Selector xpath=
"descendant-or-self::div[@class        and        contains(concat('        ',
normalize-space(@class), ' '), ' quote ')]" data='<div class="quote"
itemscope itemtype="h'>]
```

通过上面的查询返回的每个选择器允许对它们的子元素进行进一步的查询。

将第一个选择器分配给一个变量，以便可以直接对特定的引用运行 CSS 选择器：

```
>>> quote = response.css("div.quote")[0]
```

现在，使用刚刚创建的 quote 对象从中提取 title、author 和 tags：

```
>>> title = quote.css("span.text::text").extract_first()
>>> title
' "The world as we have created it is a process of our thinking. It cannot
be changed without changing our thinking."'
>>> author = quote.css("small.author::text").extract_first()
>>> author
'Albert Einstein'
```

由于标签是字符串列表，可以使用.extract()方法直接提取：

```
>>> tags = quote.css("div.tags a.tag::text").extract()
>>> tags
['change', 'deep-thoughts', 'thinking', 'world']
```

在找出了如何提取每个关键数据之后，现在可以遍历所有的引号元素，并将它们放在一起成为一个 Python 字典：

```
>>> for quote in response.css("div.quote"):
        text = quote.css("span.text::text").extract_first()
        author = quote.css("small.author::text").extract_first()
        tags = quote.css("div.tags a.tag::text").extract()
        print(dict(text=text, author=author, tags=tags))

{'text': ' "The world as we have created it is a process of our thinking.
It cannot be changed without changing our thinking."', 'author': 'Albert
Einstein', 'tags': ['change', 'deep-thoughts', 'thinking', 'world']}
…
```

16.6.5　在爬虫中提取数据

回到刚才的爬虫代码中。直到现在，它不会提取任何特别的数据，只是将整个 HTML

页面保存到本地文件。现在将上面演练成功的提取逻辑集成到爬虫代码中。

Scrapy 爬虫通常会生成许多包含从页面中提取的数据的字典。为此，在回调中使用 Python 的 yield 关键字，代码修改如下：

```
import scrapy

class QuotesSpider(scrapy.Spider):
    name = "quotes"
    start_urls = [
        'http://quotes.toscrape.com/page/1/',
        'http://quotes.toscrape.com/page/2/',
    ]

    def parse(self, response):
        for quote in response.css('div.quote'):
            yield {
                'text': quote.css('span.text::text').extract_first(),
                'author': quote.css('span small::text').extract_first(),
                'tags': quote.css('div.tags a.tag::text').extract(),
            }
```

现在运行爬虫，日志输出如图 16-17 所示。

```
2018-07-16 04:08:01 [scrapy.core.scraper] DEBUG: Scraped from <200 http://quotes.toscrape.com/page/1/>
{'text': "The world as we have created it is a process of our thinking. It cannot be changed without changing our thinking.", 'author': 'Albert Einstein', 'tags': ['change', 'deep-thoughts', 'thinking', 'world']}
2018-07-16 04:08:01 [scrapy.core.scraper] DEBUG: Scraped from <200 http://quotes.toscrape.com/page/1/>
{'text': "It is our choices, Harry, that show what we truly are, far more than our abilities.", 'author': 'J.K. Rowling', 'tags': ['abilities', 'choices']}
2018-07-16 04:08:01 [scrapy.core.scraper] DEBUG: Scraped from <200 http://quotes.toscrape.com/page/1/>
{'text': "There are only two ways to live your life. One is as though nothing is a miracle. The other is as though everything is a miracle.", 'author': 'Albert Einstein', 'tags': ['inspirational', 'life', 'live', 'miracle', 'miracles']}
2018-07-16 04:08:01 [scrapy.core.scraper] DEBUG: Scraped from <200 http://quotes.toscrape.com/page/1/>
{'text': "The person, be it gentleman or lady, who has not pleasure in a good novel, must be intolerably stupid.", 'author': 'Jane Austen', 'tags': ['aliteracy', 'books', 'classic', 'humor']}
2018-07-16 04:08:01 [scrapy.core.scraper] DEBUG: Scraped from <200 http://quotes.toscrape.com/page/1/>
{'text': "Imperfection is beauty, madness is genius and it's better to be absolutely ridiculous than absolutely boring.", 'author': 'Marilyn Monroe', 'tags': ['be-yourself', 'inspirational']}
2018-07-16 04:08:01 [scrapy.core.scraper] DEBUG: Scraped from <200 http://quotes.toscrape.com/page/1/>
{'text': "Try not to become a man of success. Rather become a man of value.", 'author': 'Albert Einstein', 'tags': ['adulthood', 'success', 'value']}
2018-07-16 04:08:01 [scrapy.core.scraper] DEBUG: Scraped from <200 http://quotes.toscrape.com/page/1/>
{'text': "It is better to be hated for what you are than to be loved for what you are not.", 'author': 'André Gide', 'tags': ['life', 'love']}
```

图 16-17　提取指定数据

16.7　存储内容

存储抓取数据的最简单方法是使用 Feed 导出（Feed exports），使用以下命令：

```
scrapy crawl quotes -o quotes.json
```

这将生成一个 quotes.json 文件，其中包含所有被抓取的项目。

出于历史原因，Scrapy 将使用"追加"的方式创建文件，而不是覆盖其内容。也就是说当运行这个命令第二次的时候，如果没有清空原来的 JSON 文件，由于附加的关系，将会得到一个不合法的 JSON 文件。

还可以使用其他格式，如 JSON Lines：

```
scrapy crawl quotes -o quotes.jl
```

JSON Lines 格式有时候很管用，因为它是流式的，可以轻松地添加新的记录到它里面。因此，即使运行两次以上，也不会出现上述问题。此外，由于每条记录都是单独运行，因此可以处理大文件，而无须将所有内容都放在内存中。

对于本节这个小项目来说，这应该足够了。但是，如果要对已抓取的 Item 执行更复杂的操作，则可以编写 Item Pipeline。在创建项目时，已经在 tutorial/pipelines.py 中创建好了 Item Pipeline 的占位符文件。如果只想存储被抓取的 Item，则不需要实现任何 Item Pipeline。

16.8　跟进链接

如果不只是从 http://quotes.toscrape.com 的前两页中提取内容，而是想从网站的所有页面提取 quote，那么需要知道如何跟进链接。

现在已经知道如何从网页中提取数据，接下来看看如何跟进它们的链接。

首先是提取要关注的网页的链接。检查页面，可以看到有一个链接到 Next 的标记：

```
<ul class="pager">
    <li class="next">
        <a href="/page/2/">Next <span aria-hidden="true">&rarr;</span></a>
    </li>
</ul>
```

尝试在 Shell 中提取它：

```
>>> response.css('li.next a').extract_first()
'<a href="/page/2/">Next <span aria-hidden="true">→</span></a>'
```

这时得到锚（anchor）元素，但我们想要属性 href。为此，Scrapy 支持一个 CSS 扩展，用类选择属性内容，如下所示：

```
>>> response.css('li.next a::attr(href)').extract_first()
'/page/2/'
```

现在我们的爬虫被修改为递归地跟进到下一页的链接，并从中提取数据：

```
import scrapy

class QuotesSpider(scrapy.Spider):
    name = "quotes"
    start_urls = [
        'http://quotes.toscrape.com/page/1/',
```

```
        ]

    def parse(self, response):
        for quote in response.css('div.quote'):
            yield {
                'text': quote.css('span.text::text').extract_first(),
                'author': quote.css('span small::text').extract_first(),
                'tags': quote.css('div.tags a.tag::text').extract(),
            }

        next_page = response.css('li.next a::attr(href)').extract_first()
        if next_page is not None:
            next_page = response.urljoin(next_page)
            yield scrapy.Request(next_page, callback=self.parse)
```

在提取数据之后，parse()方法寻找到下一页的链接，使用 urljoin()方法构建一个完整的绝对 URL（因为链接可能是相对的），并产生一个新的请求到下一页，将其自身注册为回调，以处理下一页的数据提取，并保持抓取通过所有页面。

这里可以看到 Scrapy 的跟进链接机制：当在回调方法中产生一个请求时，当前请求完成时 Scrapy 会调度要发送的请求，并注册一个回调方法。

利用该机制，可以轻易构建复杂的抓取工具，定义相关的规则跟进链接，并根据访问的网页提取不同类型的数据。

至此，我们成功地使用 Scrapy 框架进行一次完整的爬取操作。

第17章

GUI 的最终选择：Tkinter

到目前为止，几乎所有的 Python 代码都是处于一个文字交互界面的状态。当然，有些崇尚 GEEK 的朋友可能会说："文字就文字呗，Python 本来就应该简单，做一个界面多费事儿啊！"不过，也有另一个"帮派"在提反对意见："我的用户群体可全都是电脑小白，他们可能会更喜欢友好的界面。"

Python 的 GUI 工具包有很多，之前学习过的 EasyGui 就是其中最简单的一个。不过 EasyGui 实在太简单了，因此它只适合做大家接触 GUI 编程的敲门砖。下面要讲的可不是什么"二流"的货色了，而是官方御用的 GUI 工具包——Tkinter（IDLE 就是用这个开发的）。

Tkinter 是 Python 的标准 GUI 库，它实际是建立在 Tk 技术上的，如图 17-1 所示。Tk 最初是为 Tcl（这是一门工具命令语言）所设计的，但由于其可移植性和灵活性高，且非常容易使用，因此它逐渐被移植到许多脚本语言中，如 Perl、Ruby 和 Python。

图 17-1　Tkinter

Tkinter 是 Python 默认的 GUI 库，像 IDLE 就是用 Tkinter 设计出来的，因此直接导入 Tkinter 模块就可以了：

```
>>> import tkinter
>>>
```

视频讲解

17.1　Tkinter 之初体验

接下来从最简单的例子入手：

```
# p17_1.py
import tkinter as tk

root = tk.Tk()
root.title("FishC Demo")

theLabel = tk.Label(root, text="我的第二个窗口程序！")
theLabel.pack()

root.mainloop()
```

执行程序，如图 17-2 所示。

图 17-2　第二个窗口程序

代码分析：

```
# 创建一个主窗口，用于容纳整个 GUI 程序
root = tk.Tk()
# 设置主窗口对象的标题栏
root.title("FishC Demo")

# 添加一个 Label 组件，Label 组件是 GUI 程序中最常用的组件之一
# Label 组件可以显示文本、图标或者图片
# 在这里让它显示指定文本
theLabel = tk.Label(root, text="我的第二个窗口程序！")
# 然后调用 Label 组件的 pack() 方法，用于自动调节组件自身的尺寸
theLabel.pack()

# 注意，这时候窗口还是不会显示的，除非执行下面这句代码
root.mainloop()
```

tkinter.mainloop()通常是程序的最后一行代码，执行后程序进入主事件循环。学习过界面编程的朋友应该有听过一句名言 "Don't call me, I will call you."，意思是一旦进入了主事件循环，就由 Tkinter 掌管一切了。现在不理解没关系，在后面的学习中会有深刻的体会。GUI 程序的开发与以往的开发经验会有截然不同的感受。

17.2　进阶版本

通常如果要写一个比较大的程序，应该先把代码封装起来。在面向对象的编程语言

中，就是封装成类。

请看下面进阶版的例子：

```
# p17-2.py
import tkinter as tk

class App:
    def __init__(self, root):

        frame = tk.Frame(root)
        frame.pack()

        self.hi_there = tk.Button(frame, text="打招呼", fg="blue", command=
        self.say_hi)
        self.hi_there.pack(side=tk.LEFT)

    def say_hi(self):
        print("互联网的广大朋友们大家好，我是小甲鱼！")

root = tk.Tk()
app = App(root)

root.mainloop()
```

程序运行起来后出现一个"打招呼"按钮，单击它就能从 IDLE 接收到回馈信息，如图 17-3 所示。

图 17-3　进阶版本（1）

代码分析：

```
import tkinter as tk

class App:
    def __init__(self, root):
        # 创建一个框架，然后在里边添加一个 Button 按钮组件
        # 框架一般是在复杂的布局中起到将组件分组的作用
        frame = tk.Frame(root)
        frame.pack()
```

```
                    # 创建一个按钮组件，fg 就是 foreground 的缩写，设置前景色的意思
                    self.hi_there = tk.Button(frame, text="打招呼", fg="blue", command=
                    self.say_hi)
                    self.hi_there.pack()

              def say_hi(self):
                    print("互联网的广大朋友们大家好，我是小甲鱼！")

# 创建一个 toplevel 的根窗口，并把它作为参数实例化 app 对象
root = tk.Tk()
app = App(root)

# 开始主事件循环
root.mainloop()
```

修改 pack() 方法的 side 参数，side 参数可以设置为 LEFT、RIGHT、TOP 和 BOTTOM 四个方位，默认的设置是 side=tkinter.TOP。

例如，可以修改为左对齐：

```
frame.pack(side=tk.LEFT)
```

修改后程序如图 17-4 所示。

如果不想按钮挨着 "墙角"，可以通过设置 pack() 方法的 padx 和 pady 参数自定义按钮的偏移位置。修改后程序实现如图 17-5 所示。

图 17-4　进阶版本（2）

图 17-5　进阶版本（3）

按钮既然可以设置前景色，那一定也能设置背景色吧？

没错，bg 参数就是 background 背景色的缩写：

```
self.hi_there = tk.Button(frame, text="打招呼", bg="black", fg="white",
command=self.say_hi)
```

修改后程序如图 17-6 所示。

图 17-6　进阶版本（4）

17.3 Label 组件

Label 组件是用于在界面上输出描述的标签，例如，提示用户"您所下载的影片含有未成年人限制内容，请满 18 岁后再单击观看！"，如图 17-7 所示。

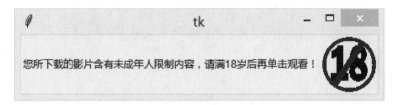

图 17-7 Label 组件（1）

```
# p17_3.py
from tkinter import *
# 导入 tkinter 模块的所有内容


root = Tk()

# 创建一个文本 Label 对象
textLabel = Label(root, text="您所下载的影片含有未成年人限制内容，请满 18 岁后
再单击观看！")
textLabel.pack(side=LEFT)

# 创建一个图像 Label 对象
# 用 PhotoImage 实例化一个图片对象（支持 gif 格式的图片）
photo = PhotoImage(file="18.gif")
imgLabel = Label(root, image=photo)
imgLabel.pack(side=RIGHT)


mainloop()
```

可以直接在字符串中使用"\n"对文本进行断行，程序实现如图 17-8 所示。

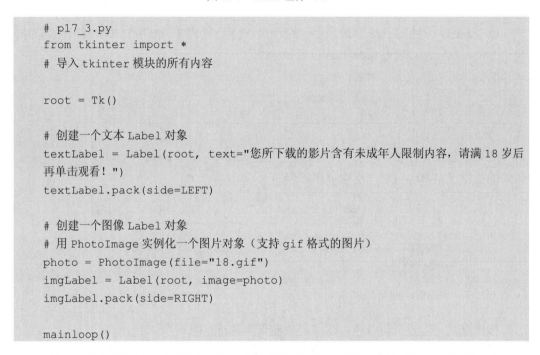

图 17-8 Label 组件（2）

如果想将文字部分左对齐，并在水平位置与边框留有一定的距离，只需要设置 Label 的 justify 和 padx 选项即可：

```
textLabel = Label(root,
text="您所下载的影片含有未成年人限制内容，\n 请满 18 岁后再单击观看！",
justify=LEFT,
padx=10)
```

程序实现如图 17-9 所示。

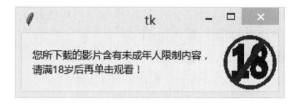

图 17-9　Label 组件（3）

有时候可能需要将图片和文字分开，例如将图片作为背景，文字显示在图片的上面，只需要设置 compound 选项即可：

```
# p15_4.py
from tkinter import *


root = Tk()

photo = PhotoImage(file="bg.gif")
theLabel = Label(root,
            text="学 Python\n 到 FishC",
            justify=LEFT,
            image=photo,
            compound=CENTER,         # 设置文本和图像的混合模式
            font=("华康少女字体", 20), # 设置字体和字号
            fg="white"  # 设置文本颜色
            )
theLabel.pack()

mainloop()
```

程序实现如图 17-10 所示。

图 17-10　Label 组件（4）

17.4 Button 组件

Button 组件用于实现一个按钮，它的绝大多数选项与 Label 组件是一样的。不过 Button 组件有一个 Label 组件实现不了的功能，那就是可以接收用户的信息。

Button 组件有一个 command 选项，用于指定一个函数或方法，当用户单击按钮的时候，Tkinter 就会自动地去调用这个函数或方法了。

下面修改 17.3 节中的例子，添加一个按钮，在按钮被单击之后 Label 文本发生改变。想要文本发生改变，只需要设置 textvariable 选项为 Tkinter 变量即可：

```python
# p17_5.py
from tkinter import *
# 导入 tkinter 模块的所有内容

def callback():
    var.set("我才不信呢~")


root = Tk()


frame1 = Frame(root)
frame2 = Frame(root)


# 创建一个文本 Label 对象
var = StringVar()
var.set("您所下载的影片含有未成年人限制内容，\n 请满 18 岁后再单击观看！")
textLabel = Label(frame1,
                  textvariable=var,
                  justify=LEFT)
textLabel.pack(side=LEFT)


# 创建一个图像 Label 对象
# 用 PhotoImage 实例化一个图片对象（支持 gif 格式的图片）
photo = PhotoImage(file="18.gif")
imgLabel = Label(frame1, image=photo)
imgLabel.pack(side=RIGHT)


# 添加一个按钮
theButton = Button(frame2, text="已满 18 周岁", command=callback)
theButton.pack()


frame1.pack(padx=10, pady=10)
frame2.pack(padx=10, pady=10)


mainloop()
```

视频讲解

17.5　Checkbutton 组件

Checkbutton 组件就是常见的多选按钮，而 Radiobutton 则是单选按钮。

```
# p17_6.py
from tkinter import *

root = Tk()

# 需要一个 Tkinter 变量，用于表示该按钮是否被选中
v = IntVar()

c = Checkbutton(root, text="测试一下", variable=v)
c.pack()

# 如果选项被选中，那么变量 v 被赋值为 1，否则为 0
# 可以用一个 Label 标签动态地给大家展示
l = Label(root, textvariable=v)
l.pack()

mainloop()
```

程序实现如图 17-11 所示。

当单击选项时，Label 显示的变量相应地发生了改变，如图 17-12 所示。

图 17-11　Checkbutton 组件（1）

图 17-12　Checkbutton 组件（2）

有了前面的基础，下面写一个程序：

```
# p17_7.py
from tkinter import *

root = Tk()

GIRLS = ["西施", "王昭君", "貂蝉", "杨玉环"]
v = []

for girl in GIRLS:
    v.append(IntVar())
```

```
    b = Checkbutton(root, text=girl, variable=v[-1])
    b.pack()

mainloop()
```

程序实现如图 17-13 所示。

这里应该把所有的 Checkbutton 组件都向左对齐一下会比较好看，通过设置 pack() 方法的 anchor 选项可以实现。

anchor 选项用于指定显示位置，可以设置为 N、NE、E、SE、S、SW、W、NW 和 CENTER 九个不同的值。

相信地理学得不错的朋友一下子就都反应过来了，它们正是东、西、南、北的缩写，然后按照地图上的"上北、下南、左西、右东"的原则，这样就可以定位要显示的位置了，如图 17-14 所示。

图 17-13　翻牌子程序

图 17-14　anchor 选项

这里要左对齐，也就是设置 b.pack(anchor=W)，修改后程序实现如图 17-15 所示。

图 17-15　修改后的翻牌子程序

17.6　Radiobutton 组件

Radiobutton 组件与 Checkbutton 组件的用法基本一致，唯一不同的是 Radiobutton 实

现的是"单选"的效果。

要实现这种互斥的效果，同一组内的所有 Radiobutton 只能共享一个 variable 选项，并且需要设置不同的 value 选项值：

```
# p17_8.py
from tkinter import *

root = Tk()
v = IntVar()
Radiobutton(root, text="One", variable=v, value=1).pack(anchor=W)
Radiobutton(root, text="Two", variable=v, value=2).pack(anchor=W)
Radiobutton(root, text="Three", variable=v, value=3).pack(anchor=W)

mainloop()
```

程序实现如图 17-16 所示。

图 17-16　Radiobutton 组件（1）

如果有多个选项，可以使用循环来处理，这样会使得代码更加简洁：

```
# p17_9.py
from tkinter import *

root = Tk()

LANGS = [
    ("Python", 1),
    ("Perl", 2),
    ("Ruby", 3),
    ("Lua", 4)]

v = IntVar()
v.set(1)

for lang, num in LANGS:
    b = Radiobutton(root, text=lang, variable=v, value=num)
    b.pack(anchor=W)

mainloop()
```

程序实现如图 17-17 所示。

在此，如果你不喜欢前面这个小圆圈，还可以改成按钮的样式：

```
# 将 indicatoron 设置为 False 即可去掉前面的小圆圈
b = Radiobutton(root, text=lang, variable=v, value=num, indicatoron=False)
b.pack(fill=X)
```

修改后程序实现如图 17-18 所示。

图 17-17　Radiobutton 组件（2）　　　　图 17-18　Radiobutton 组件（3）

17.7　LabelFrame 组件

LabelFrame 组件是 Frame 框架的进化版，从样式上来看，也就是添加了 Label 的 Frame，但有了它，Checkbutton 和 Radiobutton 的组件分组就变得简单了：

```
# p17_10.py
from tkinter import *

root = Tk()

group = LabelFrame(root, text="最好的脚本语言是？", padx=5, pady=5)
group.pack(padx=10, pady=10)

LANGS = [
    ("Python", 1),
    ("Perl", 2),
    ("Ruby", 3),
    ("Lua", 4)]

v = IntVar()
v.set(1)
for lang, num in LANGS:
    b = Radiobutton(group, text=lang, variable=v, value=num)
    b.pack(anchor=W)
```

```
mainloop()
```

程序实现如图 17-19 所示。

图 17-19　LabelFrame 组件

17.8　Entry 组件

视频讲解

　　Entry 组件就是平时所说的输入框。输入框是与程序打交道的一个途径，例如程序要求输入账号、密码，那么就需要提供两个输入框，用于接收密码的输入框还会用星号将实际输入的内容隐藏起来。

　　学了前面几个 Tkinter 的组件之后应该不难发现，其实很多方法和选项，组件之间都是通用的。例如在输入框中用代码添加和删除内容，同样也是使用 insert() 和 delete() 方法：

```
# p17_11.py
from tkinter import *

root = Tk()

e = Entry(root)
e.pack(padx=20, pady=20)

e.delete(0, END)
e.insert(0, "默认文本...")

mainloop()
```

程序实现如图 17-20 所示。

图 17-20　Entry 组件（1）

获取输入框里边的内容，可以使用 Entry 组件的 get()方法。

当然也可以将一个 Tkinter 的变量（通常是 StringVar）挂钩到 textvariable 选项，然后通过变量 get()方法获取。

在下面的例子中将添加一个按钮，当单击按钮的时候，获取输入框的内容并打印出来，然后清空输入框。程序实现如图 17-21 所示。

tk
作品：
零基础入门学习Python
作者：
小甲鱼
获取信息
退出

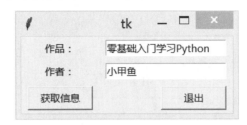

图 17-21　Entry 组件（2）

单击“获取信息”按钮，在 IDLE 中将输入框中的内容显示出来，如图 17-22 所示。

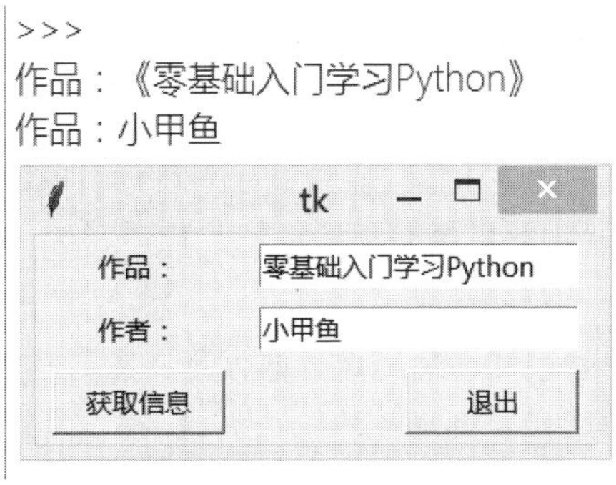

>>>
作品：《零基础入门学习Python》
作品：小甲鱼
tk
作品：
零基础入门学习Python
作者：
小甲鱼
获取信息
退出

图 17-22　Entry 输入框

```
# p17_12.py
from tkinter import *

root = Tk()

# Tkinter 总共提供了三种布局组件的方法：pack()，gird()和 place()
# grid()方法允许用表格的形式来管理组件的位置
# row 选项代表行，column 选项代表列
# 例如，row=1,column=2 表示第二行第三列（0 表示第一行）
Label(root, text="作品：").grid(row=0)
Label(root, text="作者：").grid(row=1)

e1 = Entry(root)
e2 = Entry(root)
e1.grid(row=0, column=1, padx=10, pady=5)
e2.grid(row=1, column=1, padx=10, pady=5)

def show():
```

```
        print("作品:《%s》" % e1.get())
        print("作者: %s" % e2.get())
        e1.delete(0, END)
        e2.delete(0, END)


# 如果表格大于组件, 那么可以使用 sticky 选项来设置组件的位置
# 同样需要使用 N, E, S, W 以及它们的组合 NE, SE, SW, NW 来表示方位
Button(root, text="获取信息", width=10, command=show)\
        .grid(row=3, column=0, sticky=W, padx=10, pady=5)
Button(root, text="退出", width=10, command=root.quit)\
        .grid(row=3, column=1, sticky=E, padx=10, pady=5)


mainloop()
```

你可能会遇到问题：为什么单击"退出"按钮没有反应？之前也提到过，Python 的 IDLE 事实上也是使用 Tkinter 设计的，因此当程序使用 IDLE 运行的时候，就会出现此类冲突。解决的方法也很简单，只需要直接双击打开程序即可。

如果想设计一个密码输入框，即使用星号（*）代替用户输入的内容，只需要设置 show 选项即可：

```
# p17_13.py
from tkinter import *


root = Tk()

Label(root, text="账号: ").grid(row=0)
Label(root, text="密码: ").grid(row=1)


v1 = StringVar()
v2 = StringVar()


e1 = Entry(root, textvariable=v1)
e2 = Entry(root, textvariable=v2, show="*")
e1.grid(row=0, column=1, padx=10, pady=5)
e2.grid(row=1, column=1, padx=10, pady=5)


def show():
    print("账号: %s" % v1.get())
    print("密码: %s" % v2.get())
    e1.delete(0, END)
    e2.delete(0, END)

Button(root, text="芝麻开门", width=10, command=show)\
        .grid(row=3, column=0, sticky=W, padx=10, pady=5)
Button(root, text="退出", width=10, command=root.quit)\
        .grid(row=3, column=1, sticky=E, padx=10, pady=5)
```

```
mainloop()
```

程序实现如图 17-23 所示。

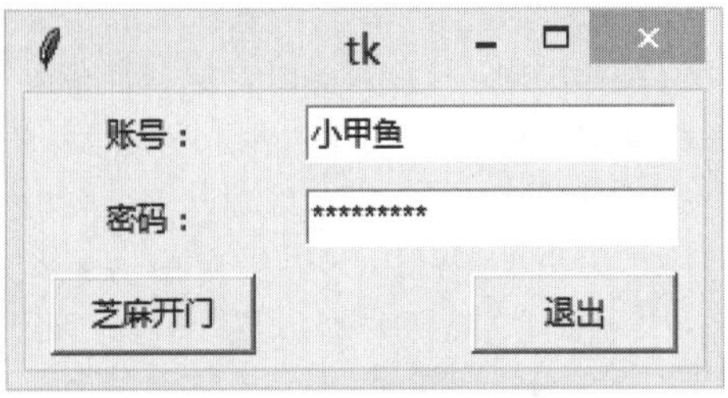

图 17-23　Entry 组件（3）

单击"芝麻开门"按钮可以得到密码的信息，如图 17-24 所示。

图 17-24　Entry 组件（4）

另外，Entry 组件还支持验证输入内容的合法性。例如输入框要求输入的是数字，用户输入了字母那就属于"非法"。实现该功能，需要通过设置 validate、validatecommand 和 invalidcommand 三个选项。

首先启用验证的"开关"是 validate 选项，该选项可以设置的值如表 17-1 所示。

表 17-1　validate 选项可以设置的值

值	含　　义
'focus'	当 Entry 组件获得或失去焦点的时候验证
'focusin'	当 Entry 组件获得焦点的时候验证
'focusout'	当 Entry 组件失去焦点的时候验证
'key'	当输入框被编辑的时候验证
'all'	当出现上面任何一种情况的时候验证
'none'	关闭验证功能，默认设置该选项（即不启用验证）。注意，是字符串的'none'，而非 None

其次是为 validatecommand 选项指定一个验证函数，该函数只能返回 True 或 False 表示验证的结果。一般情况下验证函数只需要知道输入框的内容即可，可以通过 Entry 组件的 get()方法获得该字符串。

在下面的例子中，在第一个输入框中输入"小甲鱼"，并通过 Tab 键将焦点转移到第二个输入框的时候，验证功能被成功触发：

```
# p17_14.py
from tkinter import *

root = Tk()

def test():
    if e1.get() == "小甲鱼":
        print("正确! ")
        return True
    else:
        print("错误! ")
        e1.delete(0, END)
        return False

v = StringVar()

e1 = Entry(root, textvariable=v, validate="focusout", validatecommand=test)
e2 = Entry(root)
e1.pack(padx=10, pady=10)
e2.pack(padx=10, pady=10)

mainloop()
```

程序实现如图 17-25 所示。

图 17-25　Entry 组件（5）

最后，invalidcommand 选项指定的函数只有在 validatecommand 的返回值为 False 的时候才被调用。

在下面的例子中，在第一个输入框中输入"小鱿鱼"，并通过 Tab 键将焦点转移到第二个输入框，validatecommand 指定的验证函数被触发并返回 False，接着 invalidcommand 被触发：

```
...
def test2():
    print("我被调用了...")
    return True

e1 = Entry(master, textvariable=v, validate="focusout", validatecommand=
```

```
test1, invalidcommand=test2)
...
```

修改后程序实现如图 17-26 所示。

图 17-26　Entry 组件（6）

其实，Tkinter 还有个"隐藏技能"，即 Tkinter 为验证函数提供一些额外的选项，如表 17-2 所示。

表 17-2　Tkinter 为验证函数提供的一些额外选项

选　　项	含　　义
'%d'	操作代码：0 表示删除操作；1 表示插入操作；2 表示获得、失去焦点或 textvariable 变量的值被修改
'%i'	当用户尝试插入或删除操作的时候，该选项表示插入或删除的位置（索引号） 如果是由于获得、失去焦点或 textvariable 变量的值被修改而调用验证函数，那么该值是-1
'%P'	当输入框的值允许改变的时候，该值有效。该值为输入框的最新文本内容
'%s'	该值为调用验证函数前输入框的文本内容
'%S'	当插入或删除操作触发验证函数的时候，该值有效。该选项表示文本被插入和删除的内容
'%v'	该组件当前的 validate 选项的值
'%V'	调用验证函数的原因。该值是'focusin'、'focusout'、'key'或'forced'（textvariable 选项指定的变量值被修改）中的一个
'%W'	该组件的名字

为了使用这些选项，可以这样写：

```
validatecommand=(f, s1, s2, ...)
```

其中，f 是验证函数名，s1、s2、s3 是额外的选项，这些选项会作为参数依次传给 f 函数。在此之前，需要调用 register()方法将验证函数包装起来：

```
# p17_15.py
from tkinter import *

root = Tk()

v = StringVar()

def test(content, reason, name):
```

```
    if content == "小甲鱼":
        print("正确！")
        print(content, reason, name)
        return True
    else:
        print("错误！")
        print(content, reason, name)
        return False


testCMD = root.register(test)
e1 = Entry(root, textvariable=v, validate="focusout", validatecommand=
(testCMD, '%P', '%v', '%W'))
e2 = Entry(root)
e1.pack(padx=10, pady=10)
e2.pack(padx=10, pady=10)


mainloop()
```

程序实现如图 17-27 所示。

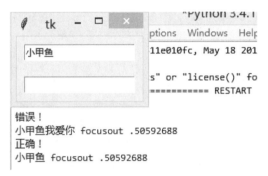

图 17-27　Entry 组件（7）

下面实现一个简单的计算器：

```
# p17_16.py
from tkinter import *


root = Tk()


frame = Frame(root)
frame.pack(padx=10, pady=10)


v1 = StringVar()
v2 = StringVar()
v3 = StringVar()


def test(content):
    # 注意，这里不能使用 e1.get() 或者 v1.get() 来获取输入的内容
```

```
# 因为 validate 选项指定为"key"的时候，有任何输入操作都会被拦截到这个函数中
# 也就是说先拦截，只有这个函数返回 True，那么输入的内容才会到变量里边
# 所以要使用%P 来获取最新的输入框内容
if content.isdigit():
    return True
else:
    return False


testCMD = root.register(test)
Entry(frame, textvariable=v1, width=10, validate="key", \
        validatecommand=(testCMD, '%P')).grid(row=0, column=0)

Label(frame, text="+").grid(row=0, column=1)

Entry(frame, textvariable=v2, width=10, validate="key", \
        validatecommand=(testCMD, '%P')).grid(row=0, column=2)

Label(frame, text="=").grid(row=0, column=3)

Entry(frame, textvariable=v3, width=10, validate="key", \
        validatecommand=(testCMD, '%P')).grid(row=0, column=4)

def calc():
    result = int(v1.get()) + int(v2.get())
    v3.set(result)

Button(frame, text="计算结果", command=calc).grid(row=1,column=2,pady=5)

mainloop()
```

程序实现如图 17-28 所示。

图 17-28　Entry 组件（8）

17.9　Listbox 组件

视频讲解

　　如果需要提供选项给用户选择，单选可以用 Radiobutton 组件，多选可以用 Checkbutton 组件。但如果提供的选项非常多，例如选择所在的城市，通过 Radiobutton

和 Checkbutton 组件来实现直接导致的结果就是：用户界面不够存放那么多按钮。

这时候就可以考虑使用 Listbox 组件，Listbox 是以列表的形式显示出来，并支持滚动条操作，所以对于在需要提供大量选项的情况下会更适用一些。

当创建一个 Listbox 组件的时候，它是空的（里边什么都没有）。所以，首先要做的第一件事就是添加一行或多行文本进去。使用 insert() 方法添加文本，该方法有两个参数：第一个参数是插入的索引号，第二个参数是插入的字符串。索引号通常是项目的序号（第一项的序号是 0）。

当然对于多个项目，应该使用循环：

```python
# p17_17.py
from tkinter import *


root = Tk()

# 创建一个空列表
theLB = Listbox(root, setgrid=True)
theLB.pack()

# 往列表里添加数据
for item in ["钢铁侠", "蜘蛛侠", "绿灯侠", "神奇女侠"]:
    theLB.insert(END, item)

theButton = Button(root, text="删除", command=lambda x=theLB: x.delete
(ACTIVE))
theButton.pack()

mainloop()
```

程序实现如图 17-29 所示。

图 17-29　Listbox 组件（1）

使用 delete() 方法删除列表中的项目，最常用的操作是删除列表中的所有项目：

```python
listbox.delete(0, END)
```

当然也可以删除指定的项目，下面添加一个独立按钮来删除 ACTIVE 状态的项目：

```
# 与 END 一样，ACTIVE 是一个特殊的索引号，表示当前被选中的项目
theButton = Button(master, text=" 删除 ", command=lambda x=theLB: x.
delete(ACTIVE))
theButton.pack()
```

最后，Listbox 组件根据 selectmode 选项提供了四种不同的选择模式（默认的选择模式是 BROWSE）：

- SINGLE（单选）。
- BROWSE（也是单选，但拖动鼠标或通过方向键可以直接改变选项）。
- MULTIPLE（多选）。
- EXTENDED（也是多选，但需要配合 Shift/Ctrl 键来实现，也可以通过拖动光标进行多选）。

选项增多，麻烦事儿就接踵而来，例如，发现 Listbox 组件默认只能显示 10 个项目，而手头却有 11 个项目：

```
# p17_18.py
from tkinter import *

root = Tk()

# 创建一个空列表
theLB = Listbox(root, setgrid=True)
theLB.pack()

# 往列表里添加数据
for item in range(11):
    theLB.insert(END, item)

mainloop()
```

程序实现如图 17-30 所示。

图 17-30　Listbox 组件（2）

虽然说利用鼠标滚轮可以迫使最后一个项目"现身"，但这样往往很容易被用户

忽略。

有两个方法可以解决这个问题，第一个方法就是修改 height 选项：

```
theLB = Listbox(master, height=11)
```

修改后程序实现如图 17-31 所示。

图 17-31　Listbox 组件（3）

修改 height 选项固然可以达到目的，但如果项目太多（例如 100 多个），这个方法就不适用了（导致列表框太长）。

还有一个方法更灵活，就是为 Listbox 组件添加滚动条，下一节详细讲述。

17.10　Scrollbar 组件

虽然滚动条是作为一个独立的组件存在，不过平时它几乎都是与其他组件配合使用。下面演示如何使用垂直滚动条。

为了在某个组件上安装垂直滚动条，需要做两件事：

（1）设置该组件的 yscrollbarcommand 选项为 Scrollbar 组件的 set()方法。

（2）设置 Scrollbar 组件的 command 选项为该组件的 yview()方法。

```
# p17_19.py
from tkinter import *

root = Tk()

sb = Scrollbar(root)
sb.pack(side=RIGHT, fill=Y)

lb = Listbox(root, yscrollcommand=sb.set)

for i in range(1000):
    lb.insert(END, str(i))
```

```
lb.pack(side=LEFT, fill=BOTH)

sb.config(command=lb.yview)

mainloop()
```

程序实现如图 17-32 所示。

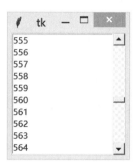

图 17-32　Scrollbar 组件

分析：事实上这是一个互联互通的过程。当用户操作滚动条进行滚动的时候，滚动条响应滚动并同时通过 Listbox 组件的 yview()方法滚动列表框里的内容；同样，当列表框中可视范围发生改变的时候，Listbox 组件通过调用 Scrollbar 组件的 set()方法设置滚动条的最新位置。

17.11　Scale 组件

Scale 组件与 Scrollbar 滚动条组件很相似：都可以滚、都有滑块、都是条形。但它们的使用范围并不完全相同，Scale 组件主要通过滑块来表示某个范围内的一个数字，可以通过修改选项设置范围以及分辨率（精度）。

当希望用户输入某个范围内的一个数值时，使用 Scale 组件可以很好地代替 Entry 组件。

创建一个指定范围的 Scale 组件其实非常容易，只需要指定它的 from 和 to 两个选项即可。但由于 from 本身是 Python 的关键字，所以为了区分需要在后面紧跟一个下画线，如 from_。

```
# p17_20.py
from tkinter import *

root = Tk()

Scale(root, from_=0, to=42).pack()
Scale(root, from_=0, to=200, orient=HORIZONTAL).pack()

mainloop()
```

程序实现如图 17-33 所示。

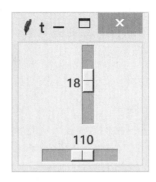

图 17-33　Scale 组件（1）

使用 get()方法可以获取当前滑块的位置：

```
# p17_21.py
from tkinter import *

root = Tk()

s1 = Scale(root, from_=0, to=42)
s1.pack()

s2 = Scale(root, from_=0, to=200, orient=HORIZONTAL)
s2.pack()

def show():
    print(s1.get(), s2.get())

Button(root, text="获得位置", command=show).pack()

mainloop()
```

程序实现如图 17-34 所示。

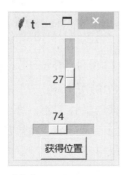

```
>>>
27 74
```

图 17-34　Scale 组件（2）

可以通过 resolution 选项控制分辨率（步长），通过 tickinterval 选项设置刻度：

```
# p17_22.py
from tkinter import *

root = Tk()

Scale(root, from_=0, to=42, tickinterval=5, length=200, \
    resolution=5, orient=VERTICAL).pack()
Scale(root, from_=0, to=200, tickinterval=10, length=600, \
    orient=HORIZONTAL).pack()

mainloop()
```

程序实现如图 17-35 所示。

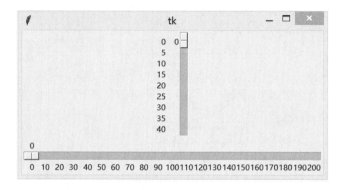

图 17-35　Scale 组件（3）

视频讲解

17.12　Text 组件

截至目前，已经学了不少组件。

绘制单行文本使用 Label 组件，多行选项使用 Listbox 组件，输入框使用 Entry 组件，按钮使用 Button 组件，还有 Radiobutton 和 Checkbutton 组件用于提供单选或多选的情况。多个组件可以用 Frame 组件先搭建一个框架，这样组织起来会更加有条不紊。最后还学习了两个会滚动的组件：Scrollbar 和 Scale。Scrollbar 组件用于实现滚动条，而 Scale 组件则是让用户在一个范围内选择一个确定的值。

Text（文本）组件用于显示和处理多行文本。在 Tkinter 的所有组件中，Text 组件显得异常强大和灵活，它适用于处理多种任务。虽然该组件的主要目的是显示多行文本，但它常常也被作为简单的文本编辑器和网页浏览器使用。

当创建一个 Text 组件的时候，它里面是没有内容的。为了给其插入内容，可以使用 insert()方法以及 INSERT 或 END 索引号：

```
# p17_23.py
```

```
from tkinter import *

root = Tk()

text = Text(root, width=30, height=2)
text.pack()

# INSERT 索引表示插入光标当前的位置
text.insert(INSERT, "I love\n")
text.insert(END, "FishC.com!")

mainloop()
```

程序实现如图 17-36 所示。

图 17-36　Text 组件（1）

Text 组件不仅支持插入和编辑文本，还支持插入 image 对象和 window 组件：

```
# p17_24.py
from tkinter import *

root = Tk()

text = Text(root, width=20, height=5)
text.pack()

text.insert(INSERT, "I love FishC.com!")

def show():
    print("哟，我被点了一下~")

b1 = Button(text, text="点我点我", command=show)
text.window_create(INSERT, window=b1)

mainloop()
```

程序实现如图 17-37 所示。

图 17-37　Text 组件（2）

下面将实现单击一下按钮显示一张图片的功能：

```python
# p17_25.py
from tkinter import *

root = Tk()

text = Text(root, width=30, height=10)
text.pack()

text.insert(INSERT, "I love FishC.com!")

photo = PhotoImage(file='fishc.gif')

def show():
    text.image_create(END, image=photo)

b1 = Button(text, text="点我点我", command=show)
text.window_create(INSERT, window=b1)

mainloop()
```

程序实现如图 17-38 所示。

图 17-38　Text 组件（3）

17.12.1　Indexes 用法

Indexes（索引）用来指向 Text 组件中文本的位置，与 Python 的序列索引一样，Text 组件索引也对应实际字符之间的位置。

Tkinter 提供了一系列不同的索引类型：

- "line.column"（行/列）。
- "line.end"（某一行的末尾）。
- INSERT。
- CURRENT。
- END。

- user-defined marks。
- user-defined tags（"tag.first"，"tag.last"）。
- selection（SEL_FIRST，SEL_LAST）。
- window coordinate（"@x,y"）。
- embedded object name（window，images）。
- expressions。

1）"line.column"

用行号和列号组成的字符串是常用的索引方式，它们将索引位置的行号和列号以字符串的形式表示出来（中间以 "." 分隔，例如"1.0"）。需要注意的是，行号以 1 开始，列号则以 0 开始。还可以使用以下语法构建索引：

```
"%d.%d" % (line, column)
```

指定超出现有文本的最后一行的行号，或超出一行中列数的列号都不会引发错误。对于这样的指定，Tkinter 解释为已有内容的末尾的下一个位置。

需要注意的是，使用"行/列"的索引方式看起来像是浮点值。其实不只是像而已，在需要指定索引的时候使用浮点值代替也是可以的：

```
text.insert(INSERT, "I love FishC")
print(text.get("1.2", 1.6))
```

程序实现如图 17-39 所示。

2）"line.end"

行号加上字符串".end"的格式表示为该行最后一个字符的位置：

```
text.insert(INSERT, "I love FishC")
print(text.get("1.2", "1.end"))
```

程序实现如图 17-40 所示。

图 17-39　Text 组件（4）

图 17-40　Text 组件（5）

3）INSERT（或"insert"）

对应插入光标的位置。

4）CURRENT（或"current"）

对应与鼠标坐标最接近的位置。不过，如果长按任何一个按钮，那么直到松开它时才会响应。

5）END（或 "end"）

对应 Text 组件的文本缓冲区最后一个字符的下一个位置。

6）user-defined marks

user-defined marks 是对 Text 组件中位置的命名。

INSERT 和 CURRENT 是两个预先命名好的 Marks，除此之外还可以自定义 Marks。

7）User-defined tags

User-defined tags 代表可以分配给 Text 组件的特殊事件绑定和风格。

可以使用"tag.first"（使用 tag 的文本的第一个字符之前）和"tag.last"（使用 tag 的文本的最后一个字符之后）语法表示标签的范围：

```
"%s.first" % tagname
"%s.last" % tagname
```

8）selection（SEL_FIRST，SEL_LAST）

selection 是一个名为 SEL（或"sel"）的特殊 tag，表示当前被选中的范围，可以使用 SEL_FIRST 到 SEL_LAST 来表示这个范围。如果没有选中的内容，那么 Tkinter 会抛出一个 TclError 异常。

9）window coordinate（"@x,y"）

可以使用窗口坐标作为索引。例如在一个事件绑定中，可以使用以下代码找到最接近鼠标位置的字符：

```
"@%d,%d" % (event.x, event.y)
```

10）embedded object name（window，images）

embedded object name 用于指向在 Text 组件中嵌入的 window 和 image 对象。

要引用一个 window，只要简单地将一个 Tkinter 组件实例作为索引即可。

引用一个嵌入的 image，只需使用相应的 PhotoImage 和 BitmapImage 对象。

11）expressions

expressions 用于修改任何格式的索引，用字符串的形式实现修改索引的表达式。

具体表达式实现如表 17-3 所示。

表 17-3　expressions 表达式及含义

表　达　式	含　　义
"+ count chars"	将索引向前（->）移动 count 个字符。可以越过换行符，但不能超过 END 的位置
"- count chars"	将索引向后（<-）移动 count 个字符。可以越过换行符，但不能超过"1.0"的位置
"+ count lines"	将索引向前（->）移动 count 行。索引会尽量保持与移动前在同一列上，但如果移动后的那一行字符太少，将移动到该行的末尾
"- count lines"	将索引向后（<-）移动 count 行。索引会尽量保持与移动前在同一列上，但如果移动后的那一行字符太少，将移动到该行的末尾
" linestart"	将索引移动到当前索引所在行的起始位置。注意：使用该表达式前面必须有一个空格隔开
" lineend"	将索引移动到当前索引所在行的末尾。注意：使用该表达式前面必须有一个空格隔开
" wordstart"	将索引移动到当前索引指向的单词的开头。单词的定义是一系列字母、数字、下画线或任何非空白字符的组合。注意：使用该表达式前面必须有一个空格隔开
" wordend"	将索引移动到当前索引指向的单词的末尾。单词的定义是一系列字母、数字、下画线或任何非空白字符的组合。注意：使用该表达式前面必须有一个空格隔开

提示：

只要结果不产生歧义，关键字可以被缩写，空格也可以省略。例如，"+ 5 chars"可以简写成"+5c"。

在实现中，为了确保表达式为普通字符串，可以使用 str 或格式化操作来创建一个表达式字符串。

下面例子演示了如何删除插入光标前面的一个字符：

```
def backspace(event):
    event.widget.delete("%s-1c" % INSERT, INSERT)
```

17.12.2　Mark 用法

Mark（标记）通常是嵌入到 Text 组件文本中的不可见对象。事实上 Mark 指定字符间的位置，并跟着相应的字符一起移动。Mark 有 INSERT、CURRENT 和 user-defined mark（用户自定义的 Mark）。其中，INSERT 和 CURRENT 是 Tkinter 预定义的特殊 Mark，它们不能够被删除。

INSERT（或 "insert"）用于指定当前插入光标的位置，Tkinter 会在该位置绘制一个闪烁的光标（因此并不是所有的 Mark 都不可见）。

CURRENT（或 "current"）用于指定与鼠标坐标最接近的位置。不过，如果长按任何一个按钮，那么直到松开它时才会响应。

还可以自定义任意数量的 Mark，Mark 的名字由普通字符串组成，可以是除了空白字符外的任何字符（为了避免歧义，应该起一个有意义的名字）。使用 mark_set()方法创建和移动 Mark。

如果在一个 Mark 标记的位置之前插入或删除文本，那么 Mark 跟着一起移动。删除 Mark 需要使用 mark_unset()方法，删除 Mark 周围的文本并不会删除 Mark 本身。

【例 17-1】 Mark 事实上就是索引，用于表示位置：

```
text.insert(INSERT, "I love FishC")
text.mark_set("here", "1.2")
text.insert("here", "插")
```

程序实现如图 17-41 所示。

图 17-41　Text 组件（6）

【例 17-2】 如果 Mark 前面的内容发生改变，那么 Mark 的位置也会跟着移动（实际上，就是 Mark 会"记住"它后面的"那家伙"）：

```
text.insert(INSERT, "I love FishC")
text.mark_set("here", "1.2")
text.insert("here", "插")
text.insert("here", "入")
```

程序实现如图 17-42 所示。

【例 17-3】 如果 Mark 周围的文本被删除了，Mark 仍然还在：

```
text.insert(INSERT, "I love FishC")
text.mark_set("here", "1.2")
text.insert("here", "插")


text.delete("1.0", END)
text.insert("here", "入")
```

程序实现如图 17-43 所示。

图 17-42　Text 组件（7）　　　　　图 17-43　Text 组件（8）

【例 17-4】 只有 mark_unset()方法可以解除 Mark 的"封印"：

```
text.insert(INSERT, "I love FishC")
text.mark_set("here", "1.2")
text.insert("here", "插")


text.mark_unset("here")


text.delete("1.0", END)
text.insert("here", "入")
```

程序实现如图 17-44 所示。

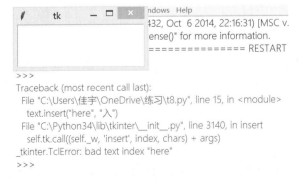

图 17-44　Text 组件（9）

默认插入内容到 Mark，是插入到它的左侧（就是说插入一个字符的话，Mark 向后移动了一个字符的位置）。那么能不能插入到 Mark 的右侧呢？其实是可以的，通过 mark_gravity()方法就可以实现。

【例 17-5】　插入到 Mark 的右侧（对比例 17-2）：

```
text.insert(INSERT, "I love FishC")

text.mark_set("here", "1.2")
text.mark_gravity("here", LEFT)

text.insert("here", "插")
text.insert("here", "入")
```

程序实现如图 17-45 所示。

图 17-45　Text 组件（10）

17.12.3　Tag 用法

视频讲解

Tag（标签）通常用于改变 Text 组件中内容的样式和功能，可以用来修改文本的字体、尺寸和颜色。另外，Tag 还允许将文本、嵌入的组件和图片与键盘和鼠标等事件相关联。除了 user-defined tags（用户自定义的 Tag），还有一个预定义的特殊 Tag：SEL。

SEL（或 "sel"）用于表示对应的选中内容（如果有的话）。

可以自定义任意数量的 Tag，Tag 的名字由普通字符串组成，可以是除了空白字符外的任何字符。另外，任何文本内容都支持多个 Tag 描述，任何 Tag 也可以用于描述多个不同的文本内容。

为指定文本添加 Tag 可以使用 tag_add()方法：

```
# p17_26.py
from tkinter import *

root = Tk()

text = Text(root, width=30, height=5)
text.pack()

text.insert(INSERT, "I love FishC.com!")
```

```
text.tag_add("tag1", "1.7", "1.12", "1.14")
text.tag_config("tag1", background="yellow", foreground="red")

mainloop()
```

程序实现如图 17-46 所示。

图 17-46　Text 组件（11）

如上，使用 tag_config()方法可以设置 Tag 的样式。表 17-4 列举了 tag_congif()方法可以使用的选项。

表 17-4　tag_config()方法可以使用的选项

选　　项	含　　义
background	指定该 Tag 所描述的内容的背景颜色。 注意：bg 并不是该选项的缩写，在这里 bg 被解释为 bgstipple 选项的缩写
bgstipple	指定一个位图作为背景，并使用 background 选项指定的颜色填充。只有设置了 background 选项该选项才会生效。 默认的标准位图有'error', 'gray75', 'gray50', 'gray25', 'gray12', 'hourglass', 'info', 'questhead', 'question'和'warning'
borderwidth	指定文本框的宽度，默认值是 0。只有设置了 relief 选项，该选项才会生效。 注意：该选项不能使用 bd 缩写
fgstipple	指定一个位图作为前景色。默认的标准位图有'error', 'gray75', 'gray50', 'gray25', 'gray12', 'hourglass', 'info', 'questhead', 'question'和'warning'
font	指定该 Tag 所描述的内容使用的字体
foreground	指定该 Tag 所描述的内容的前景色。 注意：fg 并不是该选项的缩写，在这里 fg 被解释为 fgstipple 选项的缩写
justify	控制文本的对齐方式，默认是 LEFT（左对齐），还可以选择 RIGHT（右对齐）和 CENTER（居中）。 注意：需要将 Tag 指向该行的第一个字符，该选项才能生效
lmargin1	设置 Tag 指向的文本块第一行的缩进，默认值是 0。 注意：需要将 Tag 指向该文本块的第一个字符或整个文本块，该选项才能生效
lmargin2	设置 Tag 指向的文本块除了第一行外其他行的缩进，默认值是 0。 注意：需要将 Tag 指向整个文本块，该选项才能生效
offset	设置 Tag 指向的文本相对于基线的偏移距离，可以控制文本相对于基线是升高（正数值）或者降低（负数值），默认值是 0
overstrike	在 Tag 指定的文本范围画一条删除线，默认值是 False
relief	指定 Tag 对应范围的文本的边框样式，可以使用的值有 SUNKEN, RAISED, GROOVE, RIDGE 或 FLAT，默认值是 FLAT（没有边框）
rmargin	设置 Tag 指向的文本块右侧的缩进，默认值是 0

续表

选　项	含　义
spacing1	设置 Tag 所描述的文本块中每一行与上方的空白间隔，默认值是 0。 注意：自动换行不算
spacing2	设置 Tag 所描述的文本块中自动换行的各行间的空白间隔，默认值是 0。 注意：换行符（'\n'）不算
spacing3	设置 Tag 所描述的文本块中每一行与下方的空白间隔，默认值是 0。 注意：自动换行不算
tabs	定制 Tag 所描述的文本块中 Tab 按键的功能，默认 Tab 被定义为 8 个字符的宽度。还可以定义多个制表位： tabs=('3c', '5c', '12c')表示前 3 个 Tab 宽度分别为 3cm，5cm，12cm，接着的 Tab 按照最后两个的差值计算，即 19cm，26cm，33cm。 应该注意到了，'c' 的含义是"厘米"而不是"字符"，还可以选择的单位有 'i'（英寸），'m'（毫米）和 'p'（DPI，大约是 '1i' 等于 '72p'）。 如果是一个整型值，则单位是像素
underline	该选项设置为 True 的话，则 Tag 所描述的范围内文本将被画上下画线，默认值是 False
wrap	设置当一行文本的长度超过 width 选项设置的宽度时，是否自动换行。该选项的值可以是 NONE（不自动换行）、CHAR（按字符自动换行）和 WORD（按单词自动换行）

如果对同一个范围内的文本加上多个 Tag，并且设置相同的选项，那么新创建的 Tag 样式会覆盖比较旧的 Tag：

```
text.tag_config("tag1", background="yellow", foreground="red")# 旧的 Tag
text.tag_config("tag2", foreground="blue")  # 新的 Tag


# 那么新创建的 Tag2 会覆盖比较旧的 Tag1 的相同选项
# 注意，与下面的调用顺序没有关系
text.insert(INSERT, "I love FishC.com!", ("tag2", "tag1"))
```

程序实现如图 17-47 所示。

图 17-47　Text 组件（12）

可以使用 tag_raise()和 tag_lower()方法来提高或降低某个 Tag 的优先级：

```
text.tag_config("tag1", background="yellow", foreground="red")
text.tag_config("tag2", foreground="blue")


text.tag_lower("tag2")
text.insert(INSERT, "I love FishC.com!", ("tag2", "tag1"))
```

程序实现如图 17-48 所示。

图 17-48   Text 组件（13）

Tag 还支持事件绑定，绑定事件使用的是 tag_bind()方法。下面例子将文本（"FishC.com"）与鼠标事件进行绑定，当鼠标进入该文本段的时候，鼠标样式切换为"arrow"形态，离开文本段的时候切换回"xterm"形态。当触发鼠标"左键单击操作"事件的时候，使用默认浏览器打开鱼 C 工作室的首页（www.fishc.com）。

```
# p17_27.py
from tkinter import *
import webbrowser

root = Tk()

text = Text(root, width=30, height=5)
text.pack()

text.insert(INSERT, "I love FishC.com!")

text.tag_add("link", "1.7", "1.16")
text.tag_config("link", foreground="blue", underline=True)

def show_hand_cursor(event):
    text.config(cursor="arrow")

def show_arrow_cursor(event):
    text.config(cursor="xterm")

def click(event):
    webbrowser.open("http://www.fishc.com")

text.tag_bind("link", "<Enter>", show_hand_cursor)
text.tag_bind("link", "<Leave>", show_arrow_cursor)
text.tag_bind("link", "<Button-1>", click)

mainloop()
```

程序实现如图 17-49 所示。

图 17-49　Text 组件（14）

最后，介绍几个 Text 组件使用时的技巧，非常实用。

（1）判断内容是否发生变化，例如做一个记事本程序，当用户关闭的时候，程序应该检查内容是否有改变，如果有变化，应该提醒用户保存。在下面的例子中，通过校检 Text 组件中文本的 MD5 摘要来判断内容是否发生改变：

```
# p15_28.py
from tkinter import *
import hashlib


root = Tk()

text = Text(root, width=20, height=5)
text.pack()

text.insert(INSERT, "I love FishC.com!")
contents = text.get(1.0, END)

def getSig(contents):
    m = hashlib.md5(contents.encode())
    return m.digest()


sig = getSig(contents)

def check():
    contents = text.get(1.0, END)
    if sig != getSig(contents):
        print("警报：内容发生变动！")
    else:
        print("风平浪静~")

Button(root, text="检查", command=check).pack()

mainloop()
```

程序实现如图 17-50 所示。

> > >
风平浪静~   > > >
                      -> 警报：内容发生变动！

图 17-50   Text 组件（15）

（2）查找操作，使用 search()方法可以搜索 Text 组件中的内容。可以提供一个确切的目标进行搜索（默认），也可以使用 Tcl 格式的正则表达式进行搜索（需设置 regexp选项为 True）：

```python
# p17_29.py
from tkinter import *

root = Tk()

text = Text(root, width=30, height=5)
text.pack()

text.insert(INSERT, "I love FishC.com!")

# 将任何格式的索引号统一为元组 (行,列) 的格式输出
def getIndex(text, index):
    return tuple(map(int, str.split(text.index(index), ".")))

start = 1.0
while True:
    pos = text.search("o", start, stopindex=END)
    if not pos:
        break
    print("找到啦，位置是: ", getIndex(text, pos))
    start = pos + "+1c"  # 将 start 指向下一个字符

mainloop()
```

程序实现如图 17-51 所示。

> > >
找到啦，位置是：(1, 3)
找到啦，位置是：(1, 14)

图 17-51   Text 组件（16）

如果忽略 stopindex 选项，表示直到文本的末尾结束搜索。设置 backwards 选项为 True，则是修改搜索的方向（变为向后搜索，那么 start 变量应该设置为 END，stopindex 选项设置为 1.0，最后"+1c"改为"-1c"）。

最后，Text 组件还支持"恢复"和"撤销"操作，这使得 Text 组件显得相当高大上。通过设置 undo 选项为 True，可以开启 Text 组件的"撤销"功能，然后用 edit_undo()方法实现"撤销"操作，用 edit_redo()方法实现"恢复"操作。

```python
# p17_30.py
from tkinter import *

root = Tk()

text = Text(root, width=30, height=5, undo=True)
text.pack()

text.insert(INSERT, "I love FishC")

def show():
    text.edit_undo()

Button(root, text="撤销", command=show).pack()

mainloop()
```

这是因为 Text 组件内部有一个栈专门用于记录内容的每次变动，所以每次"撤销"操作就是一次弹栈操作，"恢复"就是再次压栈，如图 17-52 所示。

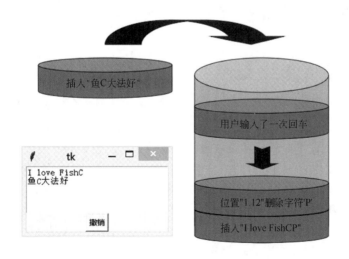

图 17-52　Text 组件（17）

默认情况下，每一次完整的操作都会放入栈中。但怎么样算是一次完整的操作呢？Tkinter 觉得每次焦点切换、用户按下回车键、删除/插入操作的转换等之前的操作算是一次完整的操作。也就是说，连续输入"FishC"的话，一次"撤销"操作就会将所有的内容删除。

那能不能自定义呢？例如希望插入一个字符就算一次完整的操作，然后每次单击"撤销"就去掉一个字符。

当然可以！做法就是先将 autoseparators 选项设置为 False（因为这个选项是让 Tkinter 在认为一次完整的操作结束后自动插入"分隔符"），然后绑定键盘事件，每次有输入就用 edit_separator()方法人为地插入一个"分隔符"：

```python
# p17_31.py
from tkinter import *

root = Tk()

text=Text(root,width=30,height=5,autoseparators=False,undo=True,maxundo=10)
text.pack()

def callback(event):
    text.edit_separator()

text.bind('<Key>', callback)

text.insert(INSERT, "I love FishC")

def show():
    text.edit_undo()

Button(root, text="撤销", command=show).pack()

mainloop()
```

视频讲解

17.13 Canvas 组件

虽然能用 Tkinter 设计不少东西了，但我知道肯定还是有不少读者感觉对界面编程的"掌控"还不够。说白了，就是还没法随心所欲地去绘制想要的界面。

Canvas 组件，是一个可以让你"任性"的组件，一个可以让你"随心所欲"地绘制界面的组件。Canvas 是一个通用的组件，它通常用于显示和编辑图形，可以用它来绘制直线、圆形、多边形，甚至是绘制其他组件。

在 Canvas 组件上绘制对象，可以用 create_xxx()方法（xxx 表示对象类型，例如直线 line、矩形 rectangle 和文本 text 等）：

```python
# p17_32.py
from tkinter import *

root = Tk()
```

```
w = Canvas(root, width=200, height=100)
w.pack()

# 画一条黄色的横线
w.create_line(0, 50, 200, 50, fill="yellow")
# 画一条红色的竖线（虚线）
w.create_line(100, 0, 100, 100, fill="red", dash=(4, 4))
# 中间画一个蓝色的矩形
w.create_rectangle(50, 25, 150, 75, fill="blue")

mainloop()
```

程序实现如图 17-53 所示。

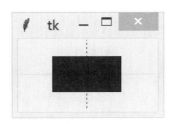

图 17-53　Canvas 组件（1）

注意，添加到 Canvas 上的对象会一直保留着。如果希望修改它们，可以使用 coords()、itemconfig() 和 move() 方法来移动画布上的对象，或者使用 delete() 方法来删除：

```
# p17_33.py
...
line1 = w.create_line(0, 50, 200, 50, fill="yellow")
line2 = w.create_line(100, 0, 100, 100, fill="red", dash=(4, 4))
rect1 = w.create_rectangle(50, 25, 150, 75, fill="blue")

w.coords(line1, 0, 25, 200, 25)
w.itemconfig(rect1, fill="red")
w.delete(line2)

Button(root, text="删除全部", command=(lambda x=ALL : w.delete(x))).pack()
...
```

程序实现如图 17-54 所示。

图 17-54　Canvas 组件（2）

还可以在 Canvas 上显示文本，使用的是 create_text()方法：

```
# p17_34.py
...
w.create_line(0, 0, 200, 100, fill="green", width=3)
w.create_line(200, 0, 0, 100, fill="green", width=3)
w.create_rectangle(40, 20, 160, 80, fill="green")
w.create_rectangle(65, 35, 135, 65, fill="yellow")

w.create_text(100, 50, text="FishC")
...
```

程序实现如图 17-55 所示。

使用 create_oval()方法绘制椭圆形（或圆形），参数是指定一个限定矩形（Tkinter 会自动在这个矩形内绘制一个椭圆）：

```
# p17_35.py
...
w.create_rectangle(40, 20, 160, 80, dash=(4, 4))
w.create_oval(40, 20, 160, 80, fill="pink")
w.create_text(100, 50, text="FishC")
...
```

程序实现如图 17-56 所示。

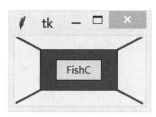

图 17-55 Canvas 组件（3）

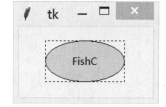

图 17-56 Canvas 组件（4）

而绘制圆形就是把限定矩形设置为正方形即可：

```
w.create_oval(70, 20, 130, 80, fill="pink")
```

程序实现如图 17-57 所示。

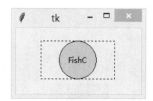

图 17-57 Canvas 组件（5）

如果想要绘制多边形，可以使用 create_polygon()方法。现在带大家来画一个五角星。首先，要先确定五个角的坐标，如图 17-58 所示。

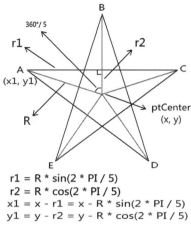

r1 = R * sin(2 * PI / 5)
r2 = R * cos(2 * PI / 5)
x1 = x - r1 = x - R * sin(2 * PI / 5)
y1 = y - r2 = y - R * cos(2 * PI / 5)

图 17-58　Canvas 组件（6）

```
# p17_36.py
from tkinter import *
import math as m

root = Tk()

w = Canvas(root, width=200, height=100, background="red")
w.pack()

center_x = 100
center_y = 50
r = 50

points = [
    # 左上点
    center_x - int(r * m.sin(2 * m.pi / 5)),
    center_y - int(r * m.cos(2 * m.pi / 5)),
    # 右上点
    center_x + int(r * m.sin(2 * m.pi / 5)),
    center_y - int(r * m.cos(2 * m.pi / 5)),
    # 左下点
    center_x - int(r * m.sin(m.pi / 5)),
    center_y + int(r * m.cos(m.pi / 5)),
    # 顶点
    center_x,
    center_y - r,
    # 右下点
    center_x + int(r * m.sin(m.pi / 5)),
    center_y + int(r * m.cos(m.pi / 5)),
    ]

w.create_polygon(points, outline="green", fill="yellow")

mainloop()
```

程序实现如图 17-59 所示。

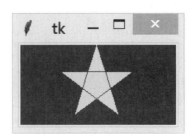

图 17-59　Canvas 组件（7）

接着设计一个像 Windows 画图工具那样的面板，让用户可以在上面"随心所欲"地绘画，如图 17-60 所示。

图 17-60　Canvas 组件（8）

其实实现原理也很简单，就是获取用户拖动鼠标的坐标，然后每个坐标对应绘制一个点上去就可以了。在这里，不得不承认有点遗憾的是，Tkinter 并没有提供画"点"的方法。

但是程序是死的，程序员是活的。可以通过绘制一个超小的椭圆形来表示一个"点"。在下面的例子中，通过响应"鼠标左键按住拖动"事件(<B1-Motion>)，在鼠标拖动的同时获取鼠标的实时位置(x, y)，并绘制一个超小的椭圆来代表一个"点"：

```
# p17_37.py
from tkinter import *


root = Tk()


w = Canvas(root, width=400, height=200)
w.pack()
```

```
def paint(event):
    x1, y1 = (event.x - 1), (event.y - 1)
    x2, y2 = (event.x + 1), (event.y + 1)
    w.create_oval(x1, y1, x2, y2, fill="red")

w.bind("<B1-Motion>", paint)

Label(root, text="按住鼠标左键并移动，开始绘制你的理想蓝图吧...").pack(side=
BOTTOM)

mainloop()
```

程序实现如图 17-61 所示。

图 17-61　Canvas 组件（9）

下面是小甲鱼觉得必须了解的关于画布对象的概念。

1. Canvas 组件支持的对象

- arc（弧形、弦或扇形）。
- bitmap（内建的位图文件或 XBM 格式的文件）。
- image（BitmapImage 或 PhotoImage 的实例对象）。
- line（线）。
- oval（圆形或椭圆形）。
- polygon（多边形）。
- rectangle（矩形）。
- text（文本）。
- window（组件）。

其中，弦、扇形、椭圆形、圆形、多边形和矩形这些"封闭式"图形都是由轮廓线和填充颜色组成的，通过 outline 和 fill 选项设置它们的颜色，还可以设置为透明（传入空字符串表示透明）。

2. 坐标系

由于画布可能比窗口大（带有滚动条的 Canvas 组件），因此 Canvas 组件可以选择使用两种坐标系。

- 窗口坐标系：以窗口的左上角作为坐标原点。
- 画布坐标系：以画布的左上角作为坐标原点。

3. 画布对象显示的顺序

Canvas 组件中创建的画布对象都会被列入显示列表中，越接近背景的画布对象，就越是位于显示列表的下方。显示列表决定当两个画布对象重叠的时候是如何覆盖的（默认情况下，新创建的会覆盖旧的画布对象的重叠部分，即位于显示列表上方的画布对象将覆盖下方那个）。当然，显示列表中的画布对象可以被重新排序。

4. 指定画布对象

Canvas 组件提供几种方法来指定画布对象：

- Item handles。
- Tags。
- ALL。
- CURRENT。

Item handles 事实上是一个用于指定某个画布对象的整型数（也称为画布对象的ID）。当在 Canvas 组件上创建一个画布对象的时候，Tkinter 将自动为其指定一个在该 Canvas 组件中独一无二的整型值，然后各种 Canvas 的方法可以通过这个值操纵该画布对象。

Tag 是附在画布对象上的标签，Tag 由普通的非空白字符串组成。一个画布对象可以与多个 Tag 相关联，一个 Tag 也可用于描述多个画布对象。然而，与 Text 组件不同，没有指定画布对象的 Tag 不能进行事件绑定和配置样式。也就是说，Canvas 组件的 Tag 仅为画布对象所拥有。

Canvas 组件预定义了两个 Tags：ALL 和 CURRENT。

- ALL（或 "all"）表示 Canvas 组件中的所有画布对象。
- CURRENT（或 "current"）表示鼠标指针下的画布对象（如果有的话）。

视频讲解

17.14 Menu 组件

几乎每个应用程序都可以看到菜单，而常见的菜单有"文件""编辑""帮助"，打开"文件"之后，它会出现若干下拉菜单项，例如"新建""打开""保存""退出"等，如图 17-62 所示。

Tkinter 提供了一个 Menu 组件，用于实现顶级菜单、下拉菜单和弹出菜单。由于该组件是底层代码实现和优化，所以不建议自行通过按钮和其他组件来实现菜单功能。

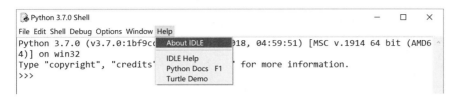

图 17-62　Menu 组件（1）

创建一个顶级菜单，需要先创建一个菜单实例，然后使用 add() 方法将命令和其他子菜单添加进去：

```
# p17_38.py
from tkinter import *

root = Tk()

def callback():
    print("～被调用了～")

# 创建一个顶级菜单
menubar = Menu(root)
menubar.add_command(label="Hello", command=callback)
menubar.add_command(label="Quit", command=root.quit)

# 显示菜单
root.config(menu=menubar)

mainloop()
```

程序实现如图 17-63 所示。

创建一个下拉菜单（或者其他子菜单），方法大同小异，最主要的区别是它们最后需要添加到主菜单上（而不是窗口上）：

图 17-63　Menu 组件（2）

```
# p17_39.py
from tkinter import *

root = Tk()

def callback():
    print("～被调用了～")

# 创建一个顶级菜单
menubar = Menu(root)

# 创建一个下拉菜单"文件"，然后将它添加到顶级菜单中
filemenu = Menu(menubar, tearoff=False)
```

```
filemenu.add_command(label="打开", command=callback)
filemenu.add_command(label="保存", command=callback)
filemenu.add_separator()
filemenu.add_command(label="退出", command=root.quit)
menubar.add_cascade(label="文件", menu=filemenu)

# 创建另一个下拉菜单 "编辑"，然后将它添加到顶级菜单中
editmenu = Menu(menubar, tearoff=False)
editmenu.add_command(label="剪切", command=callback)
editmenu.add_command(label="拷贝", command=callback)
editmenu.add_command(label="粘贴", command=callback)
menubar.add_cascade(label="编辑", menu=editmenu)

# 显示菜单
root.config(menu=menubar)

mainloop()
```

程序实现如图 17-64 所示。

创建一个弹出菜单的方法也是一致的，不过需要使用 post()
方法明确地将其显示出来：

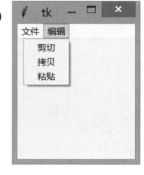

图 17-64   Menu 组件（3）

```
# p17_40.py
from tkinter import *

root = Tk()

def callback():
    print("～被调用了～")

# 创建一个弹出菜单
menu = Menu(root, tearoff=False)
menu.add_command(label="撤销", command=callback)
menu.add_command(label="重做", command=callback)

frame = Frame(root, width=512, height=512)
frame.pack()

def popup(event):
    menu.post(event.x_root, event.y_root)

# 绑定鼠标右键
frame.bind("<Button-3>", popup)

mainloop()
```

大家发现在创建一个 Menu 组件的时候，都把一个叫 tearoff 的选项设置为 False。那

么这个翻译为"撕开"的选项有什么用呢？Tkinter 要撕开什么呢？试试便知，把 tearoff 改为 True 之后，"文件"菜单增加了一行小横杠，如图 17-65 所示。

单击一下，原来 Tkinter 打开的是菜单，如图 17-66 所示。

图 17-65　Menu 组件（4）

图 17-66　Menu 组件（5）

最后，这个菜单不仅可以添加常见的命令菜单项，还可以添加单选按钮或多选按钮，那么用法就与 Checkbutton 组件和 Radiobutton 组件类似了。

```python
# p17_41.py
from tkinter import *

root = Tk()

def callback():
    print("～被调用了～")

# 创建一个顶级菜单
menubar = Menu(root)

# 创建 checkbutton 关联变量
openVar = IntVar()
saveVar = IntVar()
exitVar = IntVar()

# 创建一个下拉菜单"文件"，然后将它添加到顶级菜单中
filemenu = Menu(menubar, tearoff=True)
filemenu.add_checkbutton(label="打开", command=callback, variable=openVar)
filemenu.add_checkbutton(label="保存", command=callback, variable=saveVar)
filemenu.add_separator()
filemenu.add_checkbutton(label="退出", command=root.quit, variable=exitVar)
menubar.add_cascade(label="文件", menu=filemenu)

# 创建 radiobutton 关联变量
editVar = IntVar()
editVar.set(1)
```

```
# 创建另一个下拉菜单"编辑"，然后将它添加到顶级菜单中
editmenu = Menu(menubar, tearoff=True)
editmenu.add_radiobutton(label="剪切", command=callback, variable=
editVar, value=1)
editmenu.add_radiobutton(label="拷贝", command=callback, variable=
editVar, value=2)
editmenu.add_radiobutton(label="粘贴", command=callback, variable=
editVar, value=3)
menubar.add_cascade(label="编辑", menu=editmenu)

# 显示菜单
root.config(menu=menubar)

mainloop()
```

程序实现如图 17-67 所示。

图 17-67　Menu 组件（6）

17.15　Menubutton 组件

Menubutton 组件是一个与 Menu 组件相关联的按钮，它可以放在窗口中的任意位置，并且在被按下时弹出下拉菜单。这个组件是有一定历史意义的，在 Tkinter 的早期版本，使用 Menubutton 组件来实现顶级菜单，但现在直接用 Menu 组件就可以实现了。因此，现在该组件适用于希望菜单按钮出现在其他位置的时候。

创建一个 Menubutton 组件，并创建一个 Menu 组件与之关联：

```
# p17_42.py
from tkinter import *

root = Tk()
```

```
def callback():
    print("～被调用了～")

mb = Menubutton(root, text="点我", relief=RAISED)
mb.pack()

filemenu = Menu(mb, tearoff=False)
filemenu.add_checkbutton(label="打开", command=callback, selectcolor=
"yellow")
filemenu.add_command(label="保存", command=callback)
filemenu.add_separator()
filemenu.add_command(label="退出", command=root.quit)
mb.config(menu = filemenu)

mainloop()
```

程序实现如图 17-68 所示。

图 17-68　Menubutton 组件

17.16　OptionMenu 组件

　　OptionMenu（选项菜单）事实上是下拉菜单的改版，它的发明弥补了 Listbox 组件无法实现下拉列表框的遗憾。创建一个选择菜单非常简单，只需要一个 Tkinter 变量（用于记录用户选择了什么）以及若干选项即可：

```
# p17_43.py
from tkinter import *

root = Tk()

variable = StringVar()
variable.set("one")
```

```
w = OptionMenu(root, variable, "one", "two", "three")
w.pack()

mainloop()
```

程序实现如图 17-69 所示。

要获得用户选择的内容，使用 Tkinter 变量的 get()方法即可：

```
…
def callback():
    print(variable.get())

Button(root, text="点我", command=callback).pack()
…
```

修改后程序实现如图 17-70 所示。

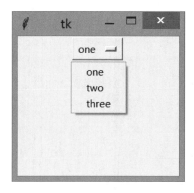

图 17-69　OptionMenu 组件（1）　　　图 17-70　OptionMenu 组件（2）

最后演示如何将很多选项添加到选项菜单中：

```
# p17_44.py
from tkinter import *

OPTIONS = [
    "California",
    "458",
    "FF",
    "ENZO",
    "LaFerrari"
    ]


root = Tk()

variable = StringVar()
variable.set(OPTIONS[0])
```

```
w = OptionMenu(root, variable, *OPTIONS)
w.pack()

def callback():
    print(variable.get())

Button(root, text="点我", command=callback).pack()

mainloop()
```

程序实现如图 17-71 所示。

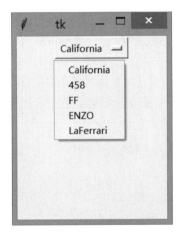

图 17-71　OptionMenu 组件（3）

17.17　Message 组件

视频讲解

Message（消息）组件是 Label 组件的变体，用于显示多行文本消息。

Message 组件能够自动换行，并调整文本的尺寸使其适应给定的尺寸。

```
# p17_45.py
from tkinter import *

root = Tk()

w1 = Message(root, text="这是一则消息", width=100)
w1.pack()

w2 = Message(root, text="这是一则骇人听闻的长长长长长消息！", width=100)
w2.pack()

mainloop()
```

程序实现如图 17-72 所示。

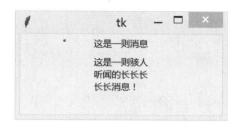

图 17-72　Message 组件

17.18　Spinbox 组件

Spinbox 组件（Tk8.4 新增）是 Entry 组件的变体，用于从一些固定的值中选取一个。

Spinbox 组件与 Entry 组件用法非常相似，主要区别是使用 Spinbox 组件时，可以通过范围或者元组指定允许用户输入的内容。

```
# p17_46.py
from tkinter import *

root = Tk()

w = Spinbox(root, from_=0, to=10)
w.pack()

mainloop()
```

程序实现如图 17-73 所示。

还可以通过元组指定允许输入的值：

```
…
w = Spinbox(root, values= ("小甲鱼", "～风介～", "wei_Y", "戴宇轩"))
…
```

修改后程序实现如图 17-74 所示。

图 17-73　Spinbox 组件（1）　　图 17-74　Spinbox 组件（2）

17.19　PanedWindow 组件

PanedWindow 组件（Tk8.4 新增）是一个空间管理组件。

与 Frame 组件类似，都是为组件提供一个框架，不过 PanedWindow 允许让用户调整应用程序的空间划分。

创建一个 2 窗格的 PanedWindow 组件非常简单：

```
# p17_47.py
from tkinter import *

m = PanedWindow(orient=VERTICAL)
m.pack(fill=BOTH, expand=1)

top = Label(m, text="top pane")
m.add(top)

bottom = Label(m, text="bottom pane")
m.add(bottom)

mainloop()
```

程序实现如图 17-75 所示。

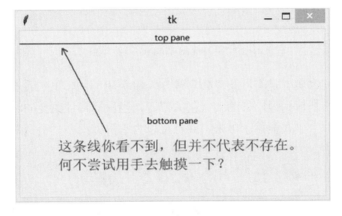

图 17-75　PanedWindow 组件（1）

创建一个 3 窗格的 PanedWindow 组件则需要一点小技巧：

```
# p17_48.py
from tkinter import *

m1 = PanedWindow()
m1.pack(fill=BOTH, expand=1)

left = Label(m1, text="left pane")
m1.add(left)

m2 = PanedWindow(orient=VERTICAL)
m1.add(m2)
```

```
top = Label(m2, text="top pane")
m2.add(top)


bottom = Label(m2, text="bottom pane")
m2.add(bottom)


mainloop()
```

程序实现如图 17-76 所示。

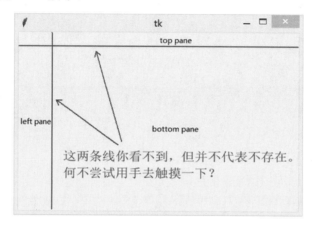

图 17-76   PanedWindow 组件（2）

不同窗格之间事实上是有一条"分割线"（sash）隔开的，虽然看不到，但可以感受到它的存在：不妨把鼠标缓慢移动到大概的位置，当鼠标指针改变的时候再拖动鼠标，也可以把"分割线"显式地显示出来，并且可以为它附上一个"手柄"（handle）：

```
# p17_49.py
from tkinter import *

m1 = PanedWindow(showhandle=True, sashrelief=SUNKEN)
m1.pack(fill=BOTH, expand=1)

left = Label(m1, text="left pane")
m1.add(left)

m2 = PanedWindow(orient=VERTICAL, showhandle=True, sashrelief=SUNKEN)
m1.add(m2)

top = Label(m2, text="top pane")
m2.add(top)

bottom = Label(m2, text="bottom pane")
m2.add(bottom)

mainloop()
```

程序实现如图 17-77 所示。

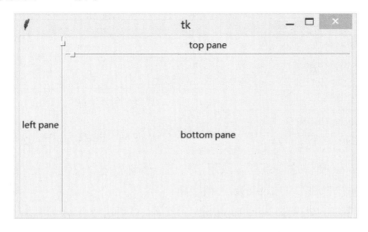

图 17-77　PanedWindow 组件（3）

17.20　Toplevel 组件

Toplevel（顶级窗口）组件类似于 Frame 组件，但 Toplevel 组件是一个独立的顶级窗口，这种窗口通常拥有标题栏、边框等部件。

Toplevel 组件通常用在显示额外的窗口、对话框和其他弹出窗口中。

在下面的例子中，在 root 窗口添加一个按钮用于创建一个顶级窗口，单击一下"创建顶级窗口"按钮就出现一个顶级窗口：

```
# p17_50.py
from tkinter import *

root = Tk()

def create():
    top = Toplevel()
    top.title("FishC Demo")

    msg = Message(top, text="I love FishC.com")
    msg.pack()

Button(root, text="创建顶级窗口", command=create).pack()

mainloop()
```

程序实现如图 17-78 所示。

想要几个顶级窗口就单击几下按钮，如图 17-79 所示。

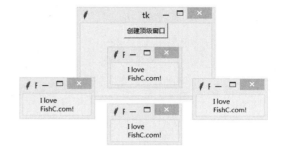

图 17-78　Toplevel 组件（1）　　　　　图 17-79　Toplevel 组件（2）

最后，Tkinter 提供这一系列方法用于与窗口管理器进行交互。它们可以被 Tk（根窗口）调用，同样也适用于 Toplevel（顶级窗口）。

【扩展阅读】Tk（根窗口）和 Toplevel（顶级窗口）的方法汇总，可访问 http://bbs.fishc.com/thread-61246-1-1.html 或扫描此处二维码获取。

扩展阅读

这里有必要讲一下的是 attributes() 这个方法，它用于设置和获取窗口属性，如果只给出选项名，将返回当前窗口该选项的值。

注意：

以下选项不支持关键字参数，需要在选项前添加下画线（_）并用字符串的方式表示，用逗号（,）隔开选项和值。

下面演示将 Toplevel 的窗口设置为 50% 透明：

```python
# p17_51.py
from tkinter import *

root = Tk()

def create():
    top = Toplevel()
    top.title("FishC Demo")
    top.attributes("-alpha", 0.5)

    msg = Message(top, text="I love FishC.com")
    msg.pack()

Button(root, text="创建顶级窗口", command=create).pack()

mainloop()
```

程序实现如图 17-80 所示。

图 17-80　Toplevel 组件（3）

视频讲解

17.21　事件绑定

一个 Tkinter 应用程序大部分时间花费在事件循环中（通过 mainloop()方法进入）。事件可以有各种来源，包括用户触发的鼠标、键盘操作和窗口管理器触发的重绘事件（在多数情况下是由用户间接引起的）。

Tkinter 提供一个强大的机制可以自由地处理事件，对于每个组件来说，可以通过 bind()方法将函数或方法绑定到具体的事件上。当被触发的事件满足该组件绑定的事件时，Tkinter 就会带着事件描述去调用 handler()方法。

下面有几个例子，请感受一下：

```
# p17_52.py
# 捕获单击的位置
from tkinter import *


root = Tk()


def callback(event):
    print("单击位置: ", event.x, event.y)


frame = Frame(root, width=200, height=200)
frame.bind("<Button-1>", callback)
frame.pack()


mainloop()
```

程序实现如图 17-81 所示。

在上面这个例子中，使用 Frame 组件的 bind()方法将鼠标单击事件（<Button-1>）和自定义的 callback()方法绑定起来。那么运行后的结果是：当单击的时候，IDLE 会相应地将鼠标的位置显示出来。

只有当组件获得焦点的时候才能接收键盘事件（Key），下面的例子中用 focus_set()获得焦点，可以设置 Frame 的 takefocus 选项为 True，然后使用 Tab 将焦点转移上来。

```
# p17_53.py
# 捕获键盘事件
from tkinter import *


root = Tk()


def callback(event):
    print("敲击位置: ", repr(event.char))


frame = Frame(root, width=200, height=200)
```

```
frame.bind("<Key>", callback)
frame.focus_set()
frame.pack()

mainloop()
```

程序实现如图 17-82 所示。

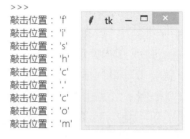

图 17-81　事件绑定（1）　　　　　图 17-82　事件绑定（2）

最后一个例子展示捕获鼠标在组件上的运动轨迹，这里需要关注的是<Motion>事件：

```
# p17_54.py
from tkinter import *

root = Tk()

def callback(event):
    print("当前位置: ", event.x, event.y)

frame = Frame(root, width=200, height=200)
frame.bind("<Motion>", callback)
frame.pack()

mainloop()
```

17.22　事件序列

Tkinter 使用一种称为事件序列的机制来允许用户定义事件，用户需使用 bind()方法将具体的事件序列与自定义的方法绑定。

事件序列以字符串的形式表示，可以表示一个或多个相关联的事件（如果是多个事件，那么对应的方法只有在满足所有事件的前提下才会被调用）。

事件序列语法描述为<modifier-type-detail>。

- 事件序列包含在尖括号（<...>）中。
- type 部分的内容是最重要的，它通常用于描述普通的事件类型，例如鼠标单击或键盘按键单击（详见表 17-5）。

- modifier 部分的内容是可选的，它通常用于描述组合键，例如 Ctrl + C，Shift + 单击（详见表 17-6）。
- detail 部分的内容是可选的，它通常用于描述具体的按键，例如 Button-1 表示鼠标左键。

下面给出事件序列语法示例：

- <Button-1>表示用户单击；
- <KeyPress-H>表示用户单击 H 按键；
- <Control-Shift-KeyPress-H>表示用户同时单击 Ctrl + Shift + H。

17.22.1　type

表 17-5 列举了 type 部分常用的关键词及含义。

表 17-5　type 部分常用的关键词及含义

type 关键词	含　　　义
Activate	当组件的状态从"未激活"变为"激活"的时候触发事件
Button	当用户单击鼠标按键的时候触发事件。detail 部分指定具体哪个按键：<Button-1>鼠标左键，<Button-2>鼠标中键，<Button-3>鼠标右键，<Button-4>滚轮上滚（Linux），<Button-5>滚轮下滚（Linux）
ButtonRelease	当用户释放鼠标按键的时候触发事件。在大多数情况下，比 Button 更好用，因为如果当用户不小心按下鼠标，用户可以将鼠标移出组件再释放鼠标，从而避免不小心触发事件
Configure	当组件的尺寸发生改变的时候触发事件
Deactivate	当组件的状态从"激活"变为"未激活"的时候触发事件
Destroy	当组件被销毁的时候触发事件
Enter	当鼠标指针进入组件的时候触发事件。注意：不是指用户按下回车键
Expose	当窗口或组件的某部分不再被覆盖的时候触发事件
FocusIn	当组件获得焦点的时候触发事件。用户可以用 Tab 键将焦点转移到该组件上（需要该组件的 takefocus 选项为 True）；也可以调用 focus_set()方法使该组件获得焦点
FocusOut	当组件失去焦点的时候触发事件
KeyPress	当用户按下键盘按键的时候触发事件。detail 可以指定具体的按键，例如 <KeyPress-H>表示当大写字母 H 被按下的时候触发事件。KeyPress 可以简写为 Key
KeyRelease	当用户释放键盘按键的时候触发事件
Leave	当鼠标指针离开组件的时候触发事件
Map	当组件被映射的时候触发事件。意思是在应用程序中显示该组件的时候触发事件，例如调用 grid()方法
Motion	当鼠标在组件内移动的整个过程均触发事件
MouseWheel	当鼠标滚轮滚动的时候触发事件。目前该事件仅支持 Windows 和 Mac 系统，Linux 系统请参考 Button
Unmap	当组件被取消映射的时候触发事件。意思是在应用程序中不再显示该组件的时候触发事件，例如调用 grid_remove()方法
Visibility	当应用程序至少有一部分在屏幕中是可见的时候触发事件

17.22.2 modifier

表 17-6 列举了 modifier 部分常用的关键词及含义。

表 17-6 modifier 部分常用的关键词及含义

modifier 关键词	含　义
Alt	当按下 Alt 按键的时候触发事件
Any	表示任何类型的按键被按下的时候触发事件。例如<Any-KeyPress>表示当用户按下任何按键时触发事件
Control	当按下 Ctrl 按键的时候触发事件
Double	当后续两个事件被连续触发的时候触发事件。例如<Double-Button-1>表示当用户双击时触发事件
Lock	当打开大写字母锁定键（CapsLock）的时候触发事件
Shift	当按下 Shift 按键的时候触发事件
Triple	与 Double 类似，当后续三个事件被连续触发的时候触发事件

17.23 Event 对象

当 Tkinter 去回调预先定义的函数时，将带着 Event 对象（作为参数）去调用。表 17-7 列举了 Event 对象的属性及含义。

表 17-7 Event 对象的属性及含义

属　性	含　义
widget	产生该事件的组件
x, y	当前的鼠标位置坐标（相对于窗口左上角，以像素为单位）
x_root, y_root	当前的鼠标位置坐标（相对于屏幕左上角，以像素为单位）
char	按键对应的字符（键盘事件专属）
keysym	按键名，见表 17-8 的 keysym（键盘事件专属）
keycode	按键码，见表 17-8 的 keysym（键盘事件专属）
num	按钮数字（鼠标事件专属）
width, height	组件的新尺寸（Configure 事件专属）
type	该事件类型

当事件为<Key><KeyPress><KeyRelease>的时候，detail 可以通过设定具体的按键名（keysym）来筛选。例如，<Key-H>表示按下键盘上的大写字母 H 时候触发事件，<Key-Tab>表示按下键盘上的 Tab 按键的时候触发事件。

表 17-8 列举了键盘所有特殊按键的 keysym 和 keycode（下面按键码对应的是美国标准 101 键盘的"Latin-1"字符集，键盘标准不同对应的按键码不同，但按键名是一样的）。

表 17-8 键盘所有特殊按键的 keysym 和 keycode

按键名（keysym）	按键码（keycode）	代表的按键
Alt_L	64	左边的 Alt 按键

续表

按键名（keysym）	按键码（keycode）	代表的按键
Alt_R	113	右边的 Alt 按键
BackSpace	22	Backspace（退格）按键
Cancel	110	break 按键
Caps_Lock	66	CapsLock（大写字母锁定）按键
Control_L	37	左边的 Ctrl 按键
Control_R	109	右边的 Ctrl 按键
Delete	107	Delete 按键
Down	104	↓ 按键
End	103	End 按键
Escape	9	Esc 按键
Execute	111	SysReq 按键
F1	67	F1 按键
F2	68	F2 按键
F3	69	F3 按键
F4	70	F4 按键
F5	71	F5 按键
F6	72	F6 按键
F7	73	F7 按键
F8	74	F8 按键
F9	75	F9 按键
F10	76	F10 按键
F11	77	F11 按键
F12	96	F12 按键
Home	97	Home 按键
Insert	106	Insert 按键
Left	100	← 按键
Linefeed	54	Linefeed（Ctrl+J）
KP_0	90	小键盘数字 0
KP_1	87	小键盘数字 1
KP_2	88	小键盘数字 2
KP_3	89	小键盘数字 3
KP_4	83	小键盘数字 4
KP_5	84	小键盘数字 5
KP_6	85	小键盘数字 6
KP_7	79	小键盘数字 7
KP_8	80	小键盘数字 8
KP_9	81	小键盘数字 9
KP_Add	86	小键盘的+按键
KP_Begin	84	小键盘的中间按键（5）
KP_Decimal	91	小键盘的点按键（.）
KP_Delete	91	小键盘的删除键
KP_Divide	112	小键盘的/按键
KP_Down	88	小键盘的 ↓ 按键
KP_End	87	小键盘的 End 按键

续表

按键名（keysym）	按键码（keycode）	代表的按键
KP_Enter	108	小键盘的 Enter 按键
KP_Home	79	小键盘的 Home 按键
KP_Insert	90	小键盘的 Insert 按键
KP_Left	83	小键盘的←按键
KP_Multiply	63	小键盘的*按键
KP_Next	89	小键盘的 PageDown 按键
KP_Prior	81	小键盘的 PageUp 按键
KP_Right	85	小键盘的→按键
KP_Subtract	82	小键盘的-按键
KP_Up	80	小键盘的↑按键
Next	105	PageDown 按键
Num_Lock	77	NumLock（数字锁定）按键
Pause	110	Pause（暂停）按键
Print	111	PrintScrn（打印屏幕）按键
Prior	99	PageUp 按键
Return	36	Enter（回车）按键
Right	102	→按键
Scroll_Lock	78	ScrollLock 按键
Shift_L	50	左边的 Shift 按键
Shift_R	62	右边的 Shift 按键
Tab	23	Tab（制表）按键
Up	98	↑按键

视频讲解

17.24　布局管理器

什么是布局管理器？

说白了，布局管理器就是管理组件如何排列的"家伙"。Tkinter 有三个布局管理器，分别是 pack、grid 和 place，其中：

- pack 是按添加顺序排列组件。
- grid 是按行/列形式排列组件。
- place 则允许程序员指定组件的大小和位置。

17.24.1　pack

pack 其实之前的例子一直在用，对比 grid 管理器，pack 更适用于少量组件的排列，但它在使用上更加简单。如果需要创建相对复杂的布局结构，那么建议使用多个框架（Frame）结构，或者使用 grid 管理器实现。

不要在同一个父组件中混合使用 pack 和 grid，因为 Tkinter 会很认真地在那儿计算到底先使用哪个布局管理器。以至于等了半个小时，Tkinter 还在那儿纠结不出结果！

我们常常会遇到的一个情况是将一个组件放到一个容器组件中，并填充整个父组件。下面生成一个 Listbox 组件并将它填充到 root 窗口中：

```python
# p17_55.py
from tkinter import *


root = Tk()


listbox = Listbox(root)
listbox.pack(fill=BOTH, expand=True)

for i in range(10):
    listbox.insert(END, str(i))

mainloop()
```

程序实现如图 17-83 所示。

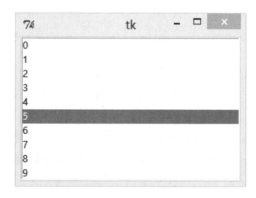

图 17-83　pack 管理器

其中，fill 选项告诉窗口管理器该组件将填充整个分配给它的空间，BOTH 表示同时横向和纵向扩展，X 表示横向，Y 表示纵向；expand 选项是告诉窗口管理器将父组件的额外空间也填满。

默认情况下，pack 是将添加的组件依次纵向排列：

```python
# p17_56.py
from tkinter import *


root = Tk()


Label(root, text="Red", bg="red", fg="white").pack(fill=X)
Label(root, text="Green", bg="green", fg="black").pack(fill=X)
Label(root, text="Blue", bg="blue", fg="white").pack(fill=X)


mainloop()
```

程序实现如图 17-84 所示。

如果想要组件横向挨着排列，可以使用 side 选项：

```
…
Label(root, text="Red", bg="red", fg="white").pack(side=LEFT)
Label(root, text="Green", bg="green", fg="black").pack(side=LEFT)
Label(root, text="Blue", bg="blue", fg="white").pack(side=LEFT)
…
```

修改后程序实现如图 17-85 所示。

图 17-84　纵向排列

图 17-85　横向排列

17.24.2　grid

grid 管理器可以说是 Tkinter 这三个布局管理器中最灵活多变的。

在设计对话框的时候，使用 gird 尤其便捷。如果此前一直在用 pack 构造窗口布局，那么学习完 grid 后会悔恨当初为啥不早学它。

使用一个 grid 就可以简单地实现用很多个框架和 pack 搭建起来的效果。使用 grid 排列组件，只需告诉它想要将组件放置的位置（行/列，row 选项指定行，cloumn 选项指定列）。

此外，并不用提前指出网格（grid 分布给组件的位置称为网格）的尺寸，因为管理器会自动计算。

```
# p17_57.py
from tkinter import *


root = Tk()


# column 默认值是 0
Label(root, text="用户名").grid(row=0)
Label(root, text="密码").grid(row=1)

Entry(root).grid(row=0, column=1)
Entry(root, show="*").grid(row=1, column=1)


mainloop()
```

程序实现如图 17-86 所示。

默认情况下组件会居中显示在对应的网格里，可以使用 sticky 选项来修改这一特性。

该选项可以使用的值有 E、W、S、N（E、W、S、N 分别表示东、西、南、北，即上北、下南、左西、右东）以及它们的组合。

因此，可以通过 sticky = W 使得 Label 左对齐：

```
…
Label(root, text="用户名").grid(row=0, sticky=W)
Label(root, text="密码").grid(row=1, sticky=W)
…
```

修改后程序实现如图 17-87 所示。

图 17-86　grid 管理器　　　　图 17-87　sticky 选项修改对齐方式

有时候可能需要用几个网格来放置一个组件，可以做到吗？

当然可以，只需要指定 rowspan 和 columnspan 就可以实现跨行和跨列的功能：

```
# p17_58.py
from tkinter import *

root = Tk()

Label(root, text="用户名").grid(row=0, sticky=W)
Label(root, text="密码").grid(row=1, sticky=W)

Entry(root).grid(row=0, column=1)
Entry(root, show="*").grid(row=1, column=1)

photo = PhotoImage(file="logo.gif")
Label(root, image=photo).grid(row=0, column=2, rowspan=2, padx=5, pady=5)

Button(text="提交", width=10).grid(row=2, columnspan=3, pady=5)

mainloop()
```

程序实现如图 17-88 所示。

17.24.3　place

通常情况下不建议使用 place 布局管理器，因为对比 pack 和 grid，place 要做更多的工作。不过存在即合理，place 在一些特殊的情况下可以发挥妙用。请看下面的例子。

图 17-88　跨行和跨列布局

使用 place，可以将子组件显示在父组件的正中间：

```
# p17_59.py
from tkinter import *

root = Tk()

def callback():
    print("正中靶心")

Button(root, text="点我", command=callback).place(relx=0.5, rely=0.5,
anchor=CENTER)

mainloop()
```

程序实现如图 17-89 所示。

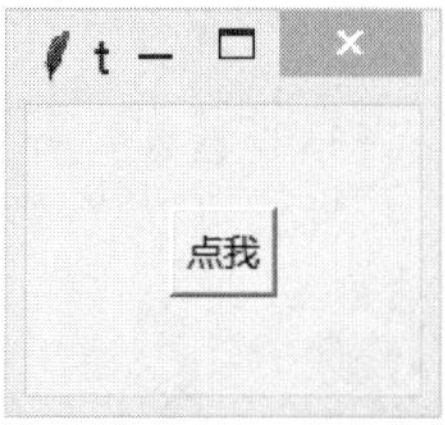

在某种情况下，或许希望一个组件可以覆盖另一个组件，那么place 又可以派上用场了。

下面例子演示用 Button 覆盖 Label 组件：

```
# p17_60.py
from tkinter import *

root = Tk()

def callback():
    print("正中靶心")

photo = PhotoImage(file="logo_big.gif")
Label(root, image=photo).pack()

Button(root, text="点我", command=callback).place(relx=0.5, rely=0.5,
anchor=CENTER)

mainloop()
```

图 17-89　place 管理器

程序实现如图 17-90 所示。

不难看出，relx 和 rely 选项指定的是相对于父组件的位置，范围是 00～1.0，因此 0.5 表示位于正中间。

那么，relwidth 和 relheight 选项则是指定相对于父组件的尺寸：

```
# p17_61.py
from tkinter import *

root = Tk()

Label(root, bg="red").place(relx=0.5, rely=0.5, relheight=0.75,
```

```
relwidth=0.75, anchor=CENTER)
Label(root, bg="yellow").place(relx=0.5, rely=0.5, relheight=0.5,
relwidth=0.5, anchor=CENTER)
Label(root, bg="green").place(relx=0.5, rely=0.5, relheight=0.25,
relwidth=0.25, anchor=CENTER)

mainloop()
```

程序实现如图 17-91 所示。

图 17-90　利用 place 覆盖组件　　图 17-91　相对位置和相对尺寸

对于上面的代码，无论如何拉伸改变窗口，三个 Label 的尺寸均会跟着同步。

17.25　标准对话框

视频讲解

Tkinter 提供了三种标准对话框模块，分别是：

- messagebox。
- filedialog。
- colorchooser。

这三个模块原来是独立的，分别是 tkMessageBox、tkFileDialog 和 tkColorChooser，需要导入才能使用。

在 Python 3 之后，这些模块全部被收归到 tkinter 模块。

下面的所有演示都是在 Python 3 下实现的，如果采用的是 Python 2.x，请在文件处加入 import tkMessageBox，然后将 messagebox 替换为 tkMessageBox 即可。

17.25.1　messagebox

表 17-9 列举使用 messagebox（消息对话框）可以创建的所有标准对话框样式。

表 17-9　messagebox 创建的标准对话框样式

使 用 函 数	对话框样式
askokcancel(title, message, options)	FishC Demo 发射核弹？ 确定　　取消

续表

使 用 函 数	对话框样式
askquestion(title, message, options)	
askretrycancel(title, message, options)	
askyesno(title, message, options)	
showerror(title, message, options)	
showinfo(title, message, options)	
showwarning(title, message, options)	

1. 参数

表 17-9 中所有的这些函数都有相同的参数：

- title 参数设置标题栏的文本内容。
- message 参数设置对话框的主要文本内容，可以用'\n'来实现换行。
- options 参数可以设置的选项和含义如表 17-10 所示。

表 17-10　options 参数可以设置的选项和含义

选　　项	含　　义
default	设置默认的按钮（也就是按下回车键响应的那个按钮），默认是第一个按钮（像"确定""是"或"重试"）。 根据对话框函数的不同，可以设置的值为 CANCEL、IGNORE、OK、NO、RETRY 或 YES

续表

选　项	含　义
icon	指定对话框显示的图标，可以指定的值有 ERROR、INFO、QUESTION 或 WARNING。注意：不能指定自己的图标
parent	如果不指定该选项，那么对话框默认显示在根窗口上。如果想要将对话框显示在子窗口 w 上，那么可以设置 parent=w

2．返回值

askokcancel()、askretrycancel()和 askyesno()返回布尔类型的值：

- 返回 True 表示用户单击了"确定"或"是"按钮。
- 返回 False 表示用户单击了"取消"或"否"按钮。

askquestion()返回 yes 或 no 字符串表示用户单击了"是"或"否"按钮。

showerror()，showinfo()和 showwarning()返回 ok 表示用户按下了"是"按钮。

17.25.2　fieldialog

当应用程序需要使用打开文件或保存文件的功能时，filedialog（文件对话框）显得尤为重要。

```
# p17_62.py
from tkinter import *

root = Tk()

def callback():
    fileName = filedialog.askopenfilename()
    print(fileName)

Button(root, text="打开文件", command=callback).pack()

mainloop()
```

程序实现如图 17-92 所示。

图 17-92　文件对话框

filedialog 模块提供了两个函数：askopenfilename(**option)和 asksaveasfilename (**option)，分别用于打开文件和保存文件。

1. 参数

两个函数可供设置的选项是一样的，表 17-11 列举了可用的选项及含义。

表 17-11　fieldialog 模块函数可用的选项及含义

选　项	含　义
defaultextension	指定文件的后缀，例如：defaultextension=".jpg"，那么当用户输入一个文件名 "FishC" 的时候，文件名会自动添加后缀为"FishC.jpg"。 注意：如果用户输入文件名包含后缀，那么该选项不生效
filetypes	指定筛选文件类型的下拉菜单选项，该选项的值是由 2 元组构成的列表。每个 2 元组由（类型名，后缀）构成，例如：filetypes=[("PNG", ".png"), ("JPG", ".jpg"), ("GIF", ".gif")]
initialdir	指定打开/保存文件的默认路径，默认路径是当前文件夹
parent	如果不指定该选项，那么对话框默认显示在根窗口上。 如果想要将对话框显示在子窗口 w 上，那么可以设置 parent=w
title	指定文件对话框的标题栏文本

2. 返回值

- 如果用户选择了一个文件，那么返回值是该文件的完整路径。
- 如果用户单击了"取消"按钮，那么返回值是空字符串。

17.25.3　colorchooser

colorchooser（颜色选择对话框）提供一个让用户选择颜色的界面，看下面例子：

```
# p17_63.py
from tkinter import *


root = Tk()

def callback():
    fileName = colorchooser.askcolor()
    print(fileName)

Button(root, text="选择颜色", command=callback).pack()

mainloop()
```

程序实现如图 17-93 所示。

1. 参数

askcolor(color, **option) 函数的 color 参数用于指定初始化的颜色，默认是浅灰色；

option 参数可以指定的选项及含义如表 17-12 所示。

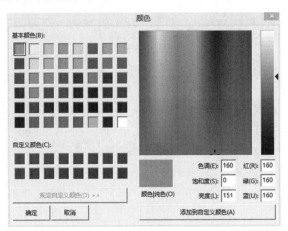

图 17-93　颜色选择对话框

表 17-12　option 参数可以指定的选项及含义

选　项	含　义
title	指定颜色对话框的标题栏文本
parent	如果不指定该选项，那么对话框默认显示在根窗口上。 如果想要将对话框显示在子窗口 w 上，那么可以设置 parent=w

2．返回值

- 如果用户选择一个颜色并单击"确定"按钮后，返回值是一个 2 元组：第一个元素是选择的 RGB 颜色值，第二个元素是对应的十六进制颜色值。
- 如果用户单击"取消"按钮，那么返回值是 (None, None)。

第18章

Pygame：游戏开发

18.1 安装 Pygame

在 Python 中提到游戏开发，那肯定非 Pygame 莫属了。Pygame 是一个利用 SDL 库实现的模块。

SDL（Simple DirectMedia Layer）是一套开放源代码的跨平台多媒体开发库，使用 C 语言写成。SDL 提供了数种控制图像、声音以及输入、输出的函数，让开发者只要用相同或是相似的代码就可以开发出跨多个平台（Linux、Windows、Mac OS X 等）的应用软件。目前 SDL 多用于开发游戏、模拟器、媒体播放器等多媒体应用领域。

Pygame 官网：http://www.pygame.org。可以看到 Pygame 的 LOGO 很形象，是一条蟒蛇叼着一个游戏手柄，如图 18-1 所示。

图 18-1　Pygame 的 LOGO

现在安装非常简便，只需要在命令行控制台（CMD）执行 pip install pygame 命令即可，如图 18-2 所示。

图 18-2　安装 Pygame

OK，打开 IDLE 验证一下是否安装成功：

```
>>> import pygame
>>> print(pygame.ver)
1.9.3
>>>
```

成功打印版本号，说明安装正确。

作为一个游戏模块，Pygame 实现的功能主要有：

- 绘制图形。
- 显示图片。
- 动画效果。
- 与键盘、鼠标、游戏手柄等外设交互。
- 播放声音。
- 碰撞检测。

18.2　初步尝试

这是本书最后一章，现在对于大家来说，最好的学习方法应该是直接"钻进"代码里面：

```
# p18_1.py
import pygame
import sys

# 初始化 Pygame
pygame.init()

size = width, height = 600, 400
speed = [-2, 1]
bg = (255, 255, 255)

# 创建指定大小的窗口
screen = pygame.display.set_mode(size)
# 设置窗口标题
pygame.display.set_caption("初次见面，请大家多多关照！")

turtle = pygame.image.load("turtle.png")
# 获得图像的位置矩形
position = turtle.get_rect()

while True:
    for event in pygame.event.get():
        if event.type == pygame.QUIT:
```

```
            sys.exit()

    # 移动图像
    position = position.move(speed)

    if position.left < 0 or position.right > width:
        # 翻转图像
        turtle = pygame.transform.flip(turtle, True, False)
        # 反方向移动
        speed[0] = -speed[0]

    if position.top < 0 or position.bottom > height:
        speed[1] = -speed[1]

    # 填充背景
    screen.fill(bg)
    # 更新图像
    screen.blit(turtle, position)
    # 更新界面
    pygame.display.flip()
    # 延时 10ms
    pygame.time.delay(10)
```

程序实现如图 18-3 所示。

图 18-3　第一个 Pygame 游戏

这是一个简单的演示：小乌龟会不断地移动，并且每当移动到窗口的左右边界的位置，还会自动掉头。

代码分析：

pygame 其实是一个包，里边包含很多不同功能的模块。开头的 pygame.init() 用于初始化这些模块，让它们做好准备，随时待命。

```
screen = pygame.display.set_mode(size)
```

display.set_mode() 方法创建一个 Surface 对象，在这里将它作为背景画布，后面将它填充为纯白色。

```
turtle = pygame.image.load("turtle.png")
```

image.load()方法用于加载图片，不得不说 Pygame 比 Tkinter 要"厚道"，因为 Pygame 不仅支持 GIF 格式，还支持时下流行的 JPG、PNG、BMP 等格式的图片。

图片成功加载之后，Pygame 会帮助将图片转换为一个 Surface 对象并返回。要让小乌龟移动，事实上就是不断修改这个 Surface 对象的位置。

现在问题来了：如何修改？

```
position = turtle.get_rect()
```

get_rect()用于获得该 Surface 对象的矩形区域，其实这个矩形区域也是一个对象，主要用来描述图像的位置、大小信息。

紧接着进入一个"死循环"，确保游戏可以不断地运行下去。

有些读者可能会纳闷了：那怎么关闭程序？

```
for event in pygame.event.get():
    if event.type == pygame.QUIT:
        sys.exit()
```

学过了界面编程，我们已经知道事件和事件循环。Pygame 也是如此，用户的一切行为都会变成一个个事件消息，放入事件队列里边。那么这里就是迭代获取每个事件消息，检测如果是 QUIT（退出）事件，那么就调用 sys.exit()退出程序。

```
position = position.move(speed)
```

Rect 对象拥有一个 move()方法，用于移动该矩形区域，事实上就是修改该矩形的坐标。

接下来很简单，判断移动后的矩形区域是否位于窗口的边界之外，如果出界了，那么要把移动的方向修改一下。

```
turtle = pygame.transform.flip(turtle, True, False)
```

小乌龟每次"撞墙"之后都会"掉头"，主要就是由 transform.flip()方法实现。该方法用于翻转图片，第二个参数表示水平翻转，第三个参数表示垂直翻转。

```
screen.fill(bg)
screen.blit(turtle, position)
```

这两句用于填充背景颜色和将移动后的小乌龟放上去。没错，Surface 对象的 blit()方法就是用于将一个 Surface 对象放到另一个 Surface 对象上方。

```
pygame.display.flip()
```

最后要做的就是刷新画面，Pygame 采用的是双缓冲模式，因此，需要调用 display.flip()方法将缓冲好的画面一次性刷新到显示器上。

所谓双缓冲，即在内存中创建一个与屏幕绘图区域一致的对象，先将图形绘制到内存中的这个对象上，再一次性将这个对象上的图形复制到屏幕上，这样能大大加快绘图的速度以及避免闪烁现象。

```
pygame.time.delay(10)
```

当这一切都完成之后，调用 time.delay()方法让程序挂起 10 ms，这样小乌龟才不会像发了疯一样到处乱窜。

视频讲解

18.3 解惑

18.3.1 什么是 Surface 对象

什么是 Surface 对象呢？

简单来说，Surface 对象就是 Pygame 用来表示图像的对象。所以，以后说图像，就是指 Surface 对象；说 Surface 对象，就是指图像。

18.3.2 将一个图像绘制到另一个图像上是怎么回事

Surface 对象的 blit()方法是将一个图像绘制到另一个图像上面，如图 18-4 所示。

上面是两个 Surface 对象，一个是作为背景的白色画布，另一个是加载图片并转换得到的小乌龟。那请问，现在在面前的是一个图像还是两个图像？

答案是一个！

我们知道图像是由像素组成的，例如把小乌龟的眼睛放大，大家就可以清楚地看到，其实是由一些带颜色的马赛克组成的，而这些马赛克称为像素，如图 18-5 所示。

用 blit()方法将一个图像放到另一个图像上，其实并不是真的把一个图像复制上去，事实上 Pygame 只是修改其中一个图像某些位置的像素颜色，从而达到覆盖的效果。

图 18-4　blit()方法

图 18-5　像素

18.3.3 移动图像是怎么回事

图像移动以及移动的快慢涉及帧率问题，在游戏开发和视频制作中都经常听到帧这个关键词。帧率就是 1s 可以切换多少次图像。刚才提到 Pygame 支持 40～200 帧，说的就是 Pygame 支持每秒切换 40～200 次图像。

那么小乌龟是如何移动的呢？

请看下面的代码：

```
...
    # 移动图像
    position = position.move(speed)
...

    # 填充背景
    screen.fill(bg)
    # 更新图像
    screen.blit(turtle, position)
    # 更新界面
    pygame.display.flip()
...
```

调用 Rect 对象的 move() 方法，事实上就是修改这个矩形范围的位置，例如这里 speed 是 [-2, 1]，那么每次调用 move() 方法，就相当于"水平位置-2，垂直位置+1"的意思。

位置移动后调用 screen.fill() 将整个背景画布刷白，这样位于上一个位置的小乌龟也就被同时刷掉了。然后将当前移动位置后的小乌龟用 blit() 方法画上去（事实上就是修改背景画布中小乌龟位置的像素颜色）。最后用 flip() 方法将整个修改好的新界面显示出来。而所讲的帧率，就是指最后 flip() 的更新速度。

18.3.4 如何控制游戏的速度

由于怕我们的小乌龟乱窜，可以用 time 模块的 delay() 方法增加延时。time 模块其实有个 Clock 类，可以用来实现帧率的控制：

```
...
# 先实例化 Clock 对象
clock = pygame.time.Clock()

# 创建指定大小的窗口
...
    # 延时 10ms
    # pygame.time.delay(10)
    # 设置不高于 200 帧执行
    clock.tick(200)
```

通过调用 Clock 的 tick() 方法来设置帧率，这里将参数设置为 200，表示每秒不得超过 200 帧的速度执行。通常用这个方法来控制游戏的速度。不妨试试将帧率设置为 1，那么就可以看到 1s 小乌龟就只移动一下。

18.3.5 Pygame 的效率高不高

有读者可能会关心效率问题，因为 Python 虽然简洁好用，但效率不高。而游戏开发对性能有苛刻的追求，例如在复杂的绘制环境中，可以保持越高的帧率，那么游戏体现出来的流畅度就越高。

Pygame 里边的大部分模块考虑到效率的原因，都是由 C 语言写成并优化的。因此，效率方面肯定不在话下，官方的数据显示是每秒 40～200 帧执行任何 Pygame 游戏，而一般 30 帧被认为是可以接受的流畅度。

18.3.6 应该从哪里获得帮助

不得不说 Pygame 的官网（http://www.pygame.org）已经做得相当不错了，各种文档、资料、演示代码都很齐全。

【扩展阅读】 很多读者可能看不懂英文文档，小甲鱼对一些 Pygame 文档做了翻译，可扫描此处二维码获取。

扩展阅读

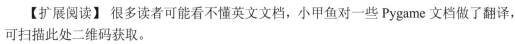

18.4 事件

视频讲解

所谓的游戏，事实上就是一个死循环，如果不去干预它，它就会自己玩得很开心，像前面例子中那个疯狂的小乌龟。

而事件，正是 Pygame 提供了干预的机制。例如当用户看烦了小乌龟，可以单击关闭按钮，就会产生 QUIT 事件。代码处理 QUIT 事件的方法就是调用 sys.exit()方法退出程序。

事件随时可能发生（例如用户在窗口上面移动鼠标、单击鼠标、敲击按键等），Pygame 的做法是把所有的事件都存放到事件队列里。通过 for 语句迭代取出每一条事件，然后处理关注的事件即可。

下面的代码将程序运行期间产生的所有事件记录并存放到一个文件中：

```
# p18_2.py
import pygame
import sys


pygame.init()


size = width, height = 600, 400


screen = pygame.display.set_mode(size)
pygame.display.set_caption("FishC Demo")
```

```
f = open("record.txt", 'w')

while True:
    for event in pygame.event.get():
        f.write(str(event) + '\n')
        if event.type == pygame.QUIT:
            f.close()
            sys.exit()
```

虽然程序停留的时间不长，但却产生了不少的事件，如图 18-6 所示。

```
record.txt - 记事本                                  _ □ ×
文件(F)  编辑(E)  格式(O)  查看(V)  帮助(H)
<Event(17-VideoExpose {})>
<Event(16-VideoResize {'w': 600, 'h': 400, 'size': (600, 400)})>
<Event(1-ActiveEvent {'gain': 0, 'state': 1})>
<Event(4-MouseMotion {'pos': (599, 399), 'buttons': (0, 0, 0), 'rel': (600, 400)})>
<Event(1-ActiveEvent {'gain': 1, 'state': 1})>
<Event(4-MouseMotion {'pos': (587, 336), 'buttons': (0, 0, 0), 'rel': (-12, -63)})>
<Event(4-MouseMotion {'pos': (565, 324), 'buttons': (0, 0, 0), 'rel': (-22, -12)})>
<Event(4-MouseMotion {'pos': (539, 311), 'buttons': (0, 0, 0), 'rel': (-26, -13)})>
<Event(4-MouseMotion {'pos': (520, 301), 'buttons': (0, 0, 0), 'rel': (-19, -10)})>
<Event(4-MouseMotion {'pos': (503, 292), 'buttons': (0, 0, 0), 'rel': (-17, -9)})>
<Event(4-MouseMotion {'pos': (491, 285), 'buttons': (0, 0, 0), 'rel': (-12, -7)})>
<Event(4-MouseMotion {'pos': (480, 280), 'buttons': (0, 0, 0), 'rel': (-11, -5)})>
<Event(4-MouseMotion {'pos': (473, 276), 'buttons': (0, 0, 0), 'rel': (-7, -4)})>
<Event(4-MouseMotion {'pos': (469, 273), 'buttons': (0, 0, 0), 'rel': (-4, -3)})>
<Event(4-MouseMotion {'pos': (468, 272), 'buttons': (0, 0, 0), 'rel': (-1, -1)})>
<Event(4-MouseMotion {'pos': (467, 271), 'buttons': (0, 0, 0), 'rel': (-1, -1)})>
<Event(4-MouseMotion {'pos': (467, 270), 'buttons': (0, 0, 0), 'rel': (0, -1)})>
<Event(4-MouseMotion {'pos': (467, 269), 'buttons': (0, 0, 0), 'rel': (0, -1)})>
<Event(2-KeyDown {'key': 97, 'scancode': 30, 'unicode': '', 'mod': 0})>
<Event(4-MouseMotion {'pos': (468, 269), 'buttons': (0, 0, 0), 'rel': (1, 0)})>
<Event(4-MouseMotion {'pos': (469, 269), 'buttons': (0, 0, 0), 'rel': (1, 0)})>
<Event(4-MouseMotion {'pos': (470, 268), 'buttons': (0, 0, 0), 'rel': (1, -1)})>
<Event(4-MouseMotion {'pos': (471, 267), 'buttons': (0, 0, 0), 'rel': (1, -1)})>
<Event(4-MouseMotion {'pos': (472, 266), 'buttons': (0, 0, 0), 'rel': (1, -1)})>
<Event(3-KeyUp {'scancode': 30, 'key': 97, 'mod': 0})>
<Event(4-MouseMotion {'pos': (474, 265), 'buttons': (0, 0, 0), 'rel': (2, -1)})>
<Event(4-MouseMotion {'pos': (476, 263), 'buttons': (0, 0, 0), 'rel': (2, -2)})>
<Event(4-MouseMotion {'pos': (477, 262), 'buttons': (0, 0, 0), 'rel': (1, -1)})>
<Event(4-MouseMotion {'pos': (479, 260), 'buttons': (0, 0, 0), 'rel': (2, -2)})>
<Event(4-MouseMotion {'pos': (481, 260), 'buttons': (0, 0, 0), 'rel': (2, 0)})>
<Event(4-MouseMotion {'pos': (482, 260), 'buttons': (0, 0, 0), 'rel': (1, 0)})>
<Event(4-MouseMotion {'pos': (483, 260), 'buttons': (0, 0, 0), 'rel': (1, 0)})>
<Event(2-KeyDown {'key': 98, 'scancode': 48, 'unicode': '', 'mod': 0})>
<Event(4-MouseMotion {'pos': (495, 254), 'buttons': (0, 0, 0), 'rel': (12, -6)})>
<Event(4-MouseMotion {'pos': (487, 250), 'buttons': (0, 0, 0), 'rel': (-8, -4)})>
<Event(4-MouseMotion {'pos': (486, 249), 'buttons': (0, 0, 0), 'rel': (-1, -1)})>
<Event(3-KeyUp {'scancode': 48, 'key': 98, 'mod': 0})>
<Event(4-MouseMotion {'pos': (486, 248), 'buttons': (0, 0, 0), 'rel': (0, -1)})>
<Event(4-MouseMotion {'pos': (486, 247), 'buttons': (0, 0, 0), 'rel': (0, -1)})>
<Event(2-KeyDown {'key': 99, 'scancode': 46, 'unicode': '', 'mod': 0})>
<Event(4-MouseMotion {'pos': (487, 247), 'buttons': (0, 0, 0), 'rel': (1, 0)})>
<Event(3-KeyUp {'scancode': 46, 'key': 99, 'mod': 0})>
<Event(2-KeyDown {'key': 100, 'scancode': 32, 'unicode': '', 'mod': 0})>
<Event(3-KeyUp {'scancode': 32, 'key': 100, 'mod': 0})>
<Event(4-MouseMotion {'pos': (487, 248), 'buttons': (0, 0, 0), 'rel': (0, 1)})>
<Event(4-MouseMotion {'pos': (487, 249), 'buttons': (0, 0, 0), 'rel': (0, 1)})>
```

图 18-6　事件

接下来让这些事件可以"唰唰唰"地显示在画面上，这应该会很酷！

那么这就要涉及在屏幕上显示文字的功能，或者说要求在 Surface 对象上显示文字。遗憾的是，Pygame 没有办法直接在一个 Surface 对象上面显示文字，因此需要调用 font 模块的 render()方法，该方法是将要显示的文字活生生地渲染成一个 Surface 对象，这样就可以调用 blit()方法将一个 Surface 对象放到另一个上面。

```
# p18_3.py
import pygame
import sys

pygame.init()

size = width, height = 600, 400
bg = (0, 0, 0)

screen = pygame.display.set_mode(size)
pygame.display.set_caption("FishC Demo")
event_texts = []

# 要在 Pygame 中使用文本，必须创建 Font 对象
# 第一个参数指定字体，第二个参数指定字体的尺寸
font = pygame.font.Font(None, 20)

# 调用 get_linesize()方法获得每行文本的高度
line_height = font.get_linesize()

position = 0
screen.fill(bg)

while True:
    for event in pygame.event.get():
        if event.type == pygame.QUIT:
            sys.exit()

        # render()方法将文本渲染成 Surface 对象
        # 第一个参数是待渲染的文本
        # 第二个参数指定是否消除锯齿
        # 第三个参数指定文本的颜色
        screen.blit(font.render(str(event), True, (0, 255, 0)), (0,
        position))
        position += line_height

        if position > height:
            # 满屏时清屏
            position = 0
            screen.fill(bg)

    pygame.display.flip()
```

表 18-1 列举了 Pygame 常用的事件及含义。

表 18-1　Pygame 常用的事件及含义

事　件	含　义	属　性
QUIT	按下关闭按钮	none
ATIVEEVENT	Pygame 被激活或者隐藏	gain, state
KEYDOWN	键盘按键被按下	unicode, key, mod
KEYUP	键盘按键被松开	key, mod
MOUSEMOTION	鼠标移动	pos, rel, buttons
MOUSEBUTTONDOWN	鼠标按键被按下	pos, button
MOUSEBUTTONUP	鼠标按键被松开	pos, button
JOYAXISMOTION	游戏手柄上的摇杆移动	joy, axis, value
JOYBALLMOTION	游戏手柄上的轨迹球滚动	joy, axis, value
JOYHATMOTION	游戏手柄上的帽子开关移动	joy, axis, value
JOYBUTTONDOWN	游戏手柄按钮被按下	joy, button
JOYBUTTONUP	游戏手柄按钮被松开	joy, button
VIDEORESIZE	用户调整窗口的尺寸	size, w, h
VIDEOEXPOSE	部分窗口需要重新绘制	none
USEREVENT	用户定义的事件	code

既然已经知道了这么多，想让疯狂的小乌龟受控制应该也不是什么难事了吧？

```
# p18_4.py
import pygame
import sys
# 将 pygame 的所有常量名导入
from pygame.locals import *

# 初始化 pygame
pygame.init()

size = width, height = 600, 400
bg = (255, 255, 255)
speed = [0, 0]

clock = pygame.time.Clock()
screen = pygame.display.set_mode(size)
pygame.display.set_caption("初次见面，请大家多多关照！")

turtle = pygame.image.load("turtle.png")
position = turtle.get_rect()

# 指定龟头的左右朝向
l_head = turtle
r_head = pygame.transform.flip(turtle, True, False)

while True:
    for event in pygame.event.get():
        if event.type == QUIT:
```

```
            sys.exit()

        if event.type == KEYDOWN:
            if event.key == K_LEFT:
                speed = [-1, 0]
                turtle = l_head
            if event.key == K_RIGHT:
                speed = [1, 0]
                turtle = r_head
            if event.key == K_UP:
                speed = [0, -1]
            if event.key == K_DOWN:
                speed = [0, 1]


    position = position.move(speed)

    if position.left < 0 or position.right > width:
        # 翻转图像
        turtle = pygame.transform.flip(turtle, True, False)
        # 反方向移动
        speed[0] = -speed[0]

    if position.top < 0 or position.bottom > height:
        speed[1] = -speed[1]

    screen.fill(bg)
    screen.blit(turtle, position)
    pygame.display.flip()

    clock.tick(30)
```

18.5 提高游戏的颜值

视频讲解

毋庸置疑，高颜值的界面会给游戏带来更多的关注。

18.5.1 显示模式

前面通过 display 模块的 set_mode()方法来指定界面的大小，并返回一个 Surface 对象。set_mode()方法的原型如下：

```
set_mode(resolution=(0,0), flags=0, depth=0) -> Surface
```

第一个参数 resolution 用于指定界面的大小。一般会指定一个具体的尺寸，如什么都不给它，或者使用默认的(0, 0)，那么 Pygame 会根据当前的屏幕分辨率创建一个窗口

（SDL 版本低于 1.2.10 会抛出异常）。

第二个参数 flags 用于指定扩展选项。同时指定多个选项可以用管道操作符（|）隔开，表 18-2 列举了可用的选项及含义。

表 18-2　flags 可用的选项及含义

选　　项	含　　义
FULLSCREEN	全屏模式
DOUBLEBUF	双缓冲模式
HWSURFACE	硬件加速支持（只有在全屏模式下才能使用）
OPENGL	使用 OpenGL 渲染
RESIZABLE	使得窗口可以调整大小
NOFRAME	使得窗口没有边框和控制按钮

第三个参数 depth 用于指定颜色位数。一般这个值不推荐设置，因为 Pygame 会自动根据当前操作系统设置最合适的颜色位数。

18.5.2　全屏才是王道

大家有没有发现：我们玩的很多游戏都是全屏模式，知道为什么吗？因为全屏的好处太多了，例如可以显示更多的内容，可以开启硬件加速，最重要的一点是可以霸占着整个屏幕，其他的软件都一边站去。

开启全屏模式很简单，只需要设置第二个参数为 FULLSCREEN 即可，同时可以加上硬件加速 HWSURFACE：

```
screen = pygame.display.set_mode((640, 480), FULLSCREEN | HWSURFACE)
```

此时，先别急着尝试运行代码，因为毫无准备地使用全屏模式，稍后想要退出全屏就麻烦了（如果已经进入全屏模式，请用快捷键 Ctrl+Alt+Delete 退出）。所以，应该添加一个快捷键使得全屏模式得到控制：

```
# p18_5.py
…
fullscreen = False
…
        # 全屏（F11）
        if event.key == K_F11:
            fullscreen = not fullscreen
            if fullscreen:
                screen = pygame.display.set_mode((1920, 1080),
                FULLSCREEN | HWSURFACE)
            else:
                screen = pygame.display.set_mode(size)
…
```

为了确保可以正常关闭程序，使用 F11 键作为切换全屏模式到窗口模式的快捷键，这里已知显示器的当前分辨率是 1920×1080 像素，所以设置全屏后的尺寸为显示器的尺寸。

但游戏应该是给大家玩的，所以不同机器的显示器分辨率不可能完全相同，所以需要获得当前显示器支持的分辨率。可以用 list_modes 方法实现：

```
>>> pygame.display.list_modes()
[(1920, 1080), (1680, 1050), (1600, 900), (1440, 900), (1400, 1050), (1366, 768), (1360, 768), (1280, 1024), (1280, 800), (1280, 768), (1280, 720), (1024, 768), (800, 600), (640, 480), (640, 400), (512, 384), (400, 300), (320, 240), (320, 200)]
```

list_modes()返回一个列表，从大到小依次列举出当前显示器支持的全屏分辨率。

18.5.3　使窗口尺寸可变

Pygame 的窗口默认是不可通过拖动边框来修改尺寸的，因为游戏角色、场景都是按照一定的比例来设计的。

尽管如此，通过设置 RESIZABLE 选项还是可以实现的：

```
# 这里由于空间有限，省略了大部分代码，完整代码可查阅源文件
# p18_6.py
…
screen = pygame.display.set_mode(size, RESIZABLE)
…
        # 用户调整窗口尺寸
        if event.type == VIDEORESIZE:
            size = event.size
            width, height = size
            print(size)
            screen = pygame.display.set_mode(size, RESIZABLE)
…
```

开启了窗口尺寸可修改选项后，一旦用户调整窗口的尺寸，Pygame 就会发送一条带有最新尺寸的 VIDEORESIZE 事件到事件序列中。程序随即做出响应，重新设置 width 和 height 的值并重建一个新尺寸的窗口。

18.5.4　图像的变换

想要让程序实现更加炫酷的特技效果，图像还需要能够支持一些变换才行，例如左右、上、下翻转，按角度转动，放大、缩小等。

Pygame 的 transform 模块使得可以对图像（也就是 Surface 对象）做各种变换动作，并返回变换后的 Surface 对象。表 18-3 列举了 transform 模块的常用方法及作用。

表 18-3　transform 模块的常用方法及作用

方　　法	作　　用	方　　法	作　　用
flip	左右、上下翻转图像	scale2x	快速放大一倍图像
scale	缩放图像（快速）	smoothscale	平滑缩放图像（精准）
rotate	旋转图像	chop	裁剪图像
rotozoom	缩放并旋转图像		

其实，transform 模块的这些方法都是像素转换的把戏，原理是通过使用一定的算法对图片进行像素位置修改。大多数方法在变换后难免会有一些精度的损失（flip()方法不会），因此不建议对变换后的 Surface 对象进行再次变换。

在前面小乌龟的例子中，就是采用 flip()方法让小乌龟可以在撞墙后自动"掉头"。接下来修改代码，实现小乌龟的缩放：

```
# p18_7.py
…
# 设置放大、缩小比率
ratio = 1.0

oturtle = pygame.image.load("turtle.png")
turtle = oturtle
oturtle_rect = oturtle.get_rect()
position = turtle_rect = oturtle_rect
…
# 放大、缩小小乌龟（=、-），空格恢复原始尺寸
if event.key == K_EQUALS or event.key == K_MINUS or event.key == K_SPACE:
    # 最大只能放大一倍，缩小 50%
    if event.key == K_EQUALS and ratio < 2:
        ratio += 0.1
    if event.key == K_MINUS and ratio > 0.5:
        ratio -= 0.1
    if event.key == K_SPACE:
        ratio = 1
    turtle = pygame.transform.smoothscale(oturtle, (int(oturtle_rect.
    width * ratio), int(oturtle_rect.height * ratio)))

    # 相应修改龟头两个朝向的 Surface 对象，否则一单击移动就打回原形
    l_head = turtle
    r_head = pygame.transform.flip(turtle, True, False)

    # 获得小乌龟缩放后的新尺寸
    turtle_rect = turtle.get_rect()
    position.width, position.height = turtle_rect.width, turtle_rect.
    height
…
```

接下来通过 rotate()方法让小乌龟实现贴边行走。

先来分析一下：rotate(Surface, angle)方法的第二个参数 angle 指定旋转的角度，是逆时针方向旋转的。而我们的小乌龟是这样的，如图 18-7 所示。

每次 90°的逆时针旋转结果如图 18-8 所示。

图 18-7　小乌龟　　　　　　　图 18-8　逆时针旋转的小乌龟

因此，代码这么写：

```python
# p18_8.py
import pygame
import sys
from pygame.locals import *

pygame.init()

size = width, height = 640, 480
bg = (255, 255, 255)

clock = pygame.time.Clock()
screen = pygame.display.set_mode(size)
pygame.display.set_caption("FishC Demo")

turtle = pygame.image.load("turtle.png")
position = turtle_rect = turtle.get_rect()

# 小乌龟顺时针行走
speed = [5, 0]
turtle_right = pygame.transform.rotate(turtle, 90)
turtle_top = pygame.transform.rotate(turtle, 180)
turtle_left = pygame.transform.rotate(turtle, 270)
turtle_bottom = turtle

# 刚开始走顶部
turtle = turtle_top

while True:
    for event in pygame.event.get():
        if event.type == QUIT:
            sys.exit()
```

```
position = position.move(speed)

if position.right > width:
    turtle = turtle_right
    # 变换后矩形的尺寸发生改变
    position = turtle_rect = turtle.get_rect()
    # 矩形尺寸的改变导致位置也有变化
    position.left = width - turtle_rect.width
    speed = [0, 5]

if position.bottom > height:
    turtle = turtle_bottom
    position = turtle_rect = turtle.get_rect()
    position.left = width - turtle_rect.width
    position.top = height - turtle_rect.height
    speed = [-5, 0]

if position.left < 0:
    turtle = turtle_left
    position = turtle_rect = turtle.get_rect()
    position.top = height - turtle_rect.height
    speed = [0, -5]

if position.top < 0:
    turtle = turtle_top
    position = turtle_rect = turtle.get_rect()
    speed = [5, 0]

screen.fill(bg)
screen.blit(turtle, position)
pygame.display.flip()

clock.tick(30)
```

18.5.5　裁剪图像

视频讲解

　　有些读者此前可能尝试使用 chop()方法写一个裁剪工具，但结果却事与愿违。这是为什么呢？尝试在小乌龟的中间裁剪掉 50×50 像素后，看看是什么样子？

　　大家看一下前后对比图，调用 chop()方法前小乌龟眉清目秀、气宇轩昂，如图 18-9 所示。

　　但是不正确的"chop"后确实面目全非，实在惨不忍睹，如图 18-10 所示。

　　从对比中也不难看出，这个 chop()方法是将指定的 Rect 矩形部分直接去掉，然后其他部分拼凑在一起返回 Surface 对象。

　　那要实现真正意义上的裁剪应该如何做呢？这个目前对我们来说有点小难度：难点

就是鼠标每次按下到释放均有不同的意义。

先来分析，第一次拖动鼠标左键确定裁剪的范围，如图 18-11 所示。

图 18-9　调用 chop()方法前　　　　　　　图 18-10　调用 chop()方法后

第二次拖动鼠标左键裁剪范围内的图像，如图 18-12 所示。

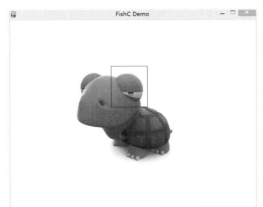 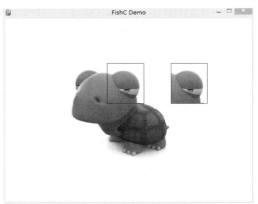

图 18-11　第一次拖动鼠标确定裁剪的范围　　图 18-12　第二次拖动鼠标左键裁剪范围内的图像

第三次单击则表示重新开始，如图 18-13 所示。

图 18-13　第三次单击则表示重新开始

这里用 draw.rect() 来绘制矩形：rect(Surface, color, Rect, width=0) -> Rect。

- 第一个参数指定矩形将绘制在哪个 Surface 对象上。
- 第二个参数指定颜色。
- 第三个参数指定矩形的范围（left, top, width, height）。
- 第四个参数指定矩形边框的大小（0 表示填充矩形）。

裁剪操作可以利用 subsurface() 方法来获得指定位置的子图像，然后 copy() 出来：

```
capture = screen.subsurface(select_rect).copy()
```

正如刚才所提到的，这个例子的难度主要在于区分每次单击的操作，因此不妨使用
两个变量来做标志：

```
# 0 -> 未选择, 1 -> 选择中, 2 -> 完成选择
select = 0
# 0 -> 未拖动, 1 -> 拖动中, 2 -> 完成拖动
drag = 0
…


if event.type == MOUSEBUTTONDOWN:
    if event.button == 1:
        # 第一次单击, 选择范围
        if select == 0 and drag == 0:
            …
            select = 1
        # 第二次单击, 拖动图像
        elif select == 2 and drag == 0:
            …
            drag = 1
        # 第三次单击, 初始化
        elif select == 2 and drag == 2:
            select = 0
            drag = 0


if event.type == MOUSEBUTTONUP:
    if event.button == 1:
        # 第一次释放, 结束选择
        if select == 1 and drag == 0:
            …
            select = 2
        # 第二次释放, 结束拖动
        if select == 2 and drag == 1:
            drag = 2


screen.fill(bg)
screen.blit(turtle, position)
```

```
# 实时绘制选择框
if select:
    # mouse.get_pos() 用于获取鼠标当前位置
    mouse_pos = pygame.mouse.get_pos()
...

# 拖动裁剪的图像
if drag:
    ...
```

完整代码如下：

```python
# p18_9.py
import pygame
import sys
from pygame.locals import *

pygame.init()

size = width, height = 800, 600
bg = (255, 255, 255)

clock = pygame.time.Clock()
screen = pygame.display.set_mode(size)
pygame.display.set_caption("FishC Demo")

turtle = pygame.image.load("turtle.png")

# 0 -> 未选择，1 -> 选择中，2 -> 完成选择
select = 0
select_rect = pygame.Rect(0, 0, 0, 0)
# 0 -> 未拖动，1 -> 拖动中，2 -> 完成拖动
drag = 0

position = turtle.get_rect()
position.center = width // 2, height // 2

while True:
    for event in pygame.event.get():
        if event.type == QUIT:
            sys.exit()

        elif event.type == MOUSEBUTTONDOWN:
            if event.button == 1:
                # 第一次单击，选择范围
                if select == 0 and drag == 0:
                    pos_start = event.pos
```

```
                    select = 1
                # 第二次单击，拖动图像
                elif select == 2 and drag == 0:
                    capture = screen.subsurface(select_rect).copy()
                    cap_rect = capture.get_rect()
                    drag = 1
                # 第三次单击，初始化
                elif select == 2 and drag == 2:
                    select = 0
                    drag = 0

            elif event.type == MOUSEBUTTONUP:
                if event.button == 1:
                    # 第一次释放，结束选择
                    if select == 1 and drag == 0:
                        pos_stop = event.pos
                        select = 2
                    # 第二次释放，结束拖动
                    if select == 2 and drag == 1:
                        drag = 2

        screen.fill(bg)
        screen.blit(turtle, position)

        # 实时绘制选择框
        if select:
            mouse_pos = pygame.mouse.get_pos()
            if select == 1:
                pos_stop = mouse_pos

            select_rect.left, select_rect.top = pos_start
            select_rect.width, select_rect.height=pos_stop[0]-pos_start[0],
            pos_stop[1] - pos_start[1]
            pygame.draw.rect(screen, (0, 0, 0), select_rect,1)

        # 拖动裁剪的图像
        if drag:
            if drag == 1:
                cap_rect.center = mouse_pos
            screen.blit(capture, cap_rect)

        pygame.display.flip()

clock.tick(30)
```

18.5.6　转换图片

图像是特定像素的组合，而 Surface 对象是 Pygame 对图像的描述。在 Pygame 中，到处都是 Surface 对象：set_mode()方法返回的是一个 Surface 对象；在界面上打印文字，也是先将文字转变成 Surface 对象再"贴"上去；小乌龟在上面爬来爬去，事实上就是不断调整 Surface 对象上一些特定像素的位置。

image.load()载入图片后将返回一个 Surface 对象，此前一直拿来就用，没有对其进行转换，这是效率相对较低的做法。如果希望 Pygame 尽可能高效地处理图片，那么应该在载入图片后同时调用 convert()方法进行转换：

```
background = pygame.image.load("background.jpg").convert()
```

有读者可能会好奇：不是说 image.load()会返回一个 Surface 对象吗？还转换干什么？

其实这里转换的是"像素格式"，image.load()返回的 Surface 对象中保留了原图像的像素格式。在调用 blit()方法的时候，如果两个 Surface 对象的像素格式不同，那么 Pygame 会实时地进行转换，这是相当费时的操作。

还有一个是 convert_alpha()，它们有什么区别呢？一般情况下用 RGB 来描述一个颜色，而在游戏开发中常常用 RGBA 来描述。多的这个 A 指的是 alpha 通道，用于表示透明度，它的值也是 0~255，0 表示完全透明，255 表示完全不透明。image.load()支持多种格式的图片导入，对于包含 alpha 通道的图片，使用 convert_alpha()转换格式，否则使用 convert()：

```
turtle = pygame.image.load("turtle.png").convert_alpha()
```

18.5.7　透明度分析

Pygame 支持三种类型的透明度设置：colorkeys、surface alphas 和 pixel alphas。
- colorkeys 是指定一种颜色，使其变为透明。
- surface alphas 是整体设置一个图片的透明度。
- pixel alphas 为每个像素增加一个 alpha 通道，也就是允许设置每个像素的透明度。

colorkeys 和 surface alphas 可以混合使用，而 pixel alphas 不能和其他类型混合。

说得那么复杂，其实就是由 convert()方法转换来的 Surface 对象支持 colorkeys 和 surface alphas 设置透明度，并且可以混合设置。而 convert_alpha()方法转换后支持 pixel alphas，也就是这个图片本身每个像素都带有 alpha 通道（所以载入一个带 alpha 通道的 png 图片，可以看到该图片部分位置是透明的）。

接下来做个实验：这里有两张图片 turtle.jpg 和 turtle.png。turtle.jpg 不带 alpha 通道，turtle.png 带 alpha 通道，并且背景被设置为透明。

首先载入 turtle.jpg，使用 set_colorkey()方法试图将白色的背景透明化：

```
# p18_10.py
```

```
import pygame
import sys
from pygame.locals import *

pygame.init()

size = width, height = 640, 480
bg = (0, 0, 0)

clock = pygame.time.Clock()
screen = pygame.display.set_mode(size)
pygame.display.set_caption("FishC Demo")

turtle = pygame.image.load("turtle.jpg").convert()
background = pygame.image.load("background.jpg").convert()
position = turtle.get_rect()
position.center = width // 2, height // 2

turtle.set_colorkey((255, 255, 255))
turtle.set_alpha(200)

while True:
    for event in pygame.event.get():
        if event.type == QUIT:
            sys.exit()

    screen.blit(background, (0, 0))
    screen.blit(turtle, position)

    pygame.display.flip()
    clock.tick(30)
```

程序实现结果并不是很理想，如图 18-14 所示。

使用 set_alpha()方法调节整个图片的透明度，如图 18-15 所示。

图 18-14　使用 set_colorkey()方法试图将白色的背景透明化

图 18-15　使用 set_alpha()方法调节整个图片的透明度

另外，set_colorkey()和 set_alpha()是可以混合使用的，如图 18-16 所示。

图 18-16　将 set_colorkey()方法和 set_alpha()方法混合使用

最后是 pixel alphas，turtle.png 这个图片是带有 alpha 通道的，并且背景被设置为透明，因此直接载入后可以看到透明的背景，如图 18-17 所示。

图 18-17　turtle.png 图片带有 alpha 通道，背景被设置为透明

但如果希望调节小乌龟自身的透明度，可以用 get_at()获取单个像素的颜色，并用 set_at()来修改它。get_at()和 set_at()使用的是 RGBA 颜色，也就是带 alpha 通道的 RGB 颜色：

```
print(turtle.get_at(position.center))
```

因此，如果想将整个小乌龟的透明度调整为 200，可以逐个像素修改透明度：

```
# p18_11.py
…
for i in range(position.width):
    for j in range(position.height):
        temp = turtle.get_at((i, j))
        if  temp[3] != 0:
            temp[3] = 200
        turtle.set_at((i, j), temp)
…
```

效果竟然还是不理想，如图 18-18 所示。

图 18-18　通过设置逐个像素值将整个小乌龟的透明度调整为 200

没关系，程序是死的，程序员是活的！这里教大家一个新技能来解决这个问题。 先给大家看解决方案，再分析：

```
# p18_12.py
import pygame
import sys
from pygame.locals import *

pygame.init()

size = width, height = 640, 480
bg = (0, 0, 0)
```

```
clock = pygame.time.Clock()
screen = pygame.display.set_mode(size)
pygame.display.set_caption("FishC Demo")

turtle = pygame.image.load("turtle.png").convert_alpha()
background = pygame.image.load("background.jpg").convert()
position = turtle.get_rect()
position.center = width // 2, height // 2

def blit_alpha(target, source, location, opacity):
    x = location[0]
    y = location[1]
    temp = pygame.Surface((source.get_width(), source.get_
    height())).convert()
    temp.blit(target, (-x, -y ))
    temp.blit(source, (0, 0))
    temp.set_alpha(opacity)
    target.blit(temp, location)

while True:
    for event in pygame.event.get():
        if event.type == QUIT:
            sys.exit()

    screen.blit(background, (0, 0))
    blit_alpha(screen, turtle, position, 200)

    pygame.display.flip()
    clock.tick(30)
```

程序实现效果如图 18-19 所示。

图 18-19　调整图片透明度的新技能

嗯，这是想要的结果。

下面看看这个函数是如何做到的：

（1）首先创造一个不带 alpha 通道的小乌龟。

（2）然后在小乌龟所在位置的背景上覆盖上去。

（3）此刻 temp 得到的是一个与小乌龟尺寸一样大小，上面绘制着背景的 Surface 对象。

（4）将带 alpha 通道的小乌龟覆盖上去。

（5）由于 temp 是不带 alpha 通道的 Surface 对象，因此使用 set_alpha()方法设置整个图片的透明度。

（6）最后将设置好透明度的 temp"贴"到指定位置上，成功完成任务。

18.6　绘制基本图形

视频讲解

有些读者可能会说，前面不是才说大部分的游戏都是由图片构成的吗？不是说颜值对于一个游戏来说有多重要吗？学 Pygame 就是为了游戏开发，那绘制基本的图形对于游戏开发有什么用？

其实，绘制基本图形在游戏开发中并不是没用。

说来也奇怪，最近很火的游戏反而是一些像素游戏，尤其是一些由简单图形构成的小游戏。总结了一下有几点原因：

- 唯美的游戏界面越来越多，玩家难免出现审美疲劳。
- 时下盛行极简风格，只要游戏做得让玩家舒服，一般大家都不会拒绝简单的游戏。
- 大型的游戏 CG 动画绘制需要耗费相当的人力、物力和财力。
- 简单的游戏更容易开发，小游戏工作室或个人即可完成开发，有更多逆袭的机会。
- 游戏依托的主要平台已经从电脑端转移到手机端，那么小的一个屏幕，就算把图像做得惟妙惟肖，其实意义也并不大。

除以上几点外，还有很多其他原因，例如手机的配置差异大，而游戏需要尽可能满足配置低的手机才能获得更多的玩家。大型游戏消耗大，耗电、散热都是需要考虑的问题。另外，简单的图形也能构造出高颜值的游戏，越是简单越是抽象，越是抽象越是艺术。

Pygame 的 draw 模块提供了绘制简单图形的方法，支持绘制的图形有矩形、多边形、圆形、椭圆形、弧形和线条。

18.6.1　绘制矩形

绘制矩形的语句格式如下：

```
rect(Surface, color, Rect, width=0)
```

- 第一个参数指定矩形将绘制在哪个 Surface 对象上。
- 第二个参数指定颜色。
- 第三个参数指定矩形的范围（left, top, width, height）。

● 第四个参数指定矩形边框的大小（0 表示填充矩形）。

rect()方法用于在 Surface 对象上面绘制一个矩形。

举个例子：

```python
# p18_13.py
import pygame
import sys
from pygame.locals import *

pygame.init()

WHITE = (255, 255, 255)
BLACK = (0, 0, 0)

size = width, height = 640, 200
screen = pygame.display.set_mode(size)
pygame.display.set_caption("FishC Demo")

clock = pygame.time.Clock()

while True:
    for event in pygame.event.get():
        if event.type == QUIT:
            sys.exit()

    screen.fill(WHITE)

    pygame.draw.rect(screen, BLACK, (50, 50, 150, 50), 0)
    pygame.draw.rect(screen, BLACK, (250, 50, 150, 50), 1)
    pygame.draw.rect(screen, BLACK, (450, 50, 150, 50), 10)

    pygame.display.flip()

    clock.tick(10)
```

程序实现如图 18-20 所示，width 为 0 表示填充整个矩形，边框是向外延伸的。

图 18-20　绘制矩形

18.6.2　绘制多边形

绘制多边形的语句格式如下：

```
polygon(Surface, color, pointlist, width=0)
```

polygon()的用法与 rect()类似，除了第三个参数不同。polygon()方法的第三个参数接受由多边形各个顶点坐标组成的列表。

举个例子：

```
# p18_14.py
…
points = [(200, 75), (300, 25), (400, 75), (450, 25), (450, 125), (400,
75), (300, 125)]
…
pygame.draw.polygon(screen, GREEN, points, 0)
…
```

程序实现如图 18-21 所示。

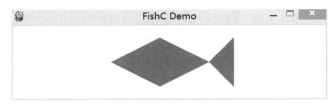

图 18-21　绘制多边形

18.6.3　绘制圆形

绘制圆形的语句格式如下：

```
circle(Surface, color, pos, radius, width=0)
```

第一、二、五个参数与 polygon()一样，第三个参数指定圆心的位置，第四个参数指定半径的大小。

举个例子：

```
# p18_15.py
…
position = size[0]//2, size[1]//2
moving = False
…
    for event in pygame.event.get():
        if event.type == pygame.QUIT:
            sys.exit()

        if event.type == pygame.MOUSEBUTTONDOWN:
            if event.button == 1:
                moving = True
```

```
        if event.type == pygame.MOUSEBUTTONUP:
            if event.button == 1:
                moving = False

    if moving:
        position = pygame.mouse.get_pos()

    screen.fill(WHITE)

    pygame.draw.circle(screen, RED, position, 25, 1)
    pygame.draw.circle(screen, GREEN, position, 75, 1)
    pygame.draw.circle(screen, BLUE, position, 125, 1)
…
```

程序实现如图 18-22 所示。

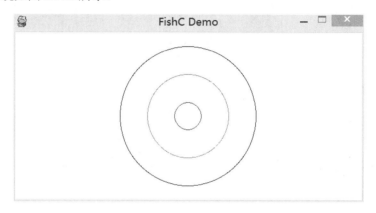

图 18-22　绘制圆形

18.6.4　绘制椭圆形

绘制椭圆形的语句格式如下：

```
ellipse(Surface, color, Rect, width=0)
```

椭圆是利用第三个参数指定的矩形来绘制的，所以限定矩形如果是正方形，那么画出来的就是一个圆形了。

举个例子：

```
# p18_16.py
…
    pygame.draw.ellipse(screen, BLACK, (100, 100, 440, 100), 1)
    pygame.draw.ellipse(screen, BLACK, (220, 50, 200, 200), 1)
…
```

程序实现如图 18-23 所示。

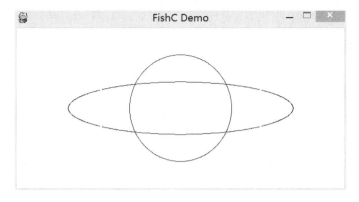

图 18-23　绘制椭圆形

18.6.5　绘制弧线

绘制弧线的语句格式如下：

```
arc(Surface, color, Rect, start_angle, stop_angle, width=1)
```

arc() 方法是绘制椭圆弧，也就绘制椭圆上的一部分弧线，因为弧线并不是全包围图形，所以不能将 width 设置为 0 进行填充。start_angle 和 stop_angle 参数用于设置弧线的起始角度和结束角度，单位是弧度。

举个例子：

```
# p18_17.py
…
import math
…
    pygame.draw.arc(screen, BLACK, (100, 100, 440, 100), 0, math.pi, 1)
    pygame.draw.arc(screen, BLACK, (220, 50, 200, 200), math.pi, 2 * math.pi, 1)
…
```

程序实现如图 18-24 所示。

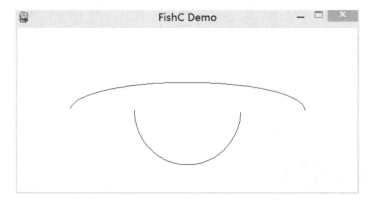

图 18-24　绘制弧线

18.6.6 绘制线段

绘制线段的语句格式如下：

```
line(Surface, color, start_pos, end_pos, width=1)
lines(Surface, color, closed, pointlist, width=1)
```

line()用于绘制一条线段，而 lines()则用于绘制多条线段。其中，lines()方法的 closed 参数设置是否首尾相连，与 polygon()有点像，但区别是线段不能通过设置 width 参数为 0 进行填充。

```
aaline(Surface, color, startpos, endpos, blend=1)
aalines(Surface, color, closed, pointlist, blend=1)
```

经常玩游戏的读者应该听说过"抗锯齿"，开启抗锯齿后画面质量会有质的飞跃。没错，aaline()和 aalines()方法是用来绘制抗锯齿的线段，aa 就是 antialiased，抗锯齿的意思。最后一个参数 blend 指定是否通过绘制混合背景的阴影来实现抗锯齿功能。由于没有 width 方法，所以它们只能绘制 1 个像素的线段。

```
# p18_18.py
…
    pygame.draw.lines(screen, GREEN, 1, points, 1)
    pygame.draw.line(screen, BLACK, (100, 200), (540, 250), 1)
    pygame.draw.aaline(screen, BLACK, (100, 250), (540, 300), 1)
pygame.draw.aaline(screen, BLACK, (100, 300), (540, 350), 0)
…
```

程序实现如图 18-25 所示。

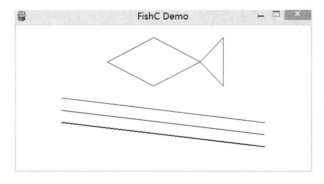

图 18-25　绘制线段

18.7　动画精灵

视频讲解

截至目前，已经学了 Pygame 的事件、图片的转换及移动、基本的图形绘制、透明度调整等内容，但距离真正实现一个游戏还差一个环节：碰撞检测。

在讲碰撞检测之前需要引入一个新的知识：动画精灵（见图18-26）。

图 18-26　动画精灵

我们说的动画精灵是指游戏开发中，那些赋予灵魂的事物，像前面的小乌龟。动画精灵的实现看似简单，实际不然。因为在真正的游戏开发中，远远不只有一个精灵，它们的数量随时都会发生变化（例如敌人不断地出现，然后不断地被消灭），它们的移动轨迹也并不是一样的，既然轨迹不同，那么肯定就会发生碰撞，所以精灵还要支持碰撞检测才行。

下面将通过一个小游戏的讲解来学习新的知识，同时体验一个游戏开发的过程。这个游戏取名为 PlayTheBall。代码量在两百行左右，但其中涉及碰撞检测、异常处理、计时器、自定义事件、播放声音、替换鼠标样式、限定鼠标移动范围等新的知识点。

游戏界面如图18-27所示。

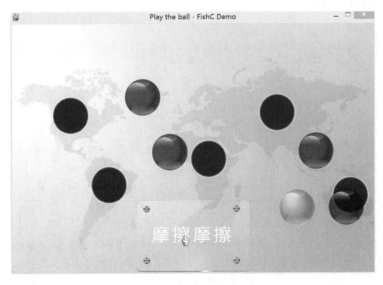

图 18-27　PlayTheBall 游戏界面

1. 游戏介绍

游戏的背景是在不久的将来，人类过度开荒，地球资源不断枯竭。有一天，五大洲上出现了五个巨大的黑洞正在吞噬地球，地球危在旦夕。传闻只要集齐游荡于世界各地的金、木、水、火、土五个"神球"，并分别将其置入黑洞中，就可以拯救地球。但由于环境污染严重，五个"神球"已经黯然无光。所以，我们需要做的就是先"摩擦摩擦"。

2. 游戏说明

- 游戏伴随着魔性的音乐进行，界面上出现五个速度随机的灰色小球，它们会在相互碰撞后改变原来的速度。
- 如果小球从页面的上方穿过，则会从下方出现；同样，如果小球从左边进入，则会从右边出来。
- 鼠标的活动范围被限定在下方的玻璃面板上，通过一定的频率不断地移动鼠标，会使得相应的小球从灰色变成绿色并停止移动，此时可以使用 w、s、a、d 按键分别上、下、左、右移动小球。
- 当玩家将绿色的小球移动到背景中黑洞的上方，按下空格键会检查该小球的位置是否完全覆盖黑洞，如果是的话，小球将被固定在黑洞中，此后其他球将忽略它，直接从它上方飘过。
- 需要注意的是，如果玩家的小球变绿色了，在放入黑洞前要时刻提防着其他球的碰撞，因为一旦发生碰撞，绿色的小球就会马上脱离控制（变成灰色），并重新获得随机的速度。
- 在歌曲播完之前，如果玩家能把所有的小球都成功地固定在每个黑洞中，游戏胜利。

18.7.1 创建精灵

Pygame 的 sprite 模块提供了一个动画精灵的基类，游戏中的小球就是通过继承它而创建出来的精灵。

```python
# p18_19/main.py
import pygame
import sys
from pygame.locals import *
from random import *


# 球类继承自 Spirte 类
class Ball(pygame.sprite.Sprite):
    def __init__(self, image, position, speed):
        # 初始化动画精灵
        pygame.sprite.Sprite.__init__(self)
```

```
        self.image = pygame.image.load(image).convert_alpha()
        self.rect = self.image.get_rect()
        # 将小球放在指定位置
        self.rect.left, self.rect.top = position
        self.speed = speed


def main():
    pygame.init()

    ball_image = "gray_ball.png"
    bg_image = "background.png"

    running = True

    # 根据背景图片指定游戏界面尺寸
    bg_size = width, height = 1024, 681
    screen = pygame.display.set_mode(bg_size)
    pygame.display.set_caption("Play the ball - FishC Demo")

    background = pygame.image.load(bg_image).convert_alpha()

    # 用来存放小球对象的列表
    balls = []

    # 创建五个小球
    for i in range(5):
        # 位置随机，速度随机
        position = randint(0, width-100), randint(0, height-100)
        speed = [randint(-10, 10), randint(-10, 10)]
        ball = Ball(ball_image, position, speed)
        balls.append(ball)

    clock = pygame.time.Clock()

    while running:
        for event in pygame.event.get():
            if event.type == QUIT:
                sys.exit()

        screen.blit(background, (0, 0))

        for each in balls:
            screen.blit(each.image, each.rect)

        pygame.display.flip()
```

```
        clock.tick(30)

if __name__ == "__main__":
    main()
```

程序实现如图 18-28 所示。

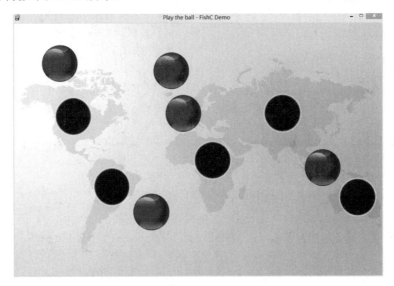

图 18-28　创建精灵

18.7.2　移动精灵

接下来让小球动起来，事实上就是在 Ball 类中添加 move()方法，然后在绘制每个小球前先调用一次 move()移动到新的位置。

```
…
    def move(self):
        self.rect = self.rect.move(self.speed)
…
    for each in balls:
        each.move()
        screen.blit(each.image, each.rect)
…
```

如果小球从页面的上方穿过，则会从下方出现；同样，如果小球从左边进入，则会从右边出来。

```
…
class Ball(pygame.sprite.Sprite):
    # 增加一个背景尺寸的参数
    def __init__(self, image, position, speed, bg_size):
        …
```

```
        self.width, self.height = bg_size[0], bg_size[1]

    def move(self):
        self.rect = self.rect.move(self.speed)

        # 如果小球的右侧出了边界，那么将小球左侧的位置改为右侧的边界
        # 这样便实现了从左边进入，右边出来的效果
        if self.rect.right < 0:
            self.rect.left = self.width

        elif self.rect.left > self.width:
            self.rect.right = 0

        elif self.rect.bottom < 0:
            self.rect.top = self.height

        elif self.rect.top > self.height:
            self.rect.bottom = 0
...
```

这样小球就能在屏幕上自由穿越了，如图 18-29 所示。

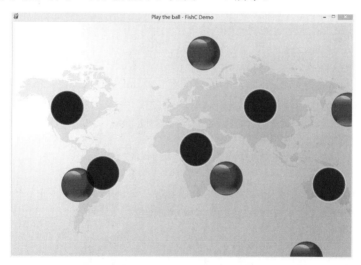

图 18-29　移动精灵

18.8 碰撞检测

视频讲解

大部分的游戏都需要做碰撞检测，例如需要知道小球是否发生了碰撞，子弹是否击中了目标，主角是否踩到了地雷。

那应该如何实现呢？其实原理就是检查两个精灵之间是否存在重叠的部分。

18.8.1 尝试自己写碰撞检测函数

对于两个球来说，可以对比它们的圆心距离和半径的和，如图 18-30～图 18-32 所示。

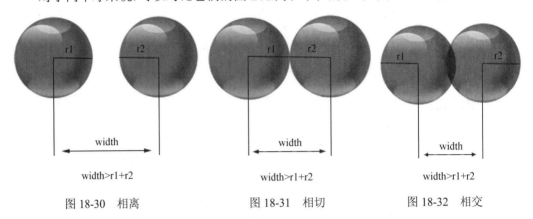

图 18-30 相离   图 18-31 相切   图 18-32 相交

下面是检测各个小球之间是否发生碰撞的函数，一旦发生便修改小球的移动方向：

```python
# p18_20/collide_check1.py
import pygame
import sys
from pygame.locals import *
from random import *

# 球类继承自 Spirte 类
class Ball(pygame.sprite.Sprite):
    def __init__(self, image, position, speed, bg_size):
        # 初始化动画精灵
        pygame.sprite.Sprite.__init__(self)

        self.image = pygame.image.load(image).convert_alpha()
        self.rect = self.image.get_rect()
        # 将小球放在指定位置
        self.rect.left, self.rect.top = position
        self.speed = speed
        self.width, self.height = bg_size[0], bg_size[1]
        self.radius = self.rect.width / 2

    def move(self):
        self.rect = self.rect.move(self.speed)
        # 如果小球的左侧出了边界，那么将小球左侧的位置改为右侧的边界
        # 这样便实现了从左边进入，右边出来的效果
        if self.rect.right < 0:
            self.rect.left = self.width
        elif self.rect.left > self.width:
            self.rect.right = 0
```

```python
        elif self.rect.bottom < 0:
            self.rect.top = self.height
        elif self.rect.top > self.height:
            self.rect.bottom = 0


def main():
    pygame.init()
    ball_image = "gray_ball.png"
    bg_image = "background.png"
    running = True
    # 根据背景图片指定游戏界面尺寸
    bg_size = width, height = 1024, 681
    screen = pygame.display.set_mode(bg_size)
    pygame.display.set_caption("Play the ball - FishC Demo")
    background = pygame.image.load(bg_image).convert_alpha()
    # 用来存放小球对象的列表
    balls = []
    group = pygame.sprite.Group()
    # 创建五个小球
    for i in range(5):
        # 位置随机，速度随机
        position = randint(0, width-100), randint(0, height-100)
        speed = [randint(-10, 10), randint(-10, 10)]
        ball = Ball(ball_image, position, speed, bg_size)
        while pygame.sprite.spritecollide(ball, group, False,
        pygame.sprite.collide_circle):
            ball.rect.left, ball.rect.top = randint(0, width-100),
            randint(0, height-100)
        balls.append(ball)
        group.add(ball)
    clock = pygame.time.Clock()

    while running:
        for event in pygame.event.get():
            if event.type == QUIT:
                sys.exit()
        screen.blit(background, (0, 0))

        for each in balls:
            each.move()
            screen.blit(each.image, each.rect)

        for each in group:
            group.remove(each)
            if pygame.sprite.spritecollide(each, group, False,
            pygame.sprite.collide_circle):
```

```
            each.speed[0] = -each.speed[0]
            each.speed[1] = -each.speed[1]
        group.add(each)

    pygame.display.flip()
    clock.tick(30)

if __name__ == "__main__":
    main()
```

程序成功地实现了碰撞检测，但运气不大好的时候，会出现小球卡住的现象，如图 18-33 所示。

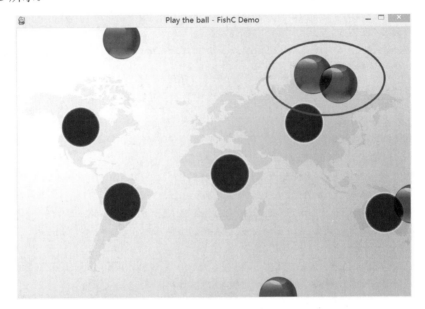

图 18-33　小球卡住了

原因：当小球在诞生的位置恰好有其他小球，则检测到两个小球发生碰撞，速度取反，但如果两个小球相互覆盖的范围大于移动一次的距离，那就会出现卡住的现象（反向移动后仍然检测到碰撞，则速度取反变成相向移动，速度不变的情况下是死循环）。

解决方案：在小球诞生的时候立刻检查该位置是否有其他小球，有的话修改新生小球的位置。

```
# p18_20/collide_check2.py
…
    # 创建五个小球
    BALL_NUM = 5
    for i in range(BALL_NUM):
        # 位置随机，速度随机
        position = randint(0, width-100), randint(0, height-100)
        speed = [randint(-10, 10), randint(-10, 10)]
        ball = Ball(ball_image, position, speed, bg_size)
```

```
    # 测试诞生小球的位置是否存在其他小球
    while collide_check(ball, balls):
        ball.rect.left, ball.rect.top = randint(0, width-100), \
        randint(0, height-100)
    balls.append(ball)
...
```

不过这个 collide_check() 函数只适用于圆与圆之间的碰撞检测，如果是其他多边形或不规则图形，那么就得不到相应的效果了。

当然，对聪明的读者来说，为每一种特殊情况写一个检测函数也并不是不可以。Pygame 的 sprite 模块事实上已经提供了碰撞检测的函数供大家使用，这也正是为什么类要继承自 sprite 模块的 Sprite 基类的原因。

18.8.2　sprite 模块提供的碰撞检测函数

sprite 模块提供了一个 spritecollide() 函数，用于检测某个精灵是否与指定组中的其他精灵发生碰撞：

```
spritecollide(sprite, group, dokill, collided = None)
```

- 第一个参数指定被检测的精灵。
- 第二个参数指定一个组，由 sprite.Group() 生成。
- 第三个参数设置是否从组中删除检测到碰撞的精灵。
- 第四个参数设置一个回调函数，用于定制特殊的检测方法。如果该参数忽略，那么默认是检测精灵之间的 rect 是否产生重叠。

```
# p18_20/collide_check3.py
...
def main():
    pygame.init()

    ball_image = "gray_ball.png"
    bg_image = "background.png"
    running = True
    # 根据背景图片指定游戏界面尺寸
    bg_size = width, height = 1024, 681
    screen = pygame.display.set_mode(bg_size)
    pygame.display.set_caption("Play the ball - FishC Demo")
    background = pygame.image.load(bg_image).convert_alpha()
    # 用来存放小球对象的列表
    balls = []
    group = pygame.sprite.Group()
    # 创建五个小球
    BALL_NUM = 5
    for i in range(5):
```

```
    # 位置随机，速度随机
    position = randint(0, width-100), randint(0, height-100)
    speed = [randint(-1, 1), randint(-1, 1)]
    ball = Ball(ball_image, position, speed, bg_size)
    # 检测新诞生的球是否会卡住其他球
    while pygame.sprite.spritecollide(ball, group, False):
        ball.rect.left, ball.rect.top = randint(0, width-100),\
            randint(0, height-100)
    balls.append(ball)
    group.add(ball)

clock = pygame.time.Clock()

while running:
    for event in pygame.event.get():
        if event.type == QUIT:
            sys.exit()
    screen.blit(background, (0, 0))

    for each in balls:
        each.move()
        screen.blit(each.image, each.rect)

    for each in group:
        # 先从组中移出当前球
        group.remove(each)
        # 判断当前球与其他球是否相撞
        if pygame.sprite.spritecollide(each, group, False):
            each.speed[0] = -each.speed[0]
            each.speed[1] = -each.speed[1]
        # 将当前球添加回组中
        group.add(each)

    pygame.display.flip()
    clock.tick(30)
...
```

不过结果让人感到沮丧，因为小球有时候竟然在没有碰撞的情况下就弹开了。莫非现成的 spritecollide() 还不如自己写的 collide_check() 函数精确？

当然不是！之所以会这样，是因为上面的代码没有设置 spritecollide() 函数的第四个参数。默认这个参数是 None，表示检测的是精灵的 rect 属性是否重叠，如图 18-34 所示。

图 18-34　sprite 模块提供的碰撞检测函数

由于小球的背景是透明的，所以看上去就好像没有发生碰撞就弹开了（其实对应的 rect 已经是重叠了）。因此，需要实现圆形的碰撞检测，还需要指定 spritecollide() 函数的最后一个参数。

18.8.3　实现完美碰撞检测

spritecollide() 函数的最后一个参数是指定一个回调函数，用于定制特殊的检测方法。而 sprite 模块中正好有一个 collide_circle() 函数用于检测两个圆之间是否发生碰撞。注意：这个函数需要精灵对象中必须有一个 radius（半径）属性才行。

```
# p18_20/collide_check4.py
class Ball(pygame.sprite.Sprite):
…
        self.radius = self.rect.width / 2
…
    # 创建五个小球
    BALL_NUM = 5
    for i in range(BALL_NUM):
        # 位置随机，速度随机
        position = randint(0, width-100), randint(0, height-100)
        speed = [randint(-1, 1), randint(-1, 1)]
        ball = Ball(ball_image, position, speed, bg_size)
        # 检测新诞生的球是否会卡住其他球
        while pygame.sprite.spritecollide(ball, group, False,\
        pygame.sprite.collide_circle):
            ball.rect.left, ball.rect.top = randint(0, width-100),\
            randint(0, height-100)
        balls.append(ball)
        group.add(ball)
…
    for each in group:
        # 先从组中移出当前球
        group.remove(each)
        # 判断当前球与其他球是否相撞
        if pygame.sprite.spritecollide(each, group, False,\
        pygame.sprite.collide_circle):
            each.speed[0] = -each.speed[0]
            each.speed[1] = -each.speed[1]
        # 将当前球添加回组中
        group.add(each)
…
```

18.9　播放声音和音效

几乎没有任何游戏是一声不吭的，因为多重的感官体验更能刺激玩家的神经。没有声音的游戏就好比是不蘸番茄酱的薯条、忘记带枪的战士……尽管如此，Pygame 对于声

视频讲解

音的处理并不是特别擅长，如果想用 Pygame 来做一个炫酷的音乐播放器的话可能不行，因为 Pygame 对声音格式的支持十分有限。不过对于游戏开发来说，是完全足够的。

对于一般游戏来说，声音分为背景音乐和音效两种。背景音乐是时刻伴随着游戏存在的，往往是重复播放的一首歌或曲子，而音效则是在某种条件下被触发产生的，例如两个小球碰撞就会发出"啪啪啪"的声音。

Pygame 支持的声音格式十分有限，所以一般情况下用 ogg 格式作为背景音乐，用无压缩的 wav 格式作为音效。

播放音效使用 mixer 模块，需要先生成一个 Sound 对象，然后调用 play()方法来播放。表 18-4 列举了 Sound 对象支持的方法。

表 18-4　Sound 对象支持的方法

方　　法	含　　义
play()	播放音效
stop()	停止播放
fadeout()	淡出
set_volume()	设置音量
get_volume()	获取音量
get_num_channels()	计算该音效播放了多少次
get_length()	获得该音效的长度
get_raw()	将该音效以二进制格式的字符串返回

播放背景音乐使用 music 模块，music 模块是 mixer 模块中的一个特殊实现，因此使用 pygame.mixer.music 来调用该模块下的方法。表 18-5 列举了 music 模块支持的方法。

表 18-5　music 模块支持的方法

方　　法	含　　义
load()	载入音乐
play()	播放音乐
rewind()	重新播放
stop()	停止播放
pause()	暂停播放
unpause()	恢复播放
fadeout()	淡出
set_volume()	设置音量
get_volume()	获取音量
get_busy()	检测音乐流是否正在播放
set_pos()	设置开始播放的位置
get_pos()	获取已经播放的时间
queue()	将音乐文件放入待播放列表中
set_endevent()	在音乐播放完毕时发送事件
get_endevent()	获取音乐播放完毕时发送的事件类型

下面编写代码，要求打开程序便开始播放背景音乐(bg_music.ogg)，单击播放 cat.wav 音效，右击播放 dog.wav 音效，空格键表示暂停/继续播放音乐。

```
# p18_20/music.py
import pygame
import sys
from pygame.locals import *

pygame.init()
# 初始化混音器模块
pygame.mixer.init()

# 加载背景音乐
pygame.mixer.music.load("bg_music.ogg")
pygame.mixer.music.set_volume(0.2)
pygame.mixer.music.play()

# 加载音效
cat_sound = pygame.mixer.Sound("cat.wav")
cat_sound.set_volume(0.2)
dog_sound = pygame.mixer.Sound("dog.wav")
dog_sound.set_volume(0.2)

bg_size = width, height = 300, 200
screen = pygame.display.set_mode(bg_size)
pygame.display.set_caption("Music - FishC Demo")

pause = False
pause_image = pygame.image.load("pause.png").convert_alpha()
unpause_image = pygame.image.load("unpause.png").convert_alpha()
pause_rect = pause_image.get_rect()
pause_rect.left, pause_rect.top = (width - pause_rect.width) // 2, \
(height - pause_rect.height) // 2

clock = pygame.time.Clock()

while True:
    for event in pygame.event.get():
        if event.type == QUIT:
            sys.exit()
        if event.type == MOUSEBUTTONDOWN:
            if event.button == 1:
                cat_sound.play()
            if event.button == 3:
                dog_sound.play()
        if event.type == KEYDOWN:
            if event.key == K_SPACE:
                pause = not pause
```

```
    screen.fill((255, 255, 255))

    if pause:
        screen.blit(pause_image, pause_rect)
        pygame.mixer.music.pause()
    else:
        screen.blit(unpause_image, pause_rect)
        pygame.mixer.music.unpause()


    pygame.display.flip()

    clock.tick(30)
```

上面的代码演示了背景声音和音效的使用，现在把声音添加到我们的游戏中：

```
# p18_20/main.py
…
    running = True

    # 添加魔性的背景音乐
    pygame.mixer.music.load('bg_music.ogg')
    pygame.mixer.music.play()

    # 添加音效
    loser_sound = pygame.mixer.Sound('loser.wav')
    laugh_sound = pygame.mixer.Sound('laugh.wav')
    winner_sound = pygame.mixer.Sound('winner.wav')
    hole_sound = pygame.mixer.Sound('hole.wav')
…
```

音效只要在需要的时候调用 play()方法即可，而背景音乐则希望它能够贯穿游戏的始终。背景音乐完整播放一次视为游戏的时间，因此需要想办法让游戏在背景音乐停止时结束。大家应该有留意到 music 模块有一个 set_endevent()方法，该方法的作用就是在音乐播放完发送一条事件消息。

Pygame 预定义了很多默认的事件，像熟悉的键盘事件、鼠标事件等。预定义的事件都有一个标识符，像 MOUSEBUTTONDOWN、KEYDOWN、QUIT 等。其实这些都是一些数字的等值定义，只是为了方便人类理解才做的定义。USEREVENT 以上则是让自定义的事件，因此可以像这样自定义事件：

```
MYEVENT1 = USEREVENT
MYEVENT2 = USEREVENT + 1
MYEVENT3 = USEREVENT + 2
…
```

下面的代码让背景音乐播完的时候游戏结束，并播放"失败者"（loser.wav）及"嘲笑"（laugh.wav）的音效：

```
# p18_20/music.py
…
    # 音乐放完时游戏结束！
    GAMEOVER = USEREVENT
    pygame.mixer.music.set_endevent(GAMEOVER)
…
        for event in pygame.event.get():
            if event.type == QUIT:
                sys.exit()

            elif event.type == GAMEOVER:
                loser_sound.play()
                pygame.time.delay(2000)
                laugh_sound.play()
                running = False
…
```

18.10 响应鼠标

视频讲解

18.10.1 设置鼠标的位置

有了背景音乐，有了小球，有了碰撞检测，接下来需要做的就是设计"摩擦摩擦"的代码了。这里有一块玻璃面板的图片，如图 18-35 所示。

图 18-35 游戏素材

把它放在游戏界面的下方位置，并限制鼠标只能在里边移动。一步一步来，先创建一个 Glass 类，用于表示这块玻璃：

```
…
class Glass(pygame.sprite.Sprite):
    def __init__(self, glass_image, bg_size):
        pygame.sprite.Sprite.__init__(self)

        self.glass_image = pygame.image.load(glass_image).convert_alpha()
        self.glass_rect = self.glass_image.get_rect()
```

```
                    self.glass_rect.left, self.glass_rect.top = \
                            (bg_size[0] - self.glass_rect.width) // 2, \
                            bg_size[1] - self.glass_rect.height
...
        # 生成用于"摩擦摩擦"的玻璃面板
area = Glass(glass_image, bg_size)
...
        screen.blit(background, (0, 0))
        # 绘制用于"摩擦摩擦"的玻璃面板
        screen.blit(area.glass_image, area.glass_rect)
...
```

程序实现如图 18-36 所示。

图 18-36　游戏界面

下一步是限制鼠标只能在玻璃面板中移动，并使用一个小手的图案代替原来的鼠标光标等。限制鼠标移动？说的容易，鼠标怎么移动是玩家的事，我还能干预它？

当然可以，程序是你写的，在你的地盘上当然是你做主！可以先通过 mouse 模块的 get_pos() 方法获取鼠标的当前位置，检测如果超出了玻璃面板的范围，则使用 set_pos() 修改它。

18.10.2　自定义鼠标光标

作为一个游戏，当然希望鼠标的光标可以更漂亮一些，所以需要替换掉原来"黑、土、小"的箭头光标。这里直接用一个小手的图片来替换掉原来的光标。做法就是使用 mouse 模块的 set_visible() 方法将原来的光标设置为"不可见"，然后在鼠标的当前位置上绘制小手的图片。

代码实现如下：

```
...
class Glass(pygame.sprite.Sprite):
    def __init__(self, glass_image, mouse_image, bg_size):
```

```
…
self.mouse_image = pygame.image.load(mouse_image).convert_alpha()
self.mouse_rect = self.mouse_image.get_rect()
self.mouse_rect.left, self.mouse_rect.top = \
                    self.glass_rect.left, self.glass_rect.top
# 初始化鼠标的位置于左上角
pygame.mouse.set_pos([self.glass_rect.left, self.glass_rect.top])
# 鼠标不可见
pygame.mouse.set_visible(False)
…

screen.blit(background, (0, 0))
screen.blit(area.glass_image, area.glass_rect)

# 获取鼠标的当前位置，并设置代替光标的图片
area.mouse_rect.left, area.mouse_rect.top = pygame.mouse.get_pos()
# 限制鼠标只能在玻璃内"摩擦摩擦"
if area.mouse_rect.left < area.glass_rect.left:
    area.mouse_rect.left = area.glass_rect.left
if area.mouse_rect.left > area.glass_rect.right - \
area.mouse_rect.width:
    area.mouse_rect.left = area.glass_rect.right - \
    area.mouse_rect.width
if area.mouse_rect.top < area.glass_rect.top:
    area.mouse_rect.top = area.glass_rect.top
if area.mouse_rect.top > area.glass_rect.bottom - \
area.mouse_rect.height:
    area.mouse_rect.top = area.glass_rect.bottom - \
    area.mouse_rect.height

screen.blit(area.mouse_image, area.mouse_rect)
```

程序实现如图 18-37 所示。

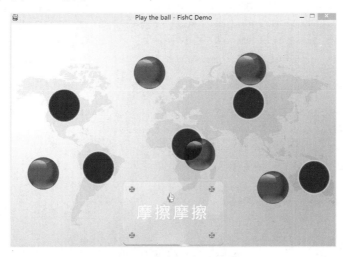

图 18-37　替换掉原来的鼠标

18.10.3　让小球响应光标的移动频率

接下来要让小球可以响应鼠标的"摩擦"，当鼠标的移动速度符合某个频率段时，小球将停下来并变成绿色。

大家知道鼠标的移动会不断产生事件，所以可以利用这一点，让每一个小球响应 1s 时间内不同数量的事件。

做法如下：

（1）为每个小球设定一个不同的目标。

（2）创建一个 motion 变量来记录鼠标每 1s 产生的事件数量。

（3）为小球添加一个 check()方法，用于判断鼠标在 1s 时间内产生的事件数量是否匹配此目标。

（4）添加一个自定义事件，每 1s 触发 1 次。调用每个小球的 check()检测的是 motion 的值是否匹配某一个小球的目标，并将 motion 重新初始化，以便记录 1s 内鼠标事件的数量。

（5）小球应该添加一个 control 属性，用于记录当前的状态（绿色→玩家控制或者灰色→随机移动）。

（6）通过检查 control 属性决定绘制什么颜色的小球。

程序如下：

```
...
# p18_21/main.py
class Ball(pygame.sprite.Sprite):
    def __init__(self, grayball_image, greenball_image, position, \
    speed, bg_size, target):
        # 初始化动画精灵
        pygame.sprite.Sprite.__init__(self)

        self.grayball_image = \
        pygame.image.load(grayball_image).convert_alpha()
        self.greenball_image = \
        pygame.image.load(greenball_image).convert_alpha()
        self.rect = self.grayball_image.get_rect()
        # 将小球放在指定位置
        self.rect.left, self.rect.top = position
        self.radius = self.rect.width / 2
        self.width, self.height = bg_size[0], bg_size[1]
        self.speed = speed
        self.target = target
        self.control = False

    def check(self, motion):
        # 要求100%匹配是很难的，所以还是降低点难度吧～
```

```
                if self.target < motion < self.target + 5:
                    return True
                else:
                    return False
…
        # 创建五个小球
        BALL_NUM = 5
        for i in range(BALL_NUM):
            # 位置随机，速度随机
            position = randint(0, width-100), randint(0, height-100)
            speed = [randint(-10, 10), randint(-10, 10)]
            ball = Ball(grayball_image, greenball_image, position, \
            speed, bg_size, 5 * (i+1))
…
        # 生成用于"摩擦摩擦"的玻璃面板
        area = Glass(glass_image, mouse_image, bg_size)

        # motion 记录鼠标在玻璃面板产生的事件数量
        motion = 0

        # 1s 检查一次"摩擦摩擦"
        MYTIMER = USEREVENT + 1
        pygame.time.set_timer(MYTIMER, 1000)

clock = pygame.time.Clock()
…
        for event in pygame.event.get():
            …
            elif event.type == MOUSEMOTION:
                motion += 1

            elif event.type == MYTIMER:
                if motion:
                    for each in group:
                        if each.check(motion):
                            each.speed = [0, 0]
                            each.control = True
                    motion = 0
…
        for each in balls:
            each.move()
            if each.control:
                screen.blit(each.greenball_image, each.rect)
            else:
                screen.blit(each.grayball_image, each.rect)
…
```

程序实现如图 18-38 所示。

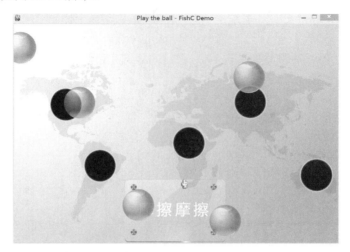

图 18-38　让小球响应光标的移动频率

视频讲解

18.11　响应键盘

通过"摩擦摩擦"可以使小球变绿色，玩家此时可以通过键盘上的 w、s、a、d 按键上、下、左、右地移动小球。下面代码响应相应的键盘事件：

```
...
elif event.type == KEYDOWN:
    if event.key == K_w:
        for each in group:
            if each.control:
                each.speed[1] -= 1

    if event.key == K_s:
        for each in group:
            if each.control:
                each.speed[1] += 1

    if event.key == K_a:
        for each in group:
            if each.control:
                each.speed[0] -= 1

    if event.key == K_d:
        for each in group:
            if each.control:
                each.speed[0] += 1
...
```

程序执行后，无论玩家是短暂地按下按键还是持续紧按，结果都只是让小球以龟速移动，并没有实现所谓"带加速度的快感"。

这是由于默认情况下，无论是简单地按一下按键还是紧按着不松开，Pygame 都只发送一个键盘按下的事件。

不过事实上可以通过 key 模块的 set_repeat()方法，来设置是否重复响应持续按下某个按键：

```
set_repeat(delay, interval)
```

- delay 参数指定第一次发送事件的延时时间。
- interval 参数指定重复发送事件的时间间隔。
- 如果不带任何参数，表示取消重复发送事件。

为了使小球获得加速度的快感，设置按键的重复响应间隔为 100ms：

```
…
# 设置持续按下键盘的重复响应
pygame.key.set_repeat(100, 100)
…
```

小球在碰撞后失去控制，只需要在检测到碰撞时将 control 属性改为 False，小球即刻脱离控制：

```
…
if pygame.sprite.spritecollide(each, group, False, \
pygame.sprite.collide_circle):
    each.speed[0] = -each.speed[0]
    each.speed[1] = -each.speed[1]
    each.control = False
…
```

18.12 结束游戏

18.12.1 发生碰撞后获得随机速度

添加了上面的代码，绿色的小球已经能听使唤了。接下来要做的就是让小球在碰撞的时候获得一个新的随机速度，这将加大游戏的难度。

```
…
for each in group:
    # 先从组中移出当前球
    group.remove(each)
    # 判断当前球与其他球是否相撞
    if pygame.sprite.spritecollide(each, group, False, \
    pygame.sprite.collide_circle):
```

```
        each.speed = [randint(-10, 10), randint(-10, 10)]
        each.control = False
    # 将当前球添加回组中
    group.add(each)
    ...
```

但是程序实现后，意想不到的事情发生了，如图18-39所示。

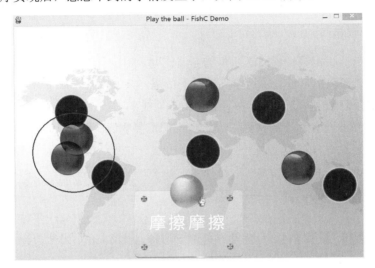

图 18-39　出现 BUG

两个小球碰撞的时候经常会发生"抖动"现象，玩家的感觉是：这破游戏怎么这么卡？

18.12.2　减少"抖动"现象的发生

分析一下出现"抖动"的原因，无非就是由每次碰撞都获得一个随机的速度导致的。由于随机的速度带有方向（负数往左，正数往右），所以如果两个小球刚好得到的速度方向是相向的，那么就会再次发生碰撞，直到速度方向为反向，并且一次移动的距离可以让彼此分开为止。

解决这个问题的方法就是将方向和速度两个概念独立开来，因此为小球添加一个 side 属性用于表示方向，−1 表示向左，1 表示向右。然后在每次检测到碰撞的时候先将方向取反，以相同的速度反向移动一次后，再重新获取随机速度。

先给小球添加一个 side 属性和一个 collide 属性，collide 属性用于标志是否发生碰撞，如果发生碰撞，再一次的移动后获得随机速度：

```
class Ball(pygame.sprite.Sprite):
    def __init__(self, image1, image2, position, speed, bg_size, level):
        ...
        self.side = [choice([-1, 1]), choice([-1, 1])]
        self.collide = False
        ...
```

既然将原来带方向的速度拆分为方向和速度两个属性，那么小球的自由移动就应该由两个属性相乘得到：

```
class Ball(pygame.sprite.Sprite):
    …
    def move(self):
        self.rect = self.rect.move((self.side[0] * self.speed[0], \
        self.side[1] * self.speed[1]))
    …
```

由于速度不再表示方向，所以随机速度不应该存在负数：

```
…
BALL_NUM = 5
for i in range(BALL_NUM):
    # 位置随机，速度随机
    position = randint(0, width-100), randint(0, height-100)
    speed = [randint(1, 10), randint(1, 10)]
…
```

碰撞发生时，首先修改的是方向：

```
…
if pygame.sprite.spritecollide(each, group, False, \
pygame.sprite.collide_circle):
    each.side[0] = -each.side[0]
    each.side[1] = -each.side[1]
    each.collide = True
    each.control = False
…
```

进行一次移动后再获取随机速度：

```
…
for each in balls:
    each.move()
    if each.collide:
        each.speed = [randint(1, 10), randint(1, 10)]
        each.collide = False
…
```

程序运行后新的 BUG 又出现了，控制权交到玩家手上时，小球并不能正确地按照玩家的操作去移动。

现实中的开发常常会碰到这样的情景，补完一个 BUG 或新添加一个功能，直接影响了原来正确的代码逻辑，导致另一个BUG 的出现。

为什么会导致玩家的操作无法正确地控制小球呢？

仔细检查代码之后发现，原来将带方向的速度拆分为方向和速度，而响应玩家按键操作的代码仍旧认为速度是带方向的（如果速度为负数，方向为负数，那么得到的却是反方向的移动)。

为了保留玩家操控小球是带加速度的这一特性，不妨将小球的移动给区分开：

```
…
def move(self):
    if self.control:
        self.rect = self.rect.move(self.speed)
    else:
        self.rect = self.rect.move( \
        (self.side[0] * self.speed[0], self.side[1] * self.speed[1]))
…
```

小球发生碰撞失去控制，将带方向的速度拆分：

```
…
if pygame.sprite.spritecollide(each, group, False, \
pygame.sprite.collide_circle):
    each.side[0] = -each.side[0]
    each.side[1] = -each.side[1]
    each.collide = True
    if each.control:
        each.side[0] = -1
        each.side[1] = -1
        each.control = False
…
```

改完之后发现抖动的现象有了显著的减少，只是偶尔两个小球会卡在边框之外。所以再修改一下 move()限制边界的范围：

```
…
def move(self):
    if self.control:
        self.rect = self.rect.move(self.speed)
    else:
        self.rect = self.rect.move( \
        (self.side[0] * self.speed[0], self.side[1] * self.speed[1]))
    # 如果小球的左侧出了边界，那么将小球左侧的位置改为右侧的边界
    # 这样便实现了从左边进入，右边出来的效果
    if self.rect.right < 0:
        self.rect.left = self.width

    elif self.rect.left > self.width:
        self.rect.right = 0

    elif self.rect.bottom < 0:
        self.rect.top = self.height

    elif self.rect.top > self.height:
```

```
        self.rect.bottom = 0
    ...
```

18.12.3　游戏胜利

当绿色的小球移动到黑洞的正上方时，只要玩家立刻敲下键盘的空格键，那么小球将被"填"入到黑洞中。此后其他小球将直接从其上方飘过，无视它的存在。音乐结束前，如果所有的小球都被填入到各个黑洞中，游戏胜利。

这里有两点需要注意：一是每个黑洞只能填入一个绿色的小球；二是当小球填入黑洞时，其他小球会从其上方飘过，而不是下方。

首先，将五个黑洞的位置定义好：

```
# 五个黑洞的范围，因为 100% 命中太难，所以只要在范围内即可
# 每个元素：(x1, x2, y1, y2)
hole = [(117, 119, 199, 201), (225, 227, 390, 392), (503, 505, 320, 322),
(698, 700, 192, 194), (906, 908, 419, 421)]
```

当玩家按下空格键时，检测每个小球的当前位置是否匹配任何一个黑洞的范围，如果是，那么固定它。如果所有的黑洞都被补上，游戏胜利：

```
...
if event.key == K_SPACE:
    # 判断小球是否在坑内
    for each in group:
        if each.moving:
            for i in hole:
                if i[0] <= each.rect.left <= i[1] and i[2] \
                <= each.rect.top <= i[3]:
                    # 播放音效
                    hole_sound.play()
                    each.speed = [0, 0]
                    # 从 group 中移出，这样其他球就会忽视它
                    group.remove(each)
                    # 放到 balls 列表中的最前面，也就是第一个绘制的球
                    # 这样当球在坑里时，其他球会从它上面过去，而不是下面
                    temp = balls.pop(balls.index(each))
                    balls.insert(0, temp)
                    # 一个坑一个球
                    hole.remove(i)
    # 坑都补完了，游戏结束
    if not hole:
        pygame.mixer.music.stop()
        # 播放胜利配乐
        winner_sound.play()
        pygame.time.delay(3000)
        # 打印
```

```
        msg = pygame.image.load("win.png").convert_alpha()
        msg_pos = (width - msg.get_width()) // 2, \
        (height - msg.get_height()) // 2
        msgs.append((msg, msg_pos))
        # 播放
        laugh_sound.play()
...
```

18.12.4　更好地结束游戏

为了在 IDLE 下单击"关闭"按钮时可以正常结束游戏，可以在响应 QUIT 事件的时候先调用 pygame.quit()：

```
if event.type == QUIT:
    pygame.quit()
    sys.exit()
```

如果用户双击打开游戏的文件，那么如果有逻辑错误或者代码错误，程序可能就会直接关闭。这样对于调试也是不利的，因此可以这么改：

```
if __name__ == "__main__":
    # 这样做的好处是双击打开时，如果出现异常可以报告异常，而不是一闪而过
    try:
        main()
    except SystemExit:
        pass
    except:
        traceback.print_exc()
        # 释放已经初始化的资源
        pygame.quit()
        input()
```

最终完整实现代码如下：

```
# p18_23/main.py
import pygame
import sys
import traceback
from pygame.locals import *
from random import *


# 球类继承自 Spirte 类
class Ball(pygame.sprite.Sprite):
    def __init__(self, grayball_image, greenball_image, position, speed,
    bg_size, target):
        # 初始化动画精灵
        pygame.sprite.Sprite.__init__(self)
```

```python
        self.grayball_image = pygame.image.load(grayball_image).convert_
        alpha()
        self.greenball_image = pygame.image.load(greenball_image).convert_
        alpha()
        self.rect = self.grayball_image.get_rect()
        # 将小球放在指定位置
        self.rect.left, self.rect.top = position
        self.side = [choice([-1, 1]), choice([-1, 1])]
        self.speed = speed
        self.collide = False
        self.target = target
        self.control = False
        self.width, self.height = bg_size[0], bg_size[1]
        self.radius = self.rect.width / 2

    def move(self):
        if self.control:
            self.rect = self.rect.move(self.speed)
        else:
            self.rect = self.rect.move((self.side[0] * self.speed[0],
            self.side[1] * self.speed[1]))


        # 如果小球的左侧出了边界，那么将小球左侧的位置改为右侧的边界
        # 这样便实现了从左边进入，右边出来的效果
        if self.rect.right <= 0:
            self.rect.left = self.width

        elif self.rect.left >= self.width:
            self.rect.right = 0

        elif self.rect.bottom <= 0:
            self.rect.top = self.height

        elif self.rect.top >= self.height:
            self.rect.bottom = 0

    def check(self, motion):
        if self.target < motion < self.target + 5:
            return True
        else:
            return False

class Glass(pygame.sprite.Sprite):
    def __init__(self, glass_image, mouse_image, bg_size):
        # 初始化动画精灵
```

```
        pygame.sprite.Sprite.__init__(self)

        self.glass_image = pygame.image.load(glass_image).convert_alpha()
        self.glass_rect = self.glass_image.get_rect()
        self.glass_rect.left, self.glass_rect.top = \
                        (bg_size[0] - self.glass_rect.width) // 2,
                        bg_size[1] - self.glass_rect.height

        self.mouse_image = pygame.image.load(mouse_image).convert_alpha()
        self.mouse_rect = self.mouse_image.get_rect()
        self.mouse_rect.left, self.mouse_rect.top = self.glass_rect.left,
        self.glass_rect.top
        pygame.mouse.set_visible(False)

def main():
    pygame.init()

    grayball_image = "gray_ball.png"
    greenball_image = "green_ball.png"
    glass_image = "glass.png"
    mouse_image = "hand.png"
    bg_image = "background.png"

    running = True

    # 添加魔性的背景音乐
    pygame.mixer.music.load("bg_music.ogg")
    pygame.mixer.music.play()

    # 添加音效
    loser_sound = pygame.mixer.Sound("loser.wav")
    laugh_sound = pygame.mixer.Sound("laugh.wav")
    winner_sound = pygame.mixer.Sound("winner.wav")
    hole_sound = pygame.mixer.Sound("hole.wav")

    # 音乐播放完时游戏结束
    GAMEOVER = USEREVENT
    pygame.mixer.music.set_endevent(GAMEOVER)

    # 根据背景图片指定游戏界面尺寸
    bg_size = width, height = 1024, 681
    screen = pygame.display.set_mode(bg_size)
    pygame.display.set_caption("Play the ball - FishC Demo")

    background = pygame.image.load(bg_image).convert_alpha()
```

```
# 5 个坑的范围，因为 100% 命中太难，所以只要在范围内即可
# 每个元素：(x1, x2, y1, y2)
hole = [(117, 119, 199, 201), (225, 227, 390, 392), \
        (503, 505, 320, 322), (698, 700, 192, 194), \
        (906, 908, 419, 421)]

# 存放要打印的消息
msgs = []

# 用来存放小球对象的列表
balls = []
group = pygame.sprite.Group()

# 创建 5 个小球
for i in range(5):
    # 位置随机，速度随机
    position = randint(0, width-100), randint(0, height-100)
    speed = [randint(1, 10), randint(1, 10)]
    ball = Ball(grayball_image, greenball_image, position, speed,
    bg_size, 5 * (i+1))
    # 检测新诞生的球是否会卡住其他球
    while pygame.sprite.spritecollide(ball, group, False,
    pygame.sprite.collide_circle):
        ball.rect.left, ball.rect.top = randint(0, width-100),
        randint(0, height-100)
    balls.append(ball)
    group.add(ball)

# 生成 "摩擦摩擦" 的玻璃面板
glass = Glass(glass_image, mouse_image, bg_size)

# motion 记录鼠标在玻璃面板产生的事件数量
motion = 0

# 1s 检查 1 次鼠标 "摩擦摩擦" 产生的事件数量
MYTIMER = USEREVENT + 1
pygame.time.set_timer(MYTIMER, 1000)

# 设置持续按下键盘的重复响应
pygame.key.set_repeat(100, 100)

clock = pygame.time.Clock()

while running:
    for event in pygame.event.get():
        if event.type == QUIT:
```

```
        pygame.quit()
        sys.exit()

    # 游戏失败
    elif event.type == GAMEOVER:
        loser_sound.play()
        pygame.time.delay(2000)
        laugh_sound.play()
        running = False

    # 1s检查1次鼠标"摩擦摩擦"产生的事件数量
    elif event.type == MYTIMER:
        if motion:
            for each in group:
                if each.check(motion):
                    each.speed = [0, 0]
                    each.control = True
            motion = 0

    elif event.type == MOUSEMOTION:
        motion += 1

    # 当小球的 control 属性为 True 时
    # 使用按键 w、s、a、d 分别上、下、左、右移动小球
    # 带加速度的哦^_^
    elif event.type == KEYDOWN:
        if event.key == K_w:
            for each in group:
                if each.control:
                    each.speed[1] -= 1

        if event.key == K_s:
            for each in group:
                if each.control:
                    each.speed[1] += 1

        if event.key == K_a:
            for each in group:
                if each.control:
                    each.speed[0] -= 1

        if event.key == K_d:
            for each in group:
                if each.control:
                    each.speed[0] += 1
```

```
            if event.key == K_SPACE:
                # 判断小球是否在坑内
                for each in group:
                    if each.control:
                        for i in hole:
                            if i[0] <= each.rect.left <= i[1] and i[2] <=
                            each.rect.top <= i[3]:
                                # 播放音效
                                hole_sound.play()
                                each.speed = [0, 0]
                                # 从 group 中移出，这样其他球就会忽视它
                                group.remove(each)
                                # 放到 balls 列表中的最前面，也就是第一个绘制的球
                                # 这样当球在坑里时，其他球会从它上面过去，而不是
                                # 下面
                                temp = balls.pop(balls.index(each))
                                balls.insert(0, temp)
                                # 一个坑一个球
                                hole.remove(i)
                    # 坑都补完了，游戏结束
                    if not hole:
                        pygame.mixer.music.stop()
                        winner_sound.play()
                        pygame.time.delay(3000)
                        # 打印"然并卵"
                        msg = pygame.image.load("win.png").convert_
                        alpha()
                        msg_pos = (width - msg.get_width()) // 2,
                        (height - msg.get_height()) // 2
                        msgs.append((msg, msg_pos))
                        laugh_sound.play()

screen.blit(background, (0, 0))
screen.blit(glass.glass_image, glass.glass_rect)

# 限制鼠标只能在玻璃内"摩擦摩擦"
glass.mouse_rect.left, glass.mouse_rect.top = pygame.mouse.get_
pos()
if glass.mouse_rect.left < glass.glass_rect.left:
    glass.mouse_rect.left = glass.glass_rect.left
if glass.mouse_rect.left > glass.glass_rect.right - glass.mouse_
rect.width:
    glass.mouse_rect.left = glass.glass_rect.right - glass.mouse_
    rect.width
if glass.mouse_rect.top < glass.glass_rect.top:
    glass.mouse_rect.top = glass.glass_rect.top
```

```
            if glass.mouse_rect.top > glass.glass_rect.bottom - glass.mouse_
            rect.height:
                glass.mouse_rect.top = glass.glass_rect.bottom - glass.mouse_
                rect.height

            screen.blit(glass.mouse_image, glass.mouse_rect)

            for each in balls:
                each.move()
                if each.collide:
                    each.speed = [randint(1, 10), randint(1, 10)]
                    each.collide = False
                if each.control:
                    screen.blit(each.greenball_image, each.rect)
                else:
                    screen.blit(each.grayball_image, each.rect)

            for each in group:
                # 先从组中移出当前球
                group.remove(each)
                # 判断当前球与其他球是否相撞
                if pygame.sprite.spritecollide(each, group, False,
                pygame.sprite.collide_circle):
                    each.side[0] = -each.side[0]
                    each.side[1] = -each.side[1]
                    each.collide = True
                    if each.control:
                        each.side[0] = -1
                        each.side[1] = -1
                        each.control = False
                # 将当前球添加回组中
                group.add(each)

            for msg in msgs:
                screen.blit(msg[0], msg[1])

            pygame.display.flip()
            clock.tick(30)


if __name__ == "__main__":
    # 这样做的好处是，双击打开时如果出现异常可以报告异常，而不是一闪而过
    try:
        main()
    except SystemExit:
        pass
    except:
```

```
traceback.print_exc()
pygame.quit()
input()
```

18.13　经典飞机大战

视频讲解

不知道大家有没有玩过打飞机游戏，喜不喜欢这个游戏。当我第一次接触这个小游戏的时候，我的内心是被震撼到的。第一次接触打飞机的时候小甲鱼本人是身心愉悦的，因为周边的朋友都在玩这个游戏，每次都会下意识彼此较量一下，看谁打得更好。打飞机也是需要有一定的技巧的，熟练的朋友一次能打上半个小时，生疏的则三五分钟就败下阵来。

18.13.1　游戏设定

游戏界面如图 18-40～图 18-42 所示。

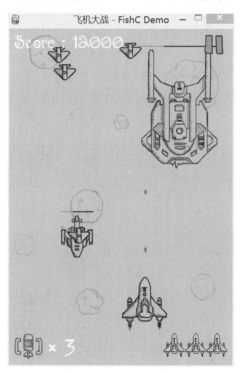

图 18-40　打飞机游戏（1）

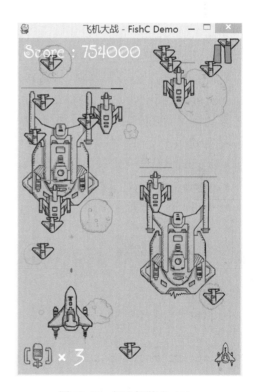

图 18-41　打飞机游戏（2）

游戏的基本设定：

- 敌方共有大、中、小 3 款飞机，分为高、中、低 3 种速度。
- 子弹的射程并非全屏，大概是屏幕长度的 80%。
- 消灭小飞机需要 1 发子弹，消灭中飞机需要 8 发子弹，消灭大飞机需要 20 发子弹。

- 每消灭一架小、中、大飞机分别可以获得 1000 分、6000 分和 10000 分。
- 每 30s 有一个随机的道具补给，分为两种道具，即全屏炸弹和双倍子弹。
- 全屏炸弹最多只能存放 3 枚，双倍子弹可以维持 18s 的效果。
- 游戏将根据分数来逐步提高难度，难度的提高表现为飞机数量的增多以及速度的加快。

图 18-42　打飞机游戏（3）

另外还对游戏做了一些改进，例如为中飞机和大飞机增加了血槽的显示，这样玩家可以直观地知道敌机快被消灭了没有；我方有 3 次机会，每次被敌人消灭，新诞生的飞机会有 3s 的安全期；游戏结束后会显示历史最高分数。

这个游戏加上基本的注释，代码量在 800 行左右，代码看上去比较多，主要是小甲鱼奉行"多敲代码少动脑"的开发原则。所以大家不要怕，越是多的代码，逻辑就越容易看得清楚，就越好学习。好，那让我们从无到有，从简单到复杂来一起打造这个游戏吧。

首先，把能够独立开的代码独立成模块：

- main.py——主模块。
- myplane.py——定义我方飞机。
- enemy.py——定义敌方飞机。
- bullet.py——定义子弹。
- supply.py——定义补给。

资源文件分类存放：

- sound——声音、音效资源。
- images——图片资源。
- font——字体资源。

18.13.2　主模块

先编写主模块的代码：

```
# p18_24/main.py
import pygame
import sys
import traceback
import myplane
```

```python
import bullet
import enemy
import supply
from pygame.locals import *
from random import *

pygame.init()
pygame.mixer.init()

bg_size = width, height = 480, 700
screen = pygame.display.set_mode(bg_size)
pygame.display.set_caption("飞机大战 -- FishC Demo")

background = pygame.image.load("images/background.png").convert()

# 载入游戏音乐
pygame.mixer.music.load("sound/game_music.ogg")
pygame.mixer.music.set_volume(0.2)
bullet_sound = pygame.mixer.Sound("sound/bullet.wav")
bullet_sound.set_volume(0.2)
bomb_sound = pygame.mixer.Sound("sound/use_bomb.wav")
bomb_sound.set_volume(0.2)
supply_sound = pygame.mixer.Sound("sound/supply.wav")
supply_sound.set_volume(0.2)
get_bomb_sound = pygame.mixer.Sound("sound/get_bomb.wav")
get_bomb_sound.set_volume(0.2)
get_bullet_sound = pygame.mixer.Sound("sound/get_bullet.wav")
get_bullet_sound.set_volume(0.2)
upgrade_sound = pygame.mixer.Sound("sound/upgrade.wav")
upgrade_sound.set_volume(0.2)
enemy3_fly_sound = pygame.mixer.Sound("sound/enemy3_flying.wav")
enemy3_fly_sound.set_volume(0.2)
enemy1_down_sound = pygame.mixer.Sound("sound/enemy1_down.wav")
enemy1_down_sound.set_volume(0.1)
enemy2_down_sound = pygame.mixer.Sound("sound/enemy2_down.wav")
enemy2_down_sound.set_volume(0.2)
enemy3_down_sound = pygame.mixer.Sound("sound/enemy3_down.wav")
enemy3_down_sound.set_volume(0.5)
me_down_sound = pygame.mixer.Sound("sound/me_down.wav")
me_down_sound.set_volume(0.2)

def main():
    pygame.mixer.music.play(-1)

    clock = pygame.time.Clock()
```

```
            running = True

            while running:
                for event in pygame.event.get():
                    if event.type == QUIT:
                        pygame.quit()
                        sys.exit()

                screen.blit(background, (0, 0))

                pygame.display.flip()
                clock.tick(60)

    if __name__ == "__main__":
        try:
            main()
        except SystemExit:
            pass
        except:
            traceback.print_exc()
            pygame.quit()
            input()
```

视频讲解

18.13.3　我方飞机

接下来应该让"主角"登场，创建一个 myplane.py 模块来定义我方飞机：

```
# p18_24/myplane.py
import pygame

class MyPlane(pygame.sprite.Sprite):
    def __init__(self, bg_size):
        pygame.sprite.Sprite.__init__(self)
        self.image = pygame.image.load("images/me1.png").convert_alpha()
        self.rect = self.image.get_rect()
        self.width, self.height = bg_size[0], bg_size[1]
        # 初始化位于下方的中间位置
        # 下方预留 60 像素左右的位置作为"状态栏"
        self.rect.left, self.rect.top = (self.width - self.rect.width) \
                                        // 2, self.height - self.rect.height - 60
        self.speed = 10
```

分别定义 moveUp()、moveDown()、moveLeft()和 moveRight()控制我方飞机上、下、左、右移动：

```
    def moveUp(self):
        if self.rect.top > 0:
```

```
                self.rect.top -= self.speed
            else:
                self.rect.top = 0

        def moveDown(self):
            if self.rect.bottom < self.height - 60:
                self.rect.top += self.speed
            else:
                self.rect.bottom = self.height - 60

        def moveLeft(self):
            if self.rect.left > 0:
                self.rect.left -= self.speed
            else:
                self.rect.left = 0

        def moveRight(self):
            if self.rect.right < self.width:
                self.rect.left += self.speed
            else:
                self.rect.right = self.width
```

18.13.4　响应键盘

视频讲解

　　接着需要在 main 模块中响应用户的键盘操作。响应用户的键盘操作有两种方法：第一种是通过 KEYDOWN 或 KEYUP 事件得知用户是否按下键盘按键；第二种是调用 key 模块的 get_pressed()方法，它会返回一个序列，包含当前键盘上所有按键的状态。

　　对于检测偶尔触发的键盘事件，推荐使用第一种方法。但对于频繁触发的键盘事件，建议使用第二种方法。由于整个游戏通过键盘来控制我方飞机，所以毅然决然选用第二种方法：

```
...
# 检测用户的键盘操作
key_pressed = pygame.key.get_pressed()
# 移动我方飞机
if key_pressed[K_w] or key_pressed[K_UP]:
    me.moveUp()
if key_pressed[K_s] or key_pressed[K_DOWN]:
    me.moveDown()
if key_pressed[K_a] or key_pressed[K_LEFT]:
    me.moveLeft()
if key_pressed[K_d] or key_pressed[K_RIGHT]:
    me.moveRight()

screen.blit(background, (0, 0))
```

```
# 绘制我方飞机
screen.blit(me.image, me.rect)
...
```

18.13.5 飞行效果

为了增加我方飞机的动态效果，可以通过下面两张图片的不断切换来实现飞机"突突突"的飞行效果：

```
# p18_24/myplane.py
class MyPlane(pygame.sprite.Sprite):
    def __init__(self, bg_size):
        pygame.sprite.Sprite.__init__(self)

        self.image1 = pygame.image.load("images/me1.png").convert_alpha()
        self.image2 = pygame.image.load("images/me2.png").convert_alpha()
        self.rect = self.image1.get_rect()


# p18_24/main.py
...
switch_image = True
...
while running:
...

    switch_image = not switch_image
    # 绘制我方飞机
    if switch_image:
        screen.blit(me.image1, me.rect)
    else:
        screen.blit(me.image2, me.rect)
...
```

但实现起来效果并不理想，因为切换的速度太快了，所以必须想办法在不影响游戏正常运行的条件下增加"延时"才行。这里可以使用单片机开发中很常用的一招——设置延时变量：

```
# p18_24/main.py
...
delay = 100
...
while running:
    ...
    # 切换图片
    if not(delay % 5):
        switch_image = not switch_image
```

```
        delay -= 1
        if not delay:
            delay = 100
    …
```

现在我方飞机的画面就是 5 帧切换一次，如果限定帧率为 60，则 1s 最多切换 12 次。

18.13.6　敌方飞机

既然英雄已经有了，那现在就是需要创造敌人的时候。敌机分为小、中、大三个尺寸，它们的速度依次是快、中、慢，在游戏界面的上方创造位置随机的敌机，可以让它们不在同一排出现。将敌机的定义写在 enemy.py 模块中：

```python
# p18_24/enemy.py
import pygame
from random import *


class SmallEnemy(pygame.sprite.Sprite):
    def __init__(self, bg_size):
        pygame.sprite.Sprite.__init__(self)
        self.image = pygame.image.load("images/enemy1.png").convert_alpha()
        self.rect = self.image.get_rect()
        self.width, self.height = bg_size[0], bg_size[1]
        self.speed = 2
        self.rect.left, self.rect.bottom = randint(0, self.width -
        self.rect.width), randint(-5 * self.height, 0)
```

由于敌机只会一个劲儿地往前冲，所以敌机的移动只是简单地增加 rect.top 的值，当敌机的坐标超出屏幕底端，则修改 rect.top 的位置，让它重新出现在屏幕上方的随机位置：

```python
    …
    def move(self):
        if self.rect.top < self.height:
            self.rect.top += self.speed
        else:
            self.reset()

    def reset(self):
        self.rect.left, self.rect.bottom = randint(0, self.width -
        self.rect.width), randint(-5 * self.height, 0)
    …
```

这是小型敌机，同样的方法可以定义出中、大型敌机。其中，大型敌机作为 BOSS 级别的存在，它的飞行也是有特写和音效的。另外，对比起小型敌机的普遍存在，中、大型敌机显得会更少一些，因此将生成的随机位置扩大范围：

```
class MidEnemy(pygame.sprite.Sprite):
    def __init__(self, bg_size):
        …
        self.speed = 1
        self.rect.left, self.rect.bottom = randint(0, self.width -
        self.rect.width), randint(-10 * self.height, -self.height)


class BigEnemy(pygame.sprite.Sprite):
    def __init__(self, bg_size):
        …
        self.image1 = pygame.image.load("images/enemy3_n1.png").convert_
        alpha()
        self.image2 = pygame.image.load("images/enemy3_n2.png").convert_
        alpha()
        …
        self.speed = 1
        self.rect.left, self.rect.bottom = randint(0, self.width -
        self.rect.width), randint(-15 * self.height, -5 * self.height)
```

敌机的定义有了，接下来就是要在 main 模块中实例化出来：

```
# p18_24/main.py
…
def main():
    …
    enemies = pygame.sprite.Group()

    # 生成敌方小型飞机
    small_enemies = pygame.sprite.Group()
    add_small_enemies(small_enemies, enemies, 15)

    # 生成敌方中型飞机
    mid_enemies = pygame.sprite.Group()
    add_mid_enemies(mid_enemies, enemies, 4)

    # 生成敌方大型飞机
    big_enemies = pygame.sprite.Group()
    add_big_enemies(big_enemies, enemies, 2)

…
```

18.13.7   提升敌机速度

随着分数越来越高，游戏难度会逐渐提升。难度的提升主要表现在敌机数量的增加和速度的加快。所以将添加敌机写成一个函数，方便以后调用：

```
# p18_24/main.py
…
```

```
def add_small_enemies(group1, group2, num):
    for i in range(num):
        e1 = enemy.SmallEnemy(bg_size)
        group1.add(e1)
        group2.add(e1)

def add_mid_enemies(group1, group2, num):
    for i in range(num):
        e2 = enemy.MidEnemy(bg_size)
        group1.add(e2)
        group2.add(e2)

def add_big_enemies(group1, group2, num):
    for i in range(num):
        e3 = enemy.BigEnemy(bg_size)
        group1.add(e3)
        group2.add(e3)
...
```

让敌机在界面上飞一会儿：

```
# p18_24/main.py
...
def main():
    ...
    # 绘制大型敌机
    for each in big_enemies:
        each.move()
        if switch_image:
            screen.blit(each.image1, each.rect)
        else:
            screen.blit(each.image2, each.rect)
        # 即将出现在画面中，播放音效
        if each.rect.bottom > -50:
            enemy3_fly_sound.play()

    # 绘制中型敌机
    for each in mid_enemies:
        each.move()
        screen.blit(each.image, each.rect)

    # 绘制小型敌机
    for each in small_enemies:
        each.move()
        screen.blit(each.image, each.rect)
...
```

18.13.8　碰撞检测

当敌我两机发生碰撞的时候，双方应该是玉石俱焚的。现在为每个类添加撞机发生时的惨烈画面：

```python
# p18_24/myplane.py
class MyPlane(pygame.sprite.Sprite):
    def __init__(self, bg_size):

        …
        self.destroy_images = []
        self.destroy_images.extend([\
pygame.image.load("images/me_destroy_1.png").convert_alpha(),\
pygame.image.load("images/me_destroy_2.png").convert_alpha(),\
pygame.image.load("images/me_destroy_3.png").convert_alpha(),\
pygame.image.load("images/me_destroy_4.png").convert_alpha() \
            ])
…


# enemy.py
class SmallEnemy(pygame.sprite.Sprite):
    def __init__(self, bg_size):

        …
        self.destroy_images = []
        self.destroy_images.extend([\
pygame.image.load("images/enemy1_down1.png").convert_alpha(),\
pygame.image.load("images/enemy1_down2.png").convert_alpha(),\
pygame.image.load("images/enemy1_down3.png").convert_alpha(),\
pygame.image.load("images/enemy1_down4.png").convert_alpha() \
            ])
…
class MidEnemy(pygame.sprite.Sprite):
    def __init__(self, bg_size):

        …
        self.destroy_images = []
        self.destroy_images.extend([\
pygame.image.load("images/enemy2_down1.png").convert_alpha(),\
pygame.image.load("images/enemy2_down2.png").convert_alpha(),\
pygame.image.load("images/enemy2_down3.png").convert_alpha(),\
pygame.image.load("images/enemy2_down4.png").convert_alpha() \
            ])
…
class BigEnemy(pygame.sprite.Sprite):
    def __init__(self, bg_size):

        …
        self.destroy_images = []
```

```
        self.destroy_images.extend([\
        pygame.image.load("images/enemy3_down1.png").convert_alpha(),\
        pygame.image.load("images/enemy3_down2.png").convert_alpha(),\
        pygame.image.load("images/enemy3_down3.png").convert_alpha(),\
        pygame.image.load("images/enemy3_down4.png").convert_alpha(),\
        pygame.image.load("images/enemy3_down5.png").convert_alpha(),\
        pygame.image.load("images/enemy3_down6.png").convert_alpha() \
            ])
…
```

然后为每个类添加一个 active 属性，该属性为 True 表示飞机正常飞行，否则表示已经遇难，显示毁灭图片：

```
# p18_24/main.py
…
def main():
    …
    # 中弹图片索引
    e1_destroy_index = 0
    e2_destroy_index = 0
    e3_destroy_index = 0
    me_destroy_index = 0
    while running:
        …
        # 绘制大型敌机
        for each in big_enemies:
            if each.active:
                each.move()
                if switch_image:
                    screen.blit(each.image1, each.rect)
                else:
                    screen.blit(each.image2, each.rect)
                # 即将出现在画面中，播放音效
                if each.rect.bottom > -50:
                    enemy3_fly_sound.play()
            else:
                # 毁灭
                enemy3_down_sound.play()
                if not(delay % 3):
                    screen.blit(each.destroy_images[e3_destroy_index],
                    each.rect)
                    e3_destroy_index = (e3_destroy_index + 1) % 6
                    if e3_destroy_index == 0:
                        each.reset()

        # 绘制中型敌机
        for each in mid_enemies:
```

```
        if each.active:
            each.move()
            screen.blit(each.image, each.rect)
        else:
            # 毁灭
            enemy2_down_sound.play()
            if not(delay % 3):
                screen.blit(each.destroy_images[e2_destroy_index],
                each.rect)
                e2_destroy_index = (e2_destroy_index + 1) % 4
                if e2_destroy_index == 0:
                    each.reset()

    # 绘制小型敌机
    for each in small_enemies:
        if each.active:
            each.move()
            screen.blit(each.image, each.rect)
        else:
            # 毁灭
            enemy1_down_sound.play()
            if not(delay % 3):
                screen.blit(each.destroy_images[e1_destroy_index],
                each.rect)
                e1_destroy_index = (e1_destroy_index + 1) % 4
                if e1_destroy_index == 0:
                    each.reset()

    # 绘制我方飞机
    if me.active:
        if switch_image:
            screen.blit(me.image1, me.rect)
        else:
            screen.blit(me.image2, me.rect)
    else:
        # 毁灭
        me_down_sound.play()
        if not(delay % 3):
            screen.blit(me.destroy_images[me_destroy_index], me.rect)
            me_destroy_index = (me_destroy_index + 1) % 4
            if me_destroy_index == 0:
                print("Game Over!")
                running = False
    ...
```

下面编写碰撞检测代码，一旦我方飞机碰撞到敌机，导致的结果就是敌我双方同归于尽：

```
…
while running:

    …
    # 检测我方飞机是否被撞
    enemies_down = pygame.sprite.spritecollide(me, enemies, False)
    if enemies_down:
        me.active = False
        for e in enemies_down:
            e.active = False
…
```

18.13.9 完美碰撞检测

由于前面只是使用普通的 spritecollide()函数进行碰撞检测，所以默认是以图片的矩形区域作为检测范围，因此看到的是两机并没有真正相撞就都毁了，如图 18-43 所示。

其实 Pygame 是可以做到完美碰撞检测的。sprite 模块中有个 collide_mask()函数可以利用，该函数要求检测的对象拥有一个名为 mask 的属性，用于指定检测的范围。关于 mask，Pygame 还专门提供了 mask 模块，其中的 from_surface()函数可以将一个 Surface 对象中的非透明部分的标志位 mask 并返回。

依葫芦画瓢，在敌机和我方飞机的类定义中加入：

```
self.mask = pygame.mask.from_surface(self.image)
```

然后将检测碰撞的函数改为：

```
enemies_down = pygame.sprite.spritecollide(me, enemies, False, pygame.
sprite.collide_mask)
```

这就实现了完美碰撞检测，如图 18-44 所示。

图 18-43　不完美碰撞检测

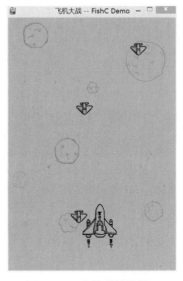

图 18-44　完美碰撞检测

18.13.10　一个BUG

细心的读者应该不难发现，刚才的代码其实有一个明显的BUG，导致部分音效无法正常播放。不继续往下看，能自己找出来吗？

无论是敌机还是我方飞机，当它们毁灭的时候，播放音效的代码是这么被执行的：

```
…
if each.active:
    …
else:
# 毁灭
# 播放飞机毁灭音效
    if not(delay % 3):
        …
…
```

这样写有什么问题吗？

当然有。一个飞机毁灭只需要播放一次音效，但飞机毁灭的画面并不只一帧，导致重复地播放同一个毁灭的音效，同时占用了很多播放音效的通道，而Pygame默认却只有8条通道。可想而知，当很多音效同时需要播放时，后面的音效就没有空闲的通道可以播放了。

所以，解决方案就是让每个音效只播放一次：

```
…
while running:
    # 绘制大型敌机
    for each in big_enemies:
        if each.active:
            each.move()
            if switch_image:
                screen.blit(each.image1, each.rect)
            else:
                screen.blit(each.image2, each.rect)
            # 即将出现在画面中，播放音效
            if each.rect.bottom == -50:
                enemy3_fly_sound.play(-1)
        else:
            # 毁灭
            if not(delay % 3):
                if e3_destroy_index == 0:
                    enemy3_down_sound.play()
                screen.blit(each.destroy_images[e3_destroy_index],
                each.rect)
                e3_destroy_index = (e3_destroy_index + 1) % 6
```

```
        if e3_destroy_index == 0:
            enemy3_fly_sound.stop()
            each.reset()
...
```

18.13.11　发射子弹

现在的情况是我方飞机处于落后挨打的状态，敌强我弱，所以应该拿起武器进行反击。

接下来定义子弹，子弹分为两种：一种是普通子弹，一次只发射一发；另一种是补给发放的超级子弹，一次可以发射两发，如图 18-45 和图 18-46 所示。

图 18-45　发射普通子弹

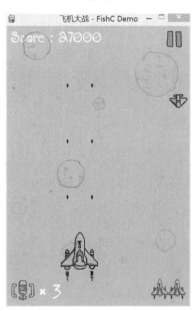

图 18-46　发射超级子弹

子弹的运动路径是直线向上，速度需要略快于飞机的速度（比飞机速度还慢的子弹总好像有哪里不对劲）。子弹移动到屏幕的尽头或击中敌机则重新绘制，因此为它添加一个 active 属性，通过该属性判断子弹是否需要重新绘制。子弹也单独定义为一个模块：

```
# p18_24/bullet.py
import pygame

class Bullet1(pygame.sprite.Sprite):
    def __init__(self, position):
        pygame.sprite.Sprite.__init__(self)

        self.image = pygame.image.load("images/bullet1.png").convert_alpha()
        self.rect = self.image.get_rect()
```

```
        self.rect.left, self.rect.top = position
        self.speed = 12
        self.active = True
        self.mask = pygame.mask.from_surface(self.image)

    def move(self):
        self.rect.top -= self.speed

        if self.rect.top < 0:
            self.active = False

    def reset(self):
        self.rect.left, self.rect.top = position
        self.active = True
```

在 main 模块中生成子弹：

```
# p18_24/main.py
…
def main():
    …
    # 生成子弹
    bullet1 = []
    bullet1_index = 0
    BULLET1_NUM = 4
    for i in range(BULLET1_NUM):
        bullet1.append(bullet.Bullet1(me.rect.midtop))
…
```

设置每 10 帧发射一发子弹：

```
…
while running:
    # 发射子弹，每10帧射出一发
    if not(delay % 10):
        bullet1[bullet1_index].reset(me.rect.midtop)
        bullet1_index = (bullet1_index + 1) % BULLET1_NUM
…
```

接着需要检测每发子弹是否击中敌机，并根据 active 属性判断是否绘制子弹到屏幕上：

```
…
# 检测子弹是否击中敌机
for b in bullet1:
    if b.active:
        b.move()
        screen.blit(b.image, b.rect)
```

```
            enemy_hit = pygame.sprite.spritecollide(\
            b, enemies, False, pygame.sprite.collide_mask)
            if enemy_hit:
                b.active = False
                for e in enemy_hit:
                    e.active = False
        ……
```

程序实现如图 18-47 所示。

18.13.12　设置敌机"血槽"

敌机也不能太脆弱，对于中型和大型敌机，应该
给它添加一个 energy 的属性：

```
# p18_24/enemy.py
class MidEnemy(pygame.sprite.Sprite):
    energy = 8

    def __init__(self, bg_size):
        ……
        self.energy = MidEnemy.energy
        ……

    def reset(self):
        ……
        self.energy = MidEnemy.energy
        ……

class BigEnemy(pygame.sprite.Sprite):
    energy = 20

    def __init__(self, bg_size):
        ……
        self.energy = BigEnemy.energy
        ……

    def reset(self):
        ……
        self.energy = BigEnemy.energy
        ……
```

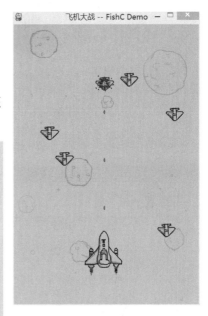

图 18-47　发射子弹

每当中、大型敌机被子弹击中，先将 energy 属性的值减 1，直到 energy 的值为 0 才
让该敌机毁灭：

```
# p18_24/main.py
……
```

```
for b in bullet1:
    if b.active:
        b.move()
        screen.blit(b.image, b.rect)
        enemy_hit = pygame.sprite.spritecollide(b, enemies, False,
        pygame.sprite.collide_mask)
        if enemy_hit:
            b.active = False
            for e in enemy_hit:
                if e in mid_enemies or e in big_enemies:
                    e.energy -= 1
                    if e.energy == 0:
                        e.active = False
                else:
                    e.active = False
...
```

可以为中、大型敌机增加一个"血槽"显示功能，这样可以更直观地让玩家知道敌机还剩下多少生命：

```
# p18_24/main.py
...
# 绘制血槽
pygame.draw.line(screen, BLACK, (each.rect.left, each.rect.top - 5),
(each.rect.right, each.rect.top - 5), 2)
# 生命大于20%显示绿色，否则显示红色
energy_remain = each.energy / enemy.BigEnemy.energy
if energy_remain > 0.2:
    energy_color = GREEN
else:
    energy_color = RED
pygame.draw.line(screen, energy_color, (each.rect.left, each.rect.top -
5), (each.rect.left + each.rect.width * energy_remain, each.rect.top -
5), 2)
...
```

18.13.13 中弹效果

当中、大型敌机被子弹击中但并不至于毁灭的时候，应该是有"特效"的。

先在 enemy.py 模块为 MidEnemy 和 BigEnemy 类添加 image_hit 属性，用于存放敌机被击中的图片；还需要一个 hit 属性，用于判断是否被子弹击中。

```
# p18_24/enemy.py
class MidEnemy(pygame.sprite.Sprite):
def __init__(self, bg_size):
    ...
```

```
        self.image_hit = pygame.image.load("images/enemy2_hit.png").
        convert_alpha()
        self.hit = False
…
class BigEnemy(pygame.sprite.Sprite):
def __init__(self, bg_size):
        …
        self.image_hit = pygame.image.load("images/enemy3_hit.png").
        convert_alpha()
        self.hit = False
…
```

在检测到子弹击中敌机时将对应的 hit 属性改为 True，最后绘制敌机时先检测 hit 属性，如果为 True 则绘制被击中的图片：

```
…
# 绘制大型敌机
for each in big_enemies:
    if each.active:
        …
        if each.hit:
            screen.blit(each.image_hit, each.rect)
            each.hit = False
        else:
            if switch_image:
                screen.blit(each.image1, each.rect)
            else:
                screen.blit(each.image2, each.rect)
…
# 绘制中型敌机
for each in mid_enemies:
    if each.active:
        …
        if each.hit:
            screen.blit(each.image_hit, each.rect)
            each.hit = False
        else:
            screen.blit(each.image, each.rect)
…
```

18.13.14 绘制得分

视频讲解

游戏界面的左上角应该显示玩家的得分并实时更新，击中小、中、大型敌机分别可以获得 1000 分、6000 分和 10000 分。有些读者可能会觉得 1000 分作为基本单位显得有点浮夸，不过这完全是游戏开发的业界习惯。目的当然只为了一个字：爽！

增加一个 score 变量用于记录玩家得分，当敌机被消灭的时候，加上对应的分数：

```
…
def main():
    …
    score = 0
    score_font = pygame.font.Font("font/font.TTF", 36)
    …
    while running:
        # 大、中、小敌机在毁灭时，score 分别增加 10000、6000 和 1000 分
        …
        # 绘制得分
        score_text = score_font.render
        ("Score : %s" % str(score), True,
        WHITE)
        screen.blit(score_text, (10, 5))
    …
```

图 18-48　绘制得分

程序实现如图 18-48 所示。

18.13.15　暂停游戏

右上角可以添加一个暂停按钮，让玩家随时可以把游戏暂停下来。暂停按钮总共有四种样式，如图 18-49 所示，分别代表继续游戏和暂停游戏的命令，其中深色的图标表示鼠标停留在按钮上方时显示的样式。通过响应 MOUSEBUTTONDOWN 事件并判断鼠标的位置可以得知玩家是否按下了暂停按钮，通过响应 MOUSEMOTION 事件修改暂停按钮的样式。

图 18-49　暂停按钮

```
# p18_24/main.py
…
def main():
    …
    # 是否暂停游戏
    paused = False

    pause_nor_image=pygame.image.load("images/pause_nor.png").convert_
    alpha()
    pause_pressed_image=pygame.image.load("images/pause_pressed.png").
```

```
convert_alpha()
resume_nor_image = pygame.image.load("images/resume_nor.png").
convert_alpha()
resume_pressed_image = pygame.image.load("images/resume_pressed.
png").convert_alpha()
paused_rect = pause_nor_image.get_rect()
paused_rect.left, paused_rect.top = width - paused_rect.width - 10, 10
# 默认显示这个
paused_image = pause_nor_image
…
while running:
    for event in pygame.event.get():
        elif event.type == MOUSEBUTTONDOWN:
            if event.button == 1 and paused_rect.collidepoint(event.pos):
                paused = not paused

        elif event.type == MOUSEMOTION:
            if paused_rect.collidepoint(event.pos):
                if paused:
                    paused_image = resume_pressed_image
                else:
                    paused_image = pause_pressed_image
            else:
                if paused:
                    paused_image = resume_nor_image
                else:
                    paused_image = pause_nor_image
…
```

接着让游戏的主流程只有在 paused 为 False 的时候才得以执行，另外还需要将
screen.blit(background, (0, 0))提取出来，这样玩家就没办法通过不断地暂停、继续游戏来
实现"作弊"的行为。

```
# p18_24/main.py
…
while running:
    # 事件循环
    screen.blit(background, (0, 0))
    if not paused:
        # 游戏主流程

    # 绘制暂停按钮
    screen.blit(paused_image, paused_rect)
…
```

18.13.16 控制难度

敌人的速度如果一成不变（一直维持慢悠悠地移动），那么对于玩家来说是无法接

受的。因为玩家希望得到的游戏体验是刺激，是心跳，所以要让游戏的难度随着得分的增加而增加。这里将游戏划分为 5 个级别，每提升一个级别，就增加一些敌机，或提高敌机的移动速度。

```
# p18_24/main.py
…
def inc_speed(target, inc):
    for each in target:
        each.speed += inc


def main():

    …
    # 设置难度级别
    level = 1

    …
    while running:

        …
        # 根据用户分数增加难度
        if level == 1 and score > 50000:
            level = 2
            upgrade_sound.play()
            # 增加 3 架小型敌机、2 架中型敌机和 1 架大型敌机
            add_small_enemies(small_enemies, enemies, 3)
            add_mid_enemies(mid_enemies, enemies, 2)
            add_big_enemies(big_enemies, enemies, 1)
            # 提升小型敌机的速度
            inc_speed(small_enemies, 1)
        elif level == 2 and score > 300000:
            level = 3
            upgrade_sound.play()
            # 增加 5 架小型敌机、3 架中型敌机和 2 架大型敌机
            add_small_enemies(small_enemies, enemies, 5)
            add_mid_enemies(mid_enemies, enemies, 3)
            add_big_enemies(big_enemies, enemies, 2)
            # 提升小、中型敌机的速度
            inc_speed(small_enemies, 1)
            inc_speed(mid_enemies, 1)
        elif level == 3 and score > 600000:
            level = 4
            upgrade_sound.play()
            # 增加 5 架小型敌机、3 架中型敌机和 2 架大型敌机
            add_small_enemies(small_enemies, enemies, 5)
            add_mid_enemies(mid_enemies, enemies, 3)
            add_big_enemies(big_enemies, enemies, 2)
            # 提升小、中型敌机的速度
            inc_speed(small_enemies, 1)
```

```
            inc_speed(mid_enemies, 1)
        elif level == 4 and score > 1000000:
            level = 5
            upgrade_sound.play()
            # 增加 5 架小型敌机、3 架中型敌机和 2 架大型敌机
            add_small_enemies(small_enemies, enemies, 5)
            add_mid_enemies(mid_enemies, enemies, 3)
            add_big_enemies(big_enemies, enemies, 2)
            # 提升小、中型敌机的速度
            inc_speed(small_enemies, 1)
            inc_speed(mid_enemies, 1)
    …
```

18.13.17　全屏炸弹

其实只要到了 5 级的时候，就会下飞机雨，这时玩家就很容易陷入不利的局面。因此，游戏为玩家提供了全屏炸弹这一超级杀招。此招一出，界面上所有的敌机将会在一瞬间灰飞烟灭。

通过空格键可以触发全屏炸弹，初始情况下有 3 发全屏炸弹，可以通过补给获得，但最多只能装载 3 发。触发全屏炸弹属于偶然的操作，可通过响应 KEYDOWN 事件再检测 event.key 是否为 K_SPACE 来实现：

```
# p18_24/main.py
…
def main():
    …
    # 全屏炸弹
    bomb_image = pygame.image.load("images/bomb.png").convert_alpha()
    bomb_rect = bomb_image.get_rect()
    bomb_font = pygame.font.Font("font/font.ttf", 48)
    bomb_num = 3
    …
    while running:
        for event in pygame.event.get():
            …
            elif event.type == KEYDOWN:
                if event.key == K_SPACE:
                    if bomb_num:
                        bomb_num -= 1
                        bomb_sound.play()
                        for each in enemies:
                            if each.rect.bottom > 0:
                                each.active = False
            …
        # 绘制全屏炸弹数量
```

```
bomb_text = bomb_font.render("× %d" % bomb_num, True, WHITE)
text_rect = bomb_text.get_rect()
screen.blit(bomb_image, (10, height - 10 - bomb_rect.height))
screen.blit(bomb_text, (20 + bomb_rect.width, height - 5 -
text_rect.height))
...
```

视频讲解

18.13.18　发放补给包

游戏设计每 30s 随机发放一个补给包，可能是超级子弹，也可能是全屏炸弹。补给包有自己的图像和运动轨迹，不妨单独为其定义一个模块：

```python
# p18_24/supply.py
import pygame
from random import *

class Bullet_Supply(pygame.sprite.Sprite):
    def __init__(self, bg_size):
        pygame.sprite.Sprite.__init__(self)

        self.image = pygame.image.load("images/bullet_supply.png").
        convert_alpha()
        self.rect = self.image.get_rect()
        self.width, self.height = bg_size[0], bg_size[1]
        self.rect.left, self.rect.bottom = randint(0, self.width -
        self.rect.width), -100
        self.speed = 5
        self.active = False
        self.mask = pygame.mask.from_surface(self.image)

    def move(self):
        if self.rect.top < self.height:
            self.rect.top += self.speed
        else:
            self.active = False

    def reset(self):
        self.active = True
        self.rect.left, self.rect.bottom = randint(\
        0, self.width - self.rect.width), -100

class Bomb_Supply(pygame.sprite.Sprite):
    def __init__(self, bg_size):
        pygame.sprite.Sprite.__init__(self)

        self.image = pygame.image.load("images/bomb_supply.png")
```

```
        self.rect = self.image.get_rect()
        self.width, self.height = bg_size[0], bg_size[1]
        self.rect.left, self.rect.bottom = randint(0, self.width -
        self.rect.width), -100
        self.speed = 5
        self.active = False
        self.mask = pygame.mask.from_surface(self.image)

    def move(self):
        if self.rect.top < self.height:
            self.rect.top += self.speed
        else:
            self.active = False

    def reset(self):
        self.rect.left, self.rect.bottom = randint(0, self.width -
        self.rect.width), -100
        self.active = True
```

在 main 模块中实例化补给包，并设置一个补给包发放定时器，每 30s 随机发放一个
补给包：

```
# p18_24/main.py
…
def main():
    …
    # 每 30s 发一个补给包
    bomb_supply = supply.Bomb_Supply(bg_size)
    bullet_supply = supply.Bullet_Supply(bg_size)
    SUPPLY_TIME = USEREVENT
    pygame.time.set_timer(SUPPLY_TIME, 30 * 1000)
    …
    while running:
        for event in pygame.event.get():
            …
            elif event.type == SUPPLY_TIME:
                supply_sound.play()
                if choice([True, False]):
                    bomb_supply.reset()
                else:
                    bullet_supply.reset()
        …
        if not paused:
            …
            # 绘制全屏炸弹补给并检测是否获得
            if bomb_supply.active:
                bomb_supply.move()
```

```
        screen.blit(bomb_supply.image, bomb_supply.rect)
        if pygame.sprite.collide_mask(bomb_supply, me):
            get_bomb_sound.play()
            if bomb_num < 3:
                bomb_num += 1
            bomb_supply.active = False


    # 绘制超级子弹补给并检测是否获得
    if bullet_supply.active:
        bullet_supply.move()
        screen.blit(bullet_supply.image, bullet_supply.rect)
        if pygame.sprite.collide_mask(bullet_supply, me):
            get_bullet_sound.play()
            # 发射超级子弹
            bullet_supply.active = False
```

程序实现如图 18-50 所示。

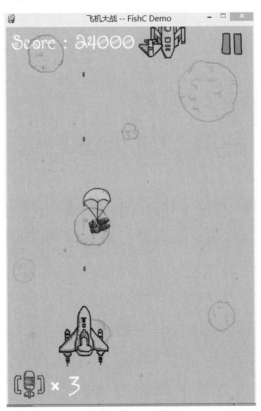

图 18-50　发放补给包

接下来有一个细节问题，就是当单击"暂停"按钮的时候，补给计时器应该暂停，否则每隔一段时间就会听到发放补给的声音。另外，背景音乐和其他音效也应该暂停，因为玩家既然单击了"暂停"按钮，可能是要接个电话或者出去打个"酱油"，所以程序还是安静地等着就可以了：

```
…
elif event.type == MOUSEBUTTONDOWN:
    if event.button == 1 and paused_rect.collidepoint(event.pos):
        paused = not paused
        # 暂停时停止补给发放和背景音乐
        if paused:
            pygame.time.set_timer(SUPPLY_TIME, 0)
            pygame.mixer.music.pause()
            pygame.mixer.pause()
        else:
            pygame.time.set_timer(SUPPLY_TIME, 30 * 1000)
            pygame.mixer.music.unpause()
            pygame.mixer.unpause()
…
```

18.13.19 超级子弹

当接到超级子弹补给包的时候，子弹由原先的一次发射一发变成两发，子弹的速度也相对会快一些。先在 bullet 模块中添加 Bullet2 类来描述超级子弹：

```
# p18_24/bullet.py
class Bullet2:
    def __init__(self, position):
        pygame.sprite.Sprite.__init__(self)

        self.image = pygame.image.load("images/bullet2.png").convert_alpha()
        self.rect = self.image.get_rect()
        self.rect.left, self.rect.top = position
        self.speed = 14
        self.active = True
        self.mask = pygame.mask.from_surface(self.image)

    def move(self):
        self.rect.top -= self.speed

        if self.rect.top < 0:
            self.active = False

    def reset(self, position):
        self.rect.left, self.rect.top = position
        self.active = True
```

超级子弹所向披靡，所以要限制使用时间为 18s，过了这个时间就自动变回普通子弹。因此需要一个超级子弹定时器，还需要用一个变量来表示子弹的发射类型。

```
# p18_24/main.py
…
def main():
    …
    # 生成超级子弹
    bullet2 = []
    bullet2_index = 0
    BULLET2_NUM = 8
    for i in range(BULLET2_NUM//2):
        bullet2.append(bullet.Bullet2((me.rect.centerx-33, me.rect.
        centery)))
        bullet2.append(bullet.Bullet2((me.rect.centerx+30, me.rect.
        centery)))
    …
    # 超级子弹定时器
    DOUBLE_BULLET_TIME = USEREVENT + 1
    # 是否使用超级子弹
    is_double_bullet = False
    …
    while running:
        for event in pygame.event.get():
            …
            elif event.type == DOUBLE_BULLET_TIME:
                is_double_bullet = False
                pygame.time.set_timer(DOUBLE_BULLET_TIME, 0)
        …
        if not paused:
            …
            # 绘制超级子弹补给并检测是否获得
            if bullet_supply.active:
                bullet_supply.move()
                screen.blit(bullet_supply.image, bullet_supply.rect)
                if pygame.sprite.collide_mask(bullet_supply, me):
                    get_bullet_sound.play()
                    is_double_bullet = True
                    # 超级子弹限制使用18s
                    pygame.time.set_timer(DOUBLE_BULLET_TIME, 18 * 1000)
                    bullet_supply.active = False

            # 发射子弹
            if not(delay % 10):
                if is_double_bullet:
                    bullets = bullet2
                    bullets[bullet2_index].reset((me.rect.centerx-33,
                    me.rect.centery))
                    bullets[bullet2_index+1].reset((me.rect.centerx+30,
```

```
        me.rect.centery))
            bullet2_index = (bullet2_index + 2) % BULLET2_NUM
    else:
        bullets = bullet1
        bullets[bullet1_index].reset(me.rect.midtop)
            bullet1_index = (bullet1_index + 1) % BULLET1_NUM
    bullet_sound.play()


    # 检测子弹是否击中敌机
    for b in bullets:
        ...
...
```

18.13.20　三次机会

视频讲解

很多游戏都会给玩家多次尝试的机会，因此也会添加这么一个功能。玩家总共会有三次机会，游戏界面右下角的小飞机代表还有多少次机会，如图 18-51 所示。

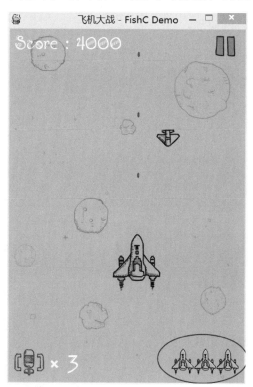

图 18-51　提供多次机会

先在 myplane 模块中添加一个 reset()方法，用于重新诞生一个新的飞机：

```
# p18_24/myplane.py
...
def reset(self):
```

```
    self.rect.left, self.rect.top = (self.width - self.rect.width) // 2,
    self.height - self.rect.height - 60
    self.active = True
…
```

接着修改 main 模块，增加一个 life_num = 3 变量，在我方飞机毁灭时 life_num 减 1，并在界面的右下角显示还有多少次机会：

```
# p18_24/main.py
…
def main():
    …
    # 生命数量
    life_image = pygame.image.load("images/life.png").convert_alpha()
    life_rect = life_image.get_rect()
    life_num = 3
    …
    while running:
        if life_num and not paused:
            …
            # 绘制我方飞机
            if me.active:
                if switch_image:
                    screen.blit(me.image1, me.rect)
                else:
                    screen.blit(me.image2, me.rect)
            else:
                # 毁灭
                if not(delay % 3):
                    if me_destroy_index == 0:
                        me_down_sound.play()
                    screen.blit(me.destroy_images[me_destroy_index], me.rect)
                    me_destroy_index = (me_destroy_index + 1) % 4
                    if me_destroy_index == 0:
                        life_num -= 1
                        me.reset()
            …
            # 绘制剩余生命的数量
            if life_num:
                for i in range(life_num):
                    screen.blit(life_image, (width-10-(i+1)*life_
                    rect.width, height-10-life_rect.height))

        # 游戏结束画面
        elif life_num == 0:
            print("Game Over!")
…
```

这里有个小细节，就是每次我方飞机牺牲后，如果诞生的位置刚好有敌机，那么会导致我方飞机一诞生就牺牲的惨剧。因此可以设定每次牺牲后会有 3s 的安全期，在安全期内敌机是无法伤害到我方飞机的。

具体做法就是在 Myplane 中加入一个 invincible 属性，该属性为 True 时我方飞机处于一个无敌状态：

```
# p18_24/myplane.py
…
class MyPlane(pygame.sprite.Sprite):
    def __init__(self, bg_size):
        …
        self.invincible = False
…
    def reset(self):
        …
        self.invincible = True
…
```

新飞机诞生时，设置一个 3s 的定时器：

```
# p18_24/main.py
…
def main():
    …
    # 解除我方无敌状态
    INVINCIBLE_TIME = USEREVENT + 2
    …
    while running:
        for event in pygame.event.get():
            …
            elif event.type == INVINCIBLE_TIME:
                me.invincible = False
                pygame.time.set_timer(INVINCIBLE_TIME, 0)
        …
        if life_num and not paused:
            …
            # 检测我方飞机是否被撞
            enemies_down = pygame.sprite.spritecollide(me, enemies, False,
            pygame.sprite.collide_mask)
            if enemies_down and not me.invincible:
                me.active = False
                for e in enemies_down:
                    e.active = False

            # 绘制我方飞机
            if me.active:
                if switch_image:
```

```
        screen.blit(me.image1, me.rect)
    else:
        screen.blit(me.image2, me.rect)
else:
    # 毁灭
    if not(delay % 3):
        if me_destroy_index == 0:
            me_down_sound.play()
        screen.blit(me.destroy_images[me_destroy_index],
        me.rect)
        me_destroy_index = (me_destroy_index + 1) % 4
        if me_destroy_index == 0:
            life_num -= 1
            me.reset()
            pygame.time.set_timer(INVINCIBLE_TIME, 3 * 1000)
```

18.13.21 结束画面

当 life_num 的值为 0 时，说明玩家已经输掉了游戏，进入游戏结束画面，如图 18-52 所示。

图 18-52　游戏结束画面

游戏结束时，结束画面会显示历史最高得分和玩家的最终成绩。如果玩家的最终成绩比历史最高得分要高，那么将玩家成绩存档。

另外，结束画面有"重新开始"和"结束游戏"两个按钮：

```python
# p18_24/main.py
…
def main():
    …
    # 用于阻止重复打开记录文件
    recorded = False

    # 游戏结束画面
    gameover_font = pygame.font.Font("font/font.TTF", 48)
    again_image = pygame.image.load("images/again.png").convert_alpha()
    again_rect = again_image.get_rect()
    gameover_image = pygame.image.load("images/gameover.png").convert_alpha()
    gameover_rect = gameover_image.get_rect()
    …
    while running:
        …
        if life_num and not paused:
            …
        # 游戏结束画面
        elif life_num == 0:
            # 背景音乐停止
            pygame.mixer.music.stop()

            # 停止全部音效
            pygame.mixer.stop()

            # 停止补给发放
            pygame.time.set_timer(SUPPLY_TIME, 0)

            if not recorded:
                recorded = True
                # 读取历史最高得分
                with open("record.txt", "r") as f:
                    record_score = int(f.read())

                # 如果玩家得分高于历史最高得分，则存档
                if score > record_score:
                    with open("record.txt", "w") as f:
                        f.write(str(score))

            # 绘制结束画面
            record_score_text = score_font.render("Best：%d" % record_score,
            True, (255, 255, 255))
            screen.blit(record_score_text, (50, 50))
```

```
gameover_text1 = gameover_font.render("Your Score", True, (255,
255, 255))
gameover_text1_rect = gameover_text1.get_rect()
gameover_text1_rect.left, gameover_text1_rect.top = (width
-gameover_text1_rect.width) // 2, height // 3
screen.blit(gameover_text1, gameover_text1_rect)
gameover_text2 = gameover_font.render(str(score), True, (255,
255, 255))
gameover_text2_rect = gameover_text2.get_rect()
gameover_text2_rect.left, gameover_text2_rect.top = (width -
gameover_text2_rect.width) // 2, gameover_text1_rect.bottom + 10
screen.blit(gameover_text2, gameover_text2_rect)

again_rect.left, again_rect.top = (width - again_rect.width)
// 2, gameover_text2_rect.bottom + 50
screen.blit(again_image, again_rect)

gameover_rect.left, gameover_rect.top = (width - again_
rect.width) // 2, again_rect.bottom + 10
screen.blit(gameover_image, gameover_rect)

# 检测用户的鼠标操作
# 如果用户按下鼠标左键
if pygame.mouse.get_pressed()[0]:
    # 获取鼠标坐标
    pos = pygame.mouse.get_pos()
    # 如果用户单击"重新开始"按钮
    if again_rect.left < pos[0] < again_rect.right and again_
    rect.top < pos[1] < again_rect.bottom:
        # 调用main函数，重新开始游戏
        main()
    # 如果用户单击"结束游戏"按钮
    elif gameover_rect.left < pos[0] < gameover_rect.right and
    gameover_rect.top < pos[1] < gameover_rect.bottom:
        # 退出游戏
        pygame.quit()
        sys.exit()
...
```

图书资源支持

感谢您一直以来对清华版图书的支持和爱护。为了配合本书的使用,本书提供配套的资源,有需求的读者请扫描下方的"书圈"微信公众号二维码,在图书专区下载,也可以拨打电话或发送电子邮件咨询。

如果您在使用本书的过程中遇到了什么问题,或者有相关图书出版计划,也请您发邮件告诉我们,以便我们更好地为您服务。

我们的联系方式:

地　　址:北京市海淀区双清路学研大厦 A 座 701

邮　　编:100084

电　　话:010－62770175－4608

资源下载:http://www.tup.com.cn

客服邮箱:tupjsj@vip.163.com

QQ:2301891038(请写明您的单位和姓名)

用微信扫一扫右边的二维码,即可关注清华大学出版社公众号"书圈"。

资源下载、样书申请

书 圈

扫一扫,获取最新目录